严格反馈系统预设性能控制

耿宝亮　梁　勇　祁亚辉　韦建明　著

北京航空航天大学出版社

内 容 简 介

本书的研究对象属于非线性控制领域，主要方向为严格反馈非线性系统的预设性能控制。全书包括绪论和1～7章。绪论和第1～5章主要介绍预设性能控制在严格反馈非线性系统中取得的理论成果，属于理论研究部分；第6章以飞行器过载控制模型为例，集中展示对前面提出方法的应用情况，属于工程应用部分；第7章是对严格反馈系统预设性能控制研究工作的总结及其发展方向的展望。

本书可作为高等院校控制科学与工程等与控制相关专业的教师、博士研究生、硕士研究生及科学工作者的参考用书。

图书在版编目(CIP)数据

严格反馈系统预设性能控制 / 耿宝亮等著. -- 北京 : 北京航空航天大学出版社，2018.3

ISBN 978-7-5124-2639-9

Ⅰ. ①严… Ⅱ. ①耿… Ⅲ. ①反馈控制系统—研究 Ⅳ. ①TP271

中国版本图书馆 CIP 数据核字(2018)第016619号

严格反馈系统预设性能控制

耿宝亮 梁 勇 祁亚辉 韦建明 著

责任编辑 王 实

*

北京航空航天大学出版社出版发行

北京市海淀区学院路37号(邮编100191) http://www.buaapress.com.cn

发行部电话:(010)82317024 传真:(010)82328026

读者信箱: goodtextbook@126.com 邮购电话:(010)82316936

北京建宏印刷有限公司印装 各地书店经销

*

开本:710×1 000 1/16 印张:8 字数:170千字

2018年4月第1版 2018年4月第1次印刷 印数:1 000册

ISBN 978-7-5124-2639-9 定价:39.00元

前　言

自动控制技术已广泛应用于制造业、农业、交通、航空航天和军事等众多领域，极大地提高了社会劳动生产率，改善了人们的劳动环境，丰富和提高了人民的生活水平。

在控制技术需求推动下，控制理论本身也取得了显著进步，线性系统控制理论经过半个多世纪的发展已经形成了一套完整的理论体系。但是，现实世界中严格意义下的线性对象是不存在的，摩擦、饱和、死区、滞环等非线性现象可谓是无处不在，只有在非常理想的假设之下才能将实际系统简化为线性系统进行处理。随着科学技术的发展和对世界认知的逐步深入，研究对象的复杂性日益凸显，线性控制理论处处显得捉襟见肘，控制性能降低、设计过程烦琐、过分依赖于系统已知信息等问题表明，线性控制理论的时代已经过去，充满未知、挑战和期待的非线性领域正等着我们去探索。

经过半个世纪的努力，非线性控制领域可谓硕果累累，近期的代表成果有反馈线性化、神经网络控制、变结构控制、自适应技术、backstepping技术、鲁棒控制等新颖的控制方法，从不同的角度出发，解决了当下困扰控制领域的一系列难点问题。随着计算机技术的发展和实现特定功能的非线性器件的研制成功，部分先进的非线性控制理论已经在实际工程中得到应用，例如利用反馈线性化实现机械臂的跟踪控制和自主飞行器的变结构控制等，均取得了优异的控制效果，非线性控制理论越来越受到人们的重视。

2008年，希腊学者Bechlioulis的研究团队提出了预设性能控制的概念，迅速引起广大科研工作者的重视，经过近十年的发展已经成为非线性控制领域的重要分支和研究热点。2010年我们首次接触到预设性能的概念，独特的思维方式迅速激起了我们的兴趣，时至今日，我们仍在从事相关的研究工作，对其倾注了大量的时间和精力。

本书是我们研究的部分成果，对象是一类极具代表性的非线性系统——严格反馈非线性系统。本书的主要内容包括：

(1) 基础理论部分，主要包括范数的定义及性质、动态系统的稳定性理论、预设性能控制的概念及性质等，重点内容是预设性能的定义以及包含的两个基本环节：性能函数和误差变换；在误差变换部分，给出了一种新的误差变换方法，并设计了合理的误差变换函数，有效解决了初始误差未知的难题。

(2) 理论成果部分，按照由浅入深的研究思路，针对最简单的确定严格反馈系统模型，提出了一种新的控制框架，并证明了预设性能在严格反馈系统中的反向传递性定理；针对控制增益为未知常数的不确定严格反馈系统，将自适应技术与反演控制方法相结合，完成了自适应预设性能控制器的设计，并进行了稳定性证明；针对模型控制增益为未知函数的情况，提出了一种自适应神经网络预设性能控制器设计方法，系统中的未知函数利用径向基函数(RBF)神经网络进行逼近，为了避免可能出现的“不可控现象”，提出了一种新的积分型 Lyapunov 函数设计方法，利用径向基函数神经网络(RBFNN)对系统中的未知函数进行逼近；最后讨论了控制方向未知的情况，系统中除函数未知以外，还存在非匹配干扰项，利用 RBF 神经网络对模型中的未知函数进行逼近，利用 Nussbaum 增益法对控制方向未知的情况进行处理，为了避免烦琐的虚拟控制量微分计算，利用跟踪-微分器对其进行逼近，通过引入鲁棒项消除了非匹配干扰项的影响。

(3)工程应用部分，将预设性能的概念引入导弹过载控制模型中，按照由简单到复杂的研究思路，首先对确定对象进行研究，然后进一步考虑扰动和参数不确定性，最后考虑输入和状态同时受限的情况。针对确定对象，首先对攻角子系统和俯仰角速度子系统进行误差变换，得到新的误差模型，针对变换后的误差模型进行反演控制器设计；针对具有扰动和参数不确定性的系统，利用自适应技术对未知参数进行逼近，通过引入鲁棒项消除扰动的影响；针对输入和状态同时受限的系统，通过构造辅助模型将受限系统转化为非受限系统；然后综合应用自适应技术和鲁棒设计技巧完成控制器的设计；最后完成稳定性证明和仿真验证。

作者按照由浅入深的研究思路，提供了一种适用于预设性能的控制框架，在该框架的基础上综合运用现代控制技术来解决研究中遇到的困难和壁垒，所有的理论都经过了反复的分析和推敲，旨在为感兴趣的读者提供真实可靠的指导和借鉴，相关的研究成果对于国内从事这方面的科研及博士硕士学位论文工作都具有一定的参考价值。本书的读者对象为高等院校控制科学与工程等与控制相关专业的教师、博士研究生、硕士研究生及科学工作者。

对于本书中引用的他人的成果,我们在文中都进行了认真的标注,并在此对相关作者表示衷心的感谢!

非线性控制的海洋浩渺无边,希望我们的成果能凝成一滴水,融入这无边的海洋,虽微不足道,却也真实可爱。

本书中若存在错误和不妥之处,恳请广大读者不吝指教。

耿宝亮

2017 年 11 月

目　录

绪　论 …… 1

第 1 章　基础知识 …… 10

1.1　范　数 …… 10

1.1.1　向量的范数 …… 10

1.1.2　矩阵的范数 …… 12

1.2　预设性能 …… 13

1.2.1　性能函数 …… 13

1.2.2　误差变换 …… 14

1.3　动态系统的稳定性理论 …… 19

1.3.1　稳定性的定义 …… 19

1.3.2　Lyapunov 稳定性定理 …… 20

第 2 章　确定严格反馈非线性系统预设性能反演控制 …… 22

2.1　系统描述 …… 22

2.2　预设性能反演控制器设计 …… 22

2.3　稳定性分析 …… 25

2.4　预设性能的反向传递性 …… 28

2.5　仿真分析 …… 33

2.6　本章小结 …… 34

第 3 章　控制增益为未知常数的不确定系统预设性能自适应反演控制 …… 35

3.1　系统描述 …… 35

3.2　预设性能自适应反演控制器设计 …… 36

3.3　稳定性分析 …… 39

3.4　仿真分析 …… 41

3.5　本章小结 …… 43

第 4 章　控制增益为未知函数的不确定系统预设性能自适应神经网络反演控制 …… 44

4.1　径向基函数(RBF)神经网络 …… 44

4.2　系统描述 …… 45

4.3　预设性能直接自适应神经网络反演控制器设计及稳定性分析 …… 46

4.3.1 反演控制器设计…… 46
4.3.2 稳定性分析…… 53
4.4 预设性能间接自适应神经网络反演控制器设计及稳定性分析…… 56
4.4.1 反演控制器设计…… 57
4.4.2 稳定性分析…… 65
4.5 仿真分析…… 68
4.6 本章小结…… 73
第 5 章 控制方向未知的不确定系统预设性能自适应反演控制 …… 74
5.1 Nussbaum 增益法 …… 74
5.2 系统描述…… 75
5.3 基于 Nussbaum 增益法的预设性能反演控制器设计及稳定性分析 …… 76
5.3.1 反演控制器设计…… 76
5.3.2 稳定性分析…… 80
5.4 仿真分析…… 88
5.5 本章小结…… 90
第 6 章 满足预设性能的导弹过载控制技术研究 …… 91
6.1 模型描述…… 91
6.2 不考虑扰动的预设性能过载控制器设计…… 93
6.3 具有扰动和参数未知的自适应预设性能过载控制器设计…… 97
6.4 输入和状态同时受限的预设性能过载控制器设计 …… 103
6.5 本章小结 …… 110
第 7 章 总结与展望…… 111
7.1 主要研究工作 …… 111
7.2 下一步的研究工作 …… 112
参考文献…… 113

绪 论

1. 背 景

线性系统控制理论经过半个多世纪的发展已经形成了一套完整的理论体系,并成功应用于工业控制、航天控制等众多领域,为科技的进步起到了巨大的推动作用。但是,现实世界中严格意义下的线性对象是不存在的,摩擦、饱和、死区和滞环等非线性现象可谓无处不在,只有在非常严格的假设之下才能将实际系统简化为线性系统进行处理,比较常用的做法是将非线性模型在某一平衡点处进行近似线性化,然后用线性控制理论进行分析和设计。随着科学技术的发展和对世界认知的逐步深入,研究对象的复杂性日益凸显,线性控制理论处处显得捉襟见肘,控制性能降低、设计过程烦琐、过分依赖于系统已知信息等问题表明,线性控制理论的时代已经过去,充满未知、挑战和期待的非线性领域正等着我们去探索。

经过几十年的努力,非线性控制领域可谓硕果累累,按照历史的发展顺序大致可分为古典理论、综合方法、微分几何控制理论和微分代数控制理论。早期的控制方法有相平面法、描述函数法、谐波分析法、波波夫判据和 Lyapunov 方法等,近期的控制方法有反馈线性化、神经网络控制、变结构控制、自适应技术、Backstepping 技术和鲁棒控制等,这些方法从不同的角度解决了当下困扰控制领域的一系列难点问题,并对系统的稳定性进行了分析。随着计算机技术的发展和实现特定功能的非线性器件的研制成功,部分先进的非线性控制理论已经应用到工程实践中,例如利用反馈线性化实现机械臂的跟踪控制、自主飞行器的变结构控制等,均取得了优异的控制效果,非线性控制理论越来越受到人们的重视。

纵观目前非线性系统控制领域的研究工作,不难发现,绝大多数理论成果都将研究的重心放在了满足系统的稳态性能上,而对系统的瞬态性能(包括超调量和收敛速度)则关注较少。然而,在很多实际系统的控制过程中都对稳态性能和瞬态性能提出了很高的要求,而不是仅仅保证系统稳定,例如机械臂的跟踪控制系统,如果在跟踪过程中超调量超出机械臂所能承受的范围,就可能直接造成硬件的损坏,那么所谓的稳定性也就无从谈起了;又如导弹的飞控系统,要求导弹能够以高精度命中目标,如果跟踪误差超调量过大或跟踪速度过慢,那么目标就很有可能逃出导弹的雷达扇面,即使导弹飞行过程再平稳也无法实现战斗任务。因此,对非线性系统的控制性能进行研究具有重要的理论价值和工程实际意义。现阶段有少数学者考虑了非线性系统的控制性能(包括瞬态性能和稳态性能)问题,但是研究对象过于局限,而且对系统的假设也过于苛刻,缺乏系统性和连贯性。总而言之,对非线性系统的控制性能问题的相关研究还处于起步阶段,许多难点问题亟待解决。

2. 非线性控制理论研究现状

顾名思义，非线性系统是指系统中含有一个或多个非线性环节的系统，它与线性系统的不同之处可概括为[1]：①有限时间逃逸；②多平衡点；③初始条件影响系统的稳定性；④可能存在自激振荡现象；⑤分歧现象；⑥混沌现象。

由于非线性系统在结构、形式等方面是复杂而多变的，很难用一种通用的设计方法来对所有的非线性系统进行研究，这在设计方法上与线性系统有很大的不同，需要针对具体情况进行分析。因此，研究人员只能针对特定结构和形式的非线性系统展开研究，具有很强的针对性。

早期的经典非线性控制方法主要有相平面法、描述函数法、谐波分析法、波波夫判据和 Lyapunov 方法等，主要解决某些形式较简单的非线性系统的控制问题。

相平面法是一种比较直观的作图方法，通过分析不同初始条件下的运动轨迹，经过综合分析后提取出闭环系统的稳定性及其他相关的信息。

描述函数法将非线性系统近似为线性系统，然后应用比较成熟的线性控制理论进行分析和设计。因此，从本质上说它是一种非线性分析方法，而不是设计方法，并且它得到的结果是近似的，有时会忽略某些非线性系统固有的非线性特性。

谐波分析法是在描述函数法基础上进一步发展起来的一种非线性控制方法，它将非线性系统分离成线性部分和非线性部分，针对线性部分分析其频率特性，针对非线性部分则利用描述函数法进行处理。其优点是充分利用了系统的已知信息，与描述函数法相比较对系统特性的分析更加准确，但它仍旧没有摆脱小范围运动分析的局限。

Lyapunov 方法是一种真正意义上的非线性处理方法。早在 17 世纪，Torricelli 就提出了如下观点：如果一个系统在某一点处能量最小，那么该点将成为系统的一个稳定平衡点。这在当时来说，仅仅是一个“想当然”的结论，并没有进行严格的理论证明，也没有给出具体的定义。到了 1892 年，Lyapunov 借助数学工具给出了稳定性的严格定义。Lyapunov 方法具体包括两种方法[2]：第一种方法采用的是近似线性化的思想，首先对系统的运动方程进行一次近似线性化，通过对线性化后的动态方程进行分析，进而得到原系统在平衡点附近的稳定性。第二种方法则不需要对原系统进行线性化处理，而是直接对原非线性系统的运动方程进行研究，首先构造一个满足径向无界性的 Lyapunov 能量函数，对其进行求导，通过分析一阶导数的定号性来判断该非线性系统的稳定性。这种方法的缺点是，由于非线性系统结构和形式的多样性，使得寻找合适的 Lyapunov 函数具有一定的难度，并没有普遍适应的方法，具有很强的技巧性，因此 Lyapunov 函数的选取本身就是一项非常有难度的工作，对于某些具体的情况，相应地产生了一些比较固定的 Lyapunov 函数选取方法，例如克拉索夫斯基方法、变量梯度方法、鲁尔法等。

非线性系统理论研究的一个重要突破发生在 20 世纪 80 年代初期，微分几何等数学方法的引入使得非线性系统的研究模式摆脱了局部线性化和小范围运动分析等局限性，从而可以实现对非线性系统控制的大范围分析和综合[3]。人们广泛采用微分几何理论和方法，提出了很多新的理论，形成了微分几何控制理论的新分支，为非线性系统几何理论奠定了基础。下面我们将对现在比较典型的一些非线性系统控制方法的研究现状进行简要分析。

(1) 反馈线性化

反馈线性化是现代非线性控制理论中发展较早且相对比较成熟的一种设计方法。顾名思义，其基本思想是通过适当的非线性状态反馈和非线性坐标变换，将非线性系统转化为线性系统，进而应用成熟的线性控制理论进行设计，它是非线性控制从分析走向综合的转折点。在反馈线性化理论的发展历程中，微分几何方法出现较早，具体又可分为状态反馈精确线性化和输入输出解耦线性化等方法；还有一种是普通的直接分析方法，例如近年来发展起来的逆系统方法。1978 年，Brockett[4]首先从非线性反馈不变原理的角度出发，针对一类仿射非线性系统进行研究，采用状态反馈及状态变换的方法进行精确线性化。随后 Su[5]和 Krener[6]对局部反馈线性化的充分必要条件进行了论述和证明。之后这一结论进一步被 Boothby[7]，Dayawansa[8]等人推广至全局。接着 Isidori[9]给出并证明了输入输出线性化的充分必要条件，Marino[10]给出了最大可反馈线性化子系统的相关结论。再进一步，Isidori[11]首次提出了零动态的概念，这使微分几何非线性系统控制理论成为独立分支并得以发展。

但是，反馈线性化方法存在的一个很大缺点是要求系统的模型精确已知，这也是限制其应用于一般的非线性系统的最大障碍。对于实际系统我们往往无法建立其精确模型，总是会存在诸多的不确定性，例如参数扰动、结构未知、外界干扰等，这些不确定性的存在会引起控制器的动态品质变化，甚至导致系统不稳定，同时它还可能抵消一些有利的非线性项，因此，反馈线性化这种方法渐渐淡出了人们的视线，但其贡献是巨大的和有目共睹的。

(2) 自适应控制

许多动态系统具有未知的常值参数或慢时变参数，例如，机器人操纵机构可能负载未知质量的物体，飞行器的质量及质心位置随时间变化等，自适应控制就是用来解决这类系统的控制问题的。自适应控制的基本思想是利用已知信息在线估计系统中的未知参数，换句话说，自适应控制器就是具有参数在线估计的控制器，不管被控对象是线性还是非线性的，自适应控制器在本质上都是非线性的。自适应控制的研究始于 20 世纪 50 年代初期，其工程背景为速度和姿态大范围变化的高性能飞行器自动驾驶仪的研制工作，由于参数变化范围大而导致 PID 控制器失效，自适应控制方法便在这种情况下应运而生。经过半个多世纪的发展，自适应控制已经发展成为众所周知的控制理论的一个重要分支，含有参数不确定性的线性动态系统的自适应控制已经比较成熟，文献[12-14]对时不变线性系统自适应控制的稳定性分析和鲁棒性问题进行了总结。

近年来，非线性系统的自适应控制引起了控制工作者的兴趣，而且取得了众多的理论成果。Sastry[15]解决了线性化系统的自适应控制问题，Teel[16]针对输入输出线性化系统提出了一种直接自适应控制技术，Nam[17]针对严格反馈系统提出了一种模型参考自适应控制方法，Taylor[18]针对含有未建模动态的非线性系统完成了自适应重构控制器设计，Kanellkopoulos[19]讨论了含有扩展匹配条件的自适应控制器的鲁棒性问题，Pomet[20]从 Lyapunov 函数的角度讨论了自适应非线性估计问题，Ge[21]完成了不确定多输入多输出非线性系统的自适应神经网络控制和具有未知增益的时变系统的鲁棒自适应控制，Krstic[22]利用控制 Lyapunov 函数完成了自适应控制器的稳定性分析，Makoudi[23]针对具有输入时延的非最小相位系统完成了鲁棒参考模型自适应控制，Mirkin[24]进一步完成了含有状态时延的多输入多输出系统的输出反馈模型参考自适应控制，Yao[25]针对具有半严格反馈形式的多输入多输出系统完成了鲁棒自适应控制器设计，Yu[26]针对一类非线性模型完成了模糊自适应控制器设计，Ye[27]完成了参数化非线性系统的全局自适应控制。

作为一种有效的控制技术，自适应控制已经成功应用于实际系统的控制中，Ge[28]完成了含有参数不确定性和未知控制增益的机器人自适应控制，Do[29]利用自适应技术完成了机器人的全状态跟踪并解决了其稳定问题，Hung[30]完成了含有参数化不确定性的机器人自适应控制，Luo[31]以空间飞行器的姿态跟踪为背景完成了最优自适应控制器设计，Tang[32]完成了多输入多输出系统自适应输入补偿器设计，并应用于飞行器姿态控制中。

尽管自适应控制理论取得了丰硕的成果，但是仍旧具有一定的局限性，它不仅要求系统的机构已知，而且对具有未知干扰的情况显得力不从心，很多情况下的不确定性可能直接导致系统不稳定。

(3) 鲁棒控制

鲁棒控制在设计控制器时不仅考虑数学模型的标称参数，还考虑不确定性对系统性能的最坏影响，使得所设计的控制器在不确定性对系统性能影响最严重时也能够基本满足控制要求。随着非线性系统理论和鲁棒控制理论的发展，线性系统的鲁棒控制方法不断被推广到非线性系统，并取得了一系列研究成果。Isidori[33]针对一类具有未知干扰的非线性系统完成了鲁棒控制器的设计，并得到了 2-范数意义下半全局稳定的结论；Hashimoto[34]针对具有非匹配不确定性的非线性系统完成了鲁棒跟踪控制器的设计；Jiang[35]针对具有不确定性的不完整系统完成了鲁棒指数修正；Chen[36]针对一类具有动态输出反馈的非线性系统得到了局部稳定的结论；Wang[37]分别针对不确定完整机械系统和不确定非完整机械系统完成了鲁棒控制器的设计；Qu[38]针对具有外部未知动态的非线性系统完成了鲁棒控制器的设计，并得到了全局稳定和收敛的结论。

鲁棒控制的优点在于抑制干扰和补偿未建模动态。但是鲁棒控制没有学习能力，在设计时要求不确定性的上界已知，造成了鲁棒控制在原理上的保守性，系统的稳定性是以牺牲控制器的动态性能为代价的。

(4) 反演控制

20 世纪 90 年代初，Kanellakopoulos[39] 提出了一种称为反演(Backstepping)的逐步递推控制方法。该方法在逐步递推的设计过程中引入虚拟控制量的概念，基于 Lyapunov 稳定性理论给出了整个系统控制器的设计方法。对于严格反馈非线性系统来说，如果系统中的非线性已知且没有外部扰动，那么反演控制器可以得到全局稳定或渐近收敛的结论；然而，当反演控制器应用于不确定系统时，其潜能才真正被挖掘出来，例如它在处理非匹配不确定项时的独特优势，自适应反演能够在参数未知的情况下得到很强的稳定性结论，而鲁棒自适应反演则能够处理模型中存在不确定项和外部干扰的情况。

然而，随着系统阶次的增加，虚拟控制量导数的计算过程越来越复杂，进而造成“维数灾难”，为了解决这一问题，Madani[40] 和 Stotsky[41] 利用滑模滤波器来计算虚拟控制量导数；Yip[42] 利用线性滤波器来生成微分信号；Sharma[43] 和 Shin[44] 将虚拟控制量的微分视为未知函数，然后利用神经网络对其进行逼近；Farrell[45] 提出了一种命令滤波器反演设计方法，有效避免了烦琐的数学计算，而且通过严格理论分析证明了该方法的有效性。

(5) 神经网络

神经网络的出现为含有未知函数的非线性系统的控制提供了一条新的途径，在过去二十几年的时间里，神经网络控制领域取得了丰硕的研究成果。神经网络由于其优异的逼近特性而被用于对未知函数进行逼近，Narendra[46] 利用神经网络完成了一类动态系统的辨识和控制，Jin[47] 和 Chen[48] 利用多层神经网络完成了一类非线性系统的自适应控制器设计。上述方法均要求对神经网络进行离线训练，为了克服这一缺点，结合 Lyapunov 稳定理论，Polycarpou[49]，Sanner [50]，Yesidirek[51]，Spooner[52]，Ge[53]，Fabri[54]，Zhang[55] 等对自适应神经网络控制进行了研究，并得到了相应的稳定结论。

(6) 预设性能控制

预设性能控制是希腊学者 Bechlioulis 等[56] 提出的一种新的控制器设计方式。所谓预设性能是指在保证跟踪误差收敛到一个预先设定的任意小的区域的同时，保证收敛速度及超调量满足预先设定的条件。对于系统的控制性能问题，Miller[57] 早在 1991 年就针对一类线性系统设计了具有非减动态增益的分段常值切换方法，保证跟踪误差在规定时间内收敛到预定的值。Ryan[58] 针对一类非线性系统讨论了控制性能问题，控制目标为：①跟踪误差收敛到一个半径为设定常值的区域内；②系统动态曲线在一个预先设定的性能通道内运行，这与预设性能控制的目标非常相似，但缺点是对控制器参数的选择有非常苛刻的要求。文献[56]针对一类具有干扰的单输入单输出反馈线性化系统完成了预设性能自适应控制器设计。文献[59]进一步将对象推广到了多输入多输出反馈线性化系统，变换后的误差最终一致有界且闭环系统内所有信号有界。文献[60]针对一类仿射多输入多输出非线性系统，采用控制 Lyapunov 函数、自适应技术完成了预设性能状态反馈控制器设计，并成功解决了在函数估计过程中可能出现的系统不可控问题。文献[61]针对具有未知非线性函数的串级系统完成了部分状态反馈控制器设计，保证系统跟踪误差满足预设性能的同时，还具有设计方法简单且仅需系统部分信息的优点。文献[62]针对一类仅输出可测的非仿射非线性系统，完成了输出反馈控制器设计，保证系统的稳态和瞬态性能满足预设设定的要求，系统中的不确定项利用神经网络进行逼近，控制器设计采用了切换函数的形式，但其连续性是可以保证的。神经网络只有在特定的紧集内才能保证其逼近性能，但这个紧集的选择过程是复杂的，目前只有通过反复的试验才能确定，针对这一问题，文献[63]在预设性能控制的基础上构建了一种新的方法，避免了复杂的神经网路紧集选择过程。文献[64]解决了一类带有死区的非线性系统的预设性能控制问题，将死区表示为时变函数的形式，利用 Nussbaum 函数解决了控制增益未知的问题，并提出了一种新的高阶神经网络对未知非线性进行逼近。文献[65]对具有严格反馈形式的非线性系统的预设性能控制问题进行了讨论，在一定假设的基础上初步解决了该类系统的控制性能问题，但上述所有方法均有不严谨和不合理之处，具体可总结为：①缺乏严格的稳定性分析；②子系统的初始误差无法保证处于预先设定的区域；③设计过程中用到了未知参数的猜测值，而这个猜测值本身是难以得到的；④控制量不光滑。

预设性能也应用到了部分实际系统中，从很大程度上改善了系统的控制性能。文献[66]应用预设性能控制解决了具有参数不确定性的机械臂模型的力/位置跟踪控制问题，并与传统方法进行了对比，使系统的动态性能和稳态性能都得到了很大程度的提高。文献[67]进一步考虑机械臂模型中存在有界扰动的情况，利用鲁棒设计技巧保证了闭环系统的控制性能。文献[68]针对机械臂模型提出了一种不依赖于模型结构和参数的预设性能控制器设计方法，既不需要机械臂的动态模型信息，又不需要力变模型信息，取得了比较理想的控制效果。文献[69]将预设性能的概念与 PID 控制相结合，完成了机器人关节的速度和位置控制，在保证速度和位置误差趋向于零的同时，超调量和收敛速度也满足预先设定的要求。文献[70]将理论成果应用于机械臂的力和位置跟踪过程中，均达到了预期的控制目标。另外，利用预设性能控制解决机械臂的实际控制问题还取得了其他成果，这里不再一一展开。文献[71]针对飞行器的姿态控制模型设计了满足预设性能的自适应神经网络动态逆控制器设计，在现有成果的基础上进一步提高了系统的响应速度且减小了超调量，具有十分重要的工程实际意义。

3. 典型非线性系统控制方法研究现状

(1) 严格反馈非线性系统控制方法的研究现状

严格反馈系统一般具有以下形式：

$$\dot{x}_i = f_i(x_1,\cdots,x_i) + g_i(x_1,\cdots,x_i)x_{i+1},\quad 1 \leqslant i \leqslant n-1$$

$$\dot{x}_n = f_n(\boldsymbol{x}) + g_n(\boldsymbol{x})u$$

式中，$\boldsymbol{x}=(x_1,\cdots,x_n)^{\mathrm{T}}\in\mathbf{R}^n$，$u\in\mathbf{R}$，分别为状态和输入变量；$f_i(\cdot)$，$g_i(\cdot)$为光滑函数。Backstepping设计方法的提出是非线性系统控制理论发展的一个里程碑，它不要求系统的不确定性满足匹配条件或增广匹配条件，也不要求非线性特性满足增长性约束条件，仅要求系统的非线性特性能保证非线性系统可转化为参数纯反馈的形式。

对于确定的严格反馈非线性系统，利用传统的反演控制器便可得到全局渐近稳定的结论，近年来科研工作者将研究的重心转向了含有不确定性的严格反馈非线性系统，并取得了一系列研究成果。Yao[25]将自适应技术与反演控制方法相结合，解决了具有参数不确定性的严格反馈非线性系统的控制问题；Wang[72]，Zhang[73]，Polycarpou[74]利用神经网络对系统中的未知非线性函数进行估计，解决了含有未知函数的严格反馈非线性系统的控制问题；Ge[75]，Gong[76]，Pan[77]进一步考虑了系统中含有干扰的情况；Ge[78]将反演控制推广到了离散严格反馈非线性系统的控制中；Yang[79]，Wang[80]，Tong[81]，Huo[82]利用模糊逼近器对系统中的未知非线性进行估计，在设计过程上比神经网络估计器更简洁；Chen[83]，Wang[84]，Yoo[85]对系统中含有时滞的情况进行了讨论。以上设计方法均是在反演的大框架下进行的，且只能满足半全局稳定。Park[86]针对一类不确定严格反馈非线性系统，提出了一种能够保证全局稳定的自适应模糊控制器设计方法，采用与反演不同的设计思路，省去了烦琐的虚拟控制量及其导数的计算过程，设计过程更加简单，但该方法过分依赖于模糊控制器的逼近性能，因此难以在实际系统中得到应用。

(2) 控制增益未知非线性系统控制方法的研究现状

控制增益未知包括控制增益为未知常数、控制增益为未知函数以及控制方向未知三种情况。对于前两种情况，相关文献提出了对应的控制策略，主要利用自适应技术和逼近网络对未知控制增益进行逼近。而对于控制方向未知的情况，处理的难度更大，上面提到的方法则不再适用，不仅仅是控制效果不佳，甚至可能会导致系统不稳定。控制方向未知系统的控制问题一直是控制领域的难题。

1983年，Nussbaum[87]首次研究了控制方向未知线性系统的稳定问题。他设计了一种Nussbaum型增益并将其与自适应控制技术相结合完成了控制器的设计，并证明了闭环系统的稳定性。Mudgett[88]和Martensson[89]将Nussbaum增益法做了进一步的推广，解决了控制方向未知的一般线性系统的控制问题。Lozano[90]则对控制方向未知的线性系统提出了一种模型参考自适应控制方法，并将其推广到控制方向未知的一阶非线性系统。Kaloust[91]对一类控制方向未知的二阶非线性系统的控制问题进行了研究，综合应用Lyapunov稳定性理论和鲁棒设计技巧，通过对未知控制方向进行在线辨识，从另一种角度出发，解决了控制方向未知系统的控制问题。Ye[92]将Nussbaum增益法与Backstepping技术相结合，解决了控制方向未知的严格反馈非线性系统的控制问题。Ge[93]结合鲁棒设计方法进一步将其推广到具有未知时变参数和未知干扰的情况。Jiang[94]则在零动态输入到状态稳定的假设下，研究了具有未知控制方向的非线性系统的输出反馈控制问题。

(3) 输入受限系统控制方法的研究现状

输入受限现象普遍存在于实际的物理系统中，它会影响系统的性能，降低准确性甚至导致系统不稳定，给控制器设计带来了巨大的挑战。针对具有参数不确定性且输入受限的系统，已经有几种方法对其控制问题进行了讨论，例如抗饱和方法、小增益控制和线性反馈矫正等。Monopili[95]针对输入受限的参数不确定线性系统提出了一种基于自适应技术的基本控制框架，但缺乏稳定性证明。在接下来的一段时间内这方面的研究也取得了不少成果。文献[96]针对连续系统进行了研究，文献[97]对输入受限的离散对象的控制问题进行了讨论，文献[98]对间接控制方法进行了讨论，但上述方法均要求开环系统本身是稳定的，只有 Feng 对上述限制进行了一定程度的放宽，允许有多个极点在原点处，Karason 将这一条件进一步放宽，对开环系统的性能不做任何限制，仅对控制参数的上界做了一定的假设，最终得到了局部稳定的结论。

对于输入受限的非线性系统的控制问题的研究也取得了丰硕成果，Chen，Hu，Gao，Zhong 对带有输入饱和的非线性控制系统进行了分析和设计；Polycarpou 以飞行器姿态控制系统为研究对象，考虑参数不确定性、集合自适应和反演控制技术，完成了控制器设计，并得到了局部稳定的结论；Farrel 进一步将这一结论推广到了幅值、速度和带宽同时受限的情况；Gao，Chen 考虑了受限系统中存在非线性不确定性的情况；Gayaka 解决了带有输入受限和扰动的链式系统的控制问题，并得到了全局稳定的结论；Lavretsky 提出了一种 μ 修正方法，为解决输入受限问题提供了一条新的途径。

综上所述，非线性控制理论在科研工作者的不懈努力下已经结出了累累硕果，尤其是在系统稳态性能方面几乎涵盖了所有形式的非线性系统，但在控制性能（包括稳态和瞬态性能）方面的研究还比较匮乏，仅限于几类形式较特殊的系统，还远远没有形成体系。针对严格反馈非线性系统的预设性能控制问题，据作者所知，目前仅有 3 篇文献对其进行了讨论，仍有很多问题没有解决。本书以几类具有不确定性的严格反馈非线性系统为研究对象，提出了一系列的新方法、新思路，解决了现有方法中存在的难题，并系统地解决了严格反馈非线性系统的预设性能控制问题。

4. 本书的内容安排

本书对不确定严格反馈非线性系统的预设性能控制问题进行了研究，主要内容结构安排如下：

绪论部分论述了本书的研究背景及意义，并对国内外非线性理论的发展历程及热点方法进行了综合分析，主要包括反馈线性化、自适应控制、鲁棒控制、神经网络、反演和预设性能控制等，并找出了其优势和不足；对现阶段的典型研究对象进行了深入剖析，包括严格反馈非线性系统、控制方法未知的非线性系统和输入受限系统，并对其中的难点问题进行了总结。

第 1 章扼要介绍阅读本书所需的一些数学方面和控制理论方面的基础知识，主要包括范数的定义与性质、动态系统的稳定性理论、预设性能控制的概念与性质等，重点内容是预设性能的定义以及包含的两个基本环节：性能函数和误差变换。在误差变换部分，给出了一种新的误差变换方法并设计了合理的误差变换函数，有效地解决了初始误差未知的难题。

第2章基于新的误差变换方案和误差变换函数，结合反演设计思想，提出了一种新的控制框架，为从真正意义上实现具有严格反馈形式的非线性系统的预设性能控制提供了一条新的途径；并通过严格的稳定性分析证明了方法的正确性；最后提出了预设性能在严格反馈系统中的反向传递性定理，并对其进行了证明。

第3章针对控制增益为未知常数的不确定严格反馈非线性系统进行研究，提出了一种自适应预设性能控制器设计方法；控制器的设计是在第2章中提出的控制框架下进行的；对于系统中的未知参数利用自适应律进行逼近；为了避免在增益参数估计过程中导致系统奇异情况的出现，设计了一种新型的Lyapunov函数，将未知增益加入到Lyapunov函数的设计过程中，利用自适应律对未知参数的组合进行估计，并进行了稳定性分析；最后通过仿真分析对设计方法的有效性进行了验证。

第4章在第3章的基础上进一步考虑控制增益为未知函数的情况，提出了一种自适应神经网络预设性能控制器设计方法，系统中的未知函数利用径向基函数(RBF)神经网络进行逼近；为了避免可能出现的"不可控现象"，提出了一种新的积分型Lyapunov函数设计方法，利用径向基函数神经网络(RBFNN)对系统中的未知函数进行逼近；根据控制器对神经网络的依赖性不同，又将其设计过程分为直接自适应控制和间接自适应控制两种情况，通过稳定性分析和数字仿真对该方法的有效性进行了验证。

第5章进一步讨论了控制方向未知的情况，系统中除函数未知之外，还存在非匹配干扰项。在第2章提出的控制框架下，利用RBF神经网络对模型中的未知函数进行逼近，利用Nussbaum增益法对控制方向未知的情况进行处理；为了避免烦琐的虚拟控制量微分计算，利用跟踪微分器对其进行逼近；通过引入鲁棒项消除非匹配干扰项的影响；最后进行了稳定性分析和仿真验证。

第6章将预设性能的概念引入导弹过载控制模型中，按照由简单到复杂的研究思路，首先对确定对象进行研究，然后进一步考虑扰动和参数不确定性，最后考虑输入和状态同时受限的情况。针对确定对象，先对攻角子系统和俯仰角速度子系统进行误差变换，得到新的误差模型；再针对变换后的误差模型进行反演控制器设计。针对具有扰动和参数不确定性的系统，先利用自适应技术对未知参数进行逼近；再通过引入鲁棒项消除了扰动的影响。针对输入和状态同时受限的系统，先通过构造辅助模型将受限系统转化为非受限系统；再综合应用自适应技术和鲁棒设计技巧完成控制器的设计。针对以上三类系统均完成了稳定性证明和仿真验证。

第7章对全书进行了总结，并对下一步的研究方向进行了展望。

第 1 章　基础知识

本章扼要介绍阅读本书所需的一些数学方面和控制理论方面的基础知识。对本章引用的定理，一般不做严格证明，只做一些说明，其目的是便于读者查阅和应用。需要详细了解本章内容的读者，可参阅书后所列举的参考文献。

1.1　范　数

1.1.1　向量的范数

本小节先讨论向量的欧式范数及其基本性质，然后介绍几种常用的向量范数。

设 $\mathbf{R}^n$ 为 n 维实向量空间，$\boldsymbol{x}$ 为 $\mathbf{R}^n$ 中的向量，它的欧氏范数，实际上就是它的长度，规定为

$$\|\boldsymbol{x}\| = (\boldsymbol{x}, \boldsymbol{x})^{1/2} \tag{1-1}$$

欧氏范数具有下列基本性质：

① 非负性：若 $\boldsymbol{x} \neq \boldsymbol{0}$，则 $\|\boldsymbol{x}\| > 0$，$\|\boldsymbol{0}\| = 0$。

② 齐次性：对任何实数 α 和任意向量 $\boldsymbol{x}$，有

$$\|\alpha\boldsymbol{x}\| = |\alpha|\ \|\boldsymbol{x}\|$$

③ 三角不等式：对任意向量 $\boldsymbol{x}$ 和 $\boldsymbol{y}$，恒有

$$\|\boldsymbol{x}+\boldsymbol{y}\| \leqslant \|\boldsymbol{x}\| + \|\boldsymbol{y}\|$$

以上三条性质是向量的欧氏范数所具有的基本性质，根据这些性质，还可以证明不等式

$$\big|\|\boldsymbol{x}\| - \|\boldsymbol{y}\|\big| \leqslant \|\boldsymbol{x}-\boldsymbol{y}\| \tag{1-2}$$

式中：$\boldsymbol{x}$ 和 $\boldsymbol{y}$ 是 $\mathbf{R}^n$ 中任意两个向量。

有了范数就可以讨论 $\mathbf{R}^n$ 中点序列的收敛性问题。在 n 维空间 $\mathbf{R}^n$ 中，一个向量序列 $\{\boldsymbol{x}_k\}$，可以看成是向量终点的序列。$\boldsymbol{x}_k \to \boldsymbol{x}$ 可以规定为

$$\|\boldsymbol{x}_k - \boldsymbol{x}\| \to 0 \tag{1-3}$$

这里 $\boldsymbol{x}$ 为一个有限向量，即 $\boldsymbol{x}$ 具有有限的欧氏长度。欲使 $\boldsymbol{x}_k$ 收敛于有限极限 $\boldsymbol{x}$，其充分必要条件是：$\boldsymbol{x}_k$ 的 n 个分量所组成的 n 个数列 x_{ki}，对于 $i=1,2,\cdots,n$ 都分别收敛于 $\boldsymbol{x}$ 的相应分量。由此可见，有了范数的概念就可以规定收敛性概念，从而讨论极限特性。

下面介绍几种常用的向量范数。

在讨论收敛性问题时，起直接作用的是向量范数所具有的三条基本性质。从理

论研究上看，对于向量范数的具体规定可以多种多样，只要所规定的范数具有这三条基本性质就可以。如此规定的向量范数，称为向量的抽象范数。

容易证明，对于任何不小于 1 的正数 p，$\left\{\sum_{i=1}^{n}|x_i|^p\right\}^{\frac{1}{p}}$ 具有范数的三条基本性质，则称它为向量 $\boldsymbol{x}$ 的 p 范数，记作 $\|\boldsymbol{x}\|_p$，即有

$$\|\boldsymbol{x}\|_p=\left\{\sum_{i=1}^{n}|x_i|^p\right\}^{\frac{1}{p}} \tag{1-4}$$

式中：x_i 表示向量 $\boldsymbol{x}$ 的第 i 个分量。

常用的 p 范数有下列三种情况：

① $\|\boldsymbol{x}\|_2$，即 $p=2$，这就是欧氏范数。有时将下角标 2 略去，简单记作 $\|\boldsymbol{x}\|$。

② $\|\boldsymbol{x}\|_1$，即 $p=1$ 的情形，这时

$$\|\boldsymbol{x}\|_1=|x_1|+|x_2|+\cdots+|x_n| \tag{1-5}$$

③ $\|\boldsymbol{x}\|_\infty$，即 $\|\boldsymbol{x}\|_\infty=\lim\limits_{p\to\infty}\|\boldsymbol{x}\|_p$，这时

$$\|\boldsymbol{x}\|_\infty=\max_i|x_i| \tag{1-6}$$

不同向量范数可能具有不同的大小，但在各种范数下考虑向量序列的收敛问题时，却表现出明显的一致性。具体地说，如果向量序列 $\{\boldsymbol{x}_k\}$ 对某一种范数，例如 $\|\cdot\|_1$ 收敛，且极限为 $\boldsymbol{x}$，则对于其他范数，这个序列仍然收敛，并且具有相同的极限。这种性质称为范数的等价性。这种等价关系可用数学形式表达：

设 $\|\boldsymbol{x}\|_\alpha$ 和 $\|\boldsymbol{x}\|_\beta$ 为任意两种向量范数，则总存在正数 $c_1>0, c_2>0$，对一切 $\boldsymbol{x}\in\mathbf{R}^n$，恒有

$$c_1\|\boldsymbol{x}\|_\beta\leqslant\|\boldsymbol{x}\|_\alpha\leqslant c_2\|\boldsymbol{x}\|_\beta \tag{1-7}$$

范数的概念还可以推广到无穷维函数空间，对于时间函数，我们常用 L_p 范数。对于时间函数 $u(t)$，L_p 范数的定义如下：

$$\|u\|_p=\left[\int_0^\infty|u(\tau)|^p\mathrm{d}\tau\right]^{\frac{1}{p}} \tag{1-8}$$

式中：$p\in[1,\infty)$。

当 $p=1$ 时，$\|u(t)\|_1=\int_0^\infty|u(\tau)|\mathrm{d}\tau$。如果 $\|u(t)\|_1<\infty$，称范数 L_1 存在，则 $u\in L_1$，或称函数 $u(t)$ 是绝对可积的。

当 $p=2$ 时，$\|u(t)\|_2=\left[\int_0^\infty|u(\tau)|^2\mathrm{d}\tau\right]^{\frac{1}{2}}$。如果 $\|u(t)\|_2<\infty$，则 $u\in L_2$，或称函数 $u(t)$ 是平方可积的。

当 $p=\infty$ 时，$\|u(t)\|_\infty=\sup\limits_{t\geqslant0}|u(t)|$。如果 $\|u(t)\|_\infty<\infty$，则 $u\in L_\infty$，或称函数 $u(t)$ 是有界的。

另外，$\|u(t)\|_p$ 还有一个重要的性质，即如果 $\|u(t)\|_1<\infty$，$\|u(t)\|_\infty<\infty$，则 $\|u(t)\|_2<\infty$。

1.1.2 矩阵的范数

将范数的概念推广到一般的 $m\times n$ 阶矩阵上，矩阵范数的一般定义：

设 $\boldsymbol{A}$ 是任意一个 $m\times n$ 阶矩阵，将按某一法则规定的 $\boldsymbol{A}$ 的一个函数，记作 $\|\boldsymbol{A}\|$，若此函数具有下列性质：

① 非负性：当 $\boldsymbol{A}\neq\boldsymbol{0}$ 时，$\|\boldsymbol{A}\|>0$，$\|\boldsymbol{0}\|=0$；

② 齐次性：$\|\alpha\boldsymbol{A}\|=|\alpha|\,\|\boldsymbol{A}\|$；

③ 三角不等式：对任意 $\boldsymbol{A},\boldsymbol{B}$，有 $\|\boldsymbol{A}+\boldsymbol{B}\|\leqslant\|\boldsymbol{A}\|+\|\boldsymbol{B}\|$，

则 $\|\boldsymbol{A}\|$ 称为矩阵 $\boldsymbol{A}$ 的范数。

下面介绍矩阵范数相容性的概念和几种常用的矩阵范数。

矩阵范数的相容性：若对任意的 $m\times n$ 阶矩阵 $\boldsymbol{A}$ 和 $n\times p$ 阶矩阵 $\boldsymbol{B}$ 恒有

$$\|\boldsymbol{AB}\|_{m\times p}\leqslant\|\boldsymbol{A}\|_{m\times n}\|\boldsymbol{B}\|_{n\times p} \tag{1-9}$$

则称范数 $\|\cdot\|_{m\times n}$，$\|\cdot\|_{n\times p}$ 和 $\|\cdot\|_{m\times p}$ 是相容的。

特别地，如 $\boldsymbol{A}$ 是 $m\times n$ 阶矩阵，$\boldsymbol{B}$ 是 $n\times 1$ 维向量，记为 $\boldsymbol{x}$，则相容性表现为

$$\|\boldsymbol{Ax}\|_{m\times 1}\leqslant\|\boldsymbol{A}\|_{m\times n}\|\boldsymbol{x}\|_{n\times 1}$$

在此，给出一种规定矩阵范数的方法，使矩阵范数与确定的向量范数相容。

一般原则：设 $\boldsymbol{x}\in\mathbf{R}^n$，$\boldsymbol{y}\in\mathbf{R}^m$，在相应的 n 维和 m 维空间中已规定了向量的某种范数 $\|\boldsymbol{x}\|_\alpha$ 和 $\|\boldsymbol{y}\|_\beta$。设 $\boldsymbol{A}$ 为 $m\times n$ 矩阵，规定矩阵 $\boldsymbol{A}$ 的范数如下：

$$\|\boldsymbol{A}\|=\max_{\|\boldsymbol{x}\|_\alpha=1}\|\boldsymbol{Ax}\|_\beta$$

容易证明，$\|\boldsymbol{A}\|$ 是一种矩阵范数，因为它具有矩阵范数的三条基本性质。这样规定的矩阵范数 $\|\boldsymbol{A}\|$ 与向量范数 $\|\boldsymbol{x}\|_\alpha$，$\|\boldsymbol{y}\|_\beta$ 相容。

根据范数的相容性的具体定义式(1-9)，显然有

$$\|\boldsymbol{Ax}\|_\beta\leqslant\|\boldsymbol{A}\|\,\|\boldsymbol{x}\|_\alpha$$

分别取 $\|\boldsymbol{x}\|_\alpha$ 和 $\|\boldsymbol{y}\|_\beta$ 为 $\|\boldsymbol{x}\|_1$ 和 $\|\boldsymbol{y}\|_1$、$\|\boldsymbol{x}\|_2$ 和 $\|\boldsymbol{y}\|_2$、$\|\boldsymbol{x}\|_\infty$ 和 $\|\boldsymbol{y}\|_\infty$，可以得到三种具体的矩阵范数，记为 $\|\boldsymbol{A}\|_1$、$\|\boldsymbol{A}\|_2$ 和 $\|\boldsymbol{A}\|_\infty$，它们可以用矩阵 $\boldsymbol{A}$ 的元素和特征值具体表示出来：

$$\|\boldsymbol{A}\|_1=\max_{j=1,\cdots,n}\left(\sum_{i=1}^{m}|a_{ij}|\right)\text{(列和)}$$

$$\|\boldsymbol{A}\|_\infty=\max_{i=1,\cdots,m}\left(\sum_{j=1}^{n}|a_{ij}|\right)\text{(行和)}$$

$$\|\boldsymbol{A}\|_2=\sqrt{\bar{\lambda}_{\boldsymbol{A}^{\mathrm{T}}\boldsymbol{A}}}\text{(谱范数)}$$

式中：$\bar{\lambda}_{\boldsymbol{A}^{\mathrm{T}}\boldsymbol{A}}$ 表示矩阵 $\boldsymbol{A}^{\mathrm{T}}\boldsymbol{A}$ 的最大特征值。

最后，复习一下线性代数中的对称正半定矩阵和对称正定矩阵的定义和性质。

正半定矩阵：设 $\boldsymbol{A}\in\mathbf{R}^{n\times n}$ 为正半定矩阵，记作 $\boldsymbol{A}\geqslant\boldsymbol{0}$，则对任意向量 $\boldsymbol{x}$，有 $\boldsymbol{x}^{\mathrm{T}}\boldsymbol{Ax}\geqslant 0$。

正定矩阵：如果矩阵 $\boldsymbol{A}$ 是正定的，则对某标量 $\alpha>0$，对任意向量 $\boldsymbol{x}$，有 $\boldsymbol{x}^{\mathrm{T}}\boldsymbol{Ax}>\alpha\boldsymbol{x}^{\mathrm{T}}\boldsymbol{x}=\alpha\|\boldsymbol{x}\|$。如果 $\|\boldsymbol{x}\|=1$，则 $\boldsymbol{x}^{\mathrm{T}}\boldsymbol{Ax}>\alpha$。

正半定矩阵的特征值都在闭右半平面，而正定矩阵的特征值则都在开右半平面。

等价地，如果 $-\boldsymbol{A}$ 为正半定矩阵，则 $\boldsymbol{A}$ 称为负半定矩阵。如 $-\boldsymbol{A}$ 为正定矩阵，则 $\boldsymbol{A}$ 称为负定矩阵。当然，矩阵也可能既不是正半定的也不是负半定的。

对称正半定矩阵：如果 $\boldsymbol{A}\geqslant\boldsymbol{0}$，同时 $\boldsymbol{A}^{\mathrm{T}}=\boldsymbol{A}$，则称 $\boldsymbol{A}$ 为对称正半定矩阵。

对称正定矩阵：如果 $\boldsymbol{A}>\boldsymbol{0}$，同时 $\boldsymbol{A}^{\mathrm{T}}=\boldsymbol{A}$，则称 $\boldsymbol{A}$ 为对称正定矩阵。

一个对称正定矩阵 $\boldsymbol{A}$ 的二次型可用以下不等式来估计：

$$\lambda_{\min}(\boldsymbol{A})\|\boldsymbol{x}\|\leqslant\boldsymbol{x}^{\mathrm{T}}\boldsymbol{Ax}\leqslant\lambda_{\max}(\boldsymbol{A})\|\boldsymbol{x}\| \tag{1-10}$$

如果 $\boldsymbol{A}$ 是对称矩阵，则 $\boldsymbol{A}$ 的范数

$$\|\boldsymbol{A}\|=\lambda_{\max}(\boldsymbol{A}) \tag{1-11}$$

当 $\boldsymbol{A}$ 为正定矩阵时，有

$$\|\boldsymbol{A}^{-1}\|=\frac{1}{\lambda_{\min}(\boldsymbol{A})} \tag{1-12}$$

1.2　预设性能

随着科学技术的发展，控制对象结构越来越复杂，而且要求精度高、实时性强，从而对控制器也提出了越来越高的要求。现有的控制方法在提高控制性能方面的研究还相对匮乏，正是在此背景下，预设性能控制应运而生，提供了一种新的视角和研究思路，引起了控制界的广泛关注。所谓预设性能是指在保证跟踪误差收敛到一个预先设定的任意小的区域的同时，保证收敛速度及超调量满足预先设定的条件。它要求同时满足瞬态性能和稳态性能，直接以提高系统性能为目标，具有重要的理论和实际意义。预设性能控制主要包括两个基本环节：性能函数和误差变换。

1.2.1　性能函数

通过引入性能函数，对跟踪误差 $e(t)$ 的瞬态和稳态性能进行设定，性能函数的定义如下：

定义　连续函数 $\varpi:\mathbf{R}_{+}\to\mathbf{R}_{+}$ 称为性能函数，满足：

① $\varpi(t)$ 是正的且严格递减；

② $\lim\limits_{t\to\infty}\varpi(t)=\varpi_{\infty}>0$。

在初始误差 $e(0)$ 已知的前提下，给出如下形式的不等式约束：

$$\begin{cases}-\varsigma\varpi(t)<e(t)<\varpi(t), & \text{当 } e(0)>0 \text{ 时}\\ -\varpi(t)<e(t)<\varsigma\varpi(t), & \text{当 } e(0)<0 \text{ 时}\end{cases} \tag{1-13}$$

式中：$t\in[0,\infty)$，$\varsigma\in[0,1]$。

如果不等式(1-13)成立，以 $e(0)>0$ 为例，则误差曲线将被限制在 $\varpi(t)$ 和

$-\varsigma\varpi(t)$所包围的区域内；另外，结合函数$\varpi(t)$的递减特性及$\varsigma\in[0,1]$可知，误差$e(t)$将在函数$\varpi(t)$和$-\varsigma\varpi(t)$的夹逼作用下迅速收敛到0的一个小邻域内，上述过程可借助图1-1进行说明。常数ϖ_∞表示预先设定的稳态误差的上界，$\varpi(t)$的衰减速度为跟踪误差$e(t)$收敛速度的下界，同时跟踪误差的最大超调量不会大于$\varsigma\varpi(0)$，因此，通过选择适当的性能函数$\varpi(t)$和常数ς便可对输出误差的稳态和瞬态性能进行限制。

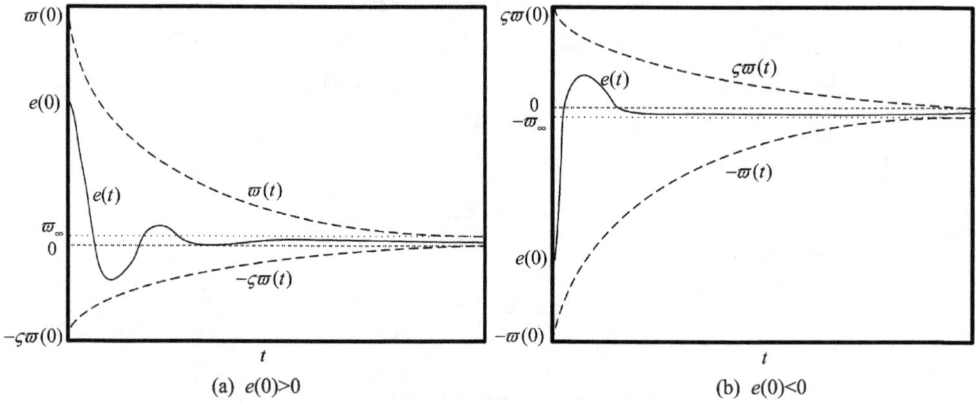

图1-1　跟踪误差与性能函数关系示意图

1.2.2　误差变换

在系统设计过程中，直接对不等式约束(1-13)进行处理的难度非常大，因此可以考虑先将不等式约束变换为等式约束再进行处理，定义误差变换函数$f_{\text{tran}}(\cdot)$为

$$e(t)=\varpi(t)f_{\text{tran}}(\varepsilon) \tag{1-14}$$

式中：ε为变换误差，$f_{\text{tran}}(\varepsilon)$满足下述性质：

① $f_{\text{tran}}(\varepsilon)$光滑且严格递增。

② 当$e(0)>0$时，$-\varsigma<f_{\text{tran}}(\varepsilon)<1$；

当$e(0)<0$时，$-1<f_{\text{tran}}(\varepsilon)<\varsigma$。

③ 当$e(0)>0$时，$\lim\limits_{\varepsilon\to-\infty}f_{\text{tran}}(\varepsilon)=-\varsigma$，

$\lim\limits_{\varepsilon\to+\infty}f_{\text{tran}}(\varepsilon)=1$；

当$e(0)<0$时，$\lim\limits_{\varepsilon\to-\infty}f_{\text{tran}}(\varepsilon)=-1$，

$\lim\limits_{\varepsilon\to+\infty}f_{\text{tran}}(\varepsilon)=\varsigma$。

由上述定义可知，当$e(0)>0$时，有

$$-\delta<f_{\text{tran}}(\varepsilon)<1$$

由性能函数的定义可知$\varpi(t)>0$，则进一步有

$$-\varsigma\varpi(t)<\varpi(t)f_{\text{tran}}(\varepsilon)<\varpi(t)$$

结合式(1-14)得到

$$-\varsigma\varpi(t) < e(t) < \varpi(t)$$

同理，当 $e(0)<0$ 时，有

$$-\varpi(t) < e(t) < \varsigma\varpi(t)$$

因此，不等式约束(1-13)得以满足。

另外，通过函数 f_{tran} 的性质可知，f_{tran} 可逆，其逆变换为

$$\varepsilon = f_{\text{tran}}^{-1}\left[\frac{e(t)}{\varpi(t)}\right] \tag{1-15}$$

显然，如果能够满足 $\varepsilon(t)\in\ell_{\infty}$，$\forall t\in[0,\infty)$，则可以推出不等式约束(1-13)成立，从而可以保证跟踪信号满足预设性能的要求。结合性能函数$\varpi(t)$的衰减特性，系统稳定后的跟踪误差将被限制在以下区域：

$$\Xi = \{e\in\mathbf{R}: |e(t)|\leqslant\varpi_{\infty}\}$$

上述推导过程是在假设 $e(0)$已知的前提下进行的，在很多情况下这种假设是不合理的，当针对某些系统进行控制器设计时，事先往往不能得到初始误差的精确值，这给预设性能控制的应用带来很大的局限性，为了应对这一问题，这里介绍一种不依赖于初始误差 $e(0)$的变参数约束方案：

$$-\iota_{\text{down}}(t)\,\varpi(t) < e(t) < \iota_{\text{up}}(t)\,\varpi(t) \tag{1-16}$$

式中：光滑函数 $\iota_{\text{down}}(t)$和 $\iota_{\text{up}}(t)$满足下面的性质：

① $\iota_{\text{down}}(t)>0$，$\iota_{\text{up}}(t)>0$ 且严格递减；

② $$\begin{cases}\lim\limits_{t\to0}\iota_{\text{down}}(t)=+\infty,\\ \lim\limits_{t\to\infty}\iota_{\text{down}}(t)=C_1,C_1\in\mathbf{R}^+,\\ \lim\limits_{t\to0}\iota_{\text{up}}(t)=+\infty,\\ \lim\limits_{t\to\infty}\iota_{\text{up}}(t)=C_2,C_2\in\mathbf{R}^+。\end{cases}$$

在性质②中之所以将 $\iota_{\text{down}}(t)$和 $\iota_{\text{up}}(t)$的初值设定为无穷大，主要是保证$e(0)\in(-\iota_{\text{down}},\iota_{\text{up}})$，然而在实际设计过程中只需要将 $\iota_{\text{down}}(0)$和 $\iota_{\text{up}}(0)$设定为足够大的常数即可，事实证明这种处理是合理的。

这里选取 $\iota_{\text{down}}(t)$和 $\iota_{\text{up}}(t)$为如下形式：

$$\begin{cases}\dot{\iota}_{\text{down}}(t)=\lambda_{\text{down}}\iota_{\text{down}}(t)+\hbar_{\text{down}}, & \lambda_{\text{down}},\hbar_{\text{down}}\in\mathbf{R}^+\\ \dot{\iota}_{\text{up}}(t)=-\lambda_{\text{up}}\iota_{\text{up}}(t)+\hbar_{\text{up}}, & \lambda_{\text{up}},\hbar_{\text{up}}\in\mathbf{R}^+\end{cases} \tag{1-17}$$

式中：λ_{down}，λ_{up}，$\hbar_{\text{down}}$，$\hbar_{\text{up}}$ 为选取的正常数。

对于式(1-17)的第一个子式 $\dot{\iota}_{\text{down}}(t)=-\lambda_{\text{down}}\iota_{\text{down}}(t)+\hbar_{\text{down}}$，两侧同乘以 $\exp(\lambda_{\text{down}}t)$ 得到

$$\exp(\lambda_{\text{down}}t)\dot{\iota}_{\text{down}}(t)+\lambda_{\text{down}}\exp(\lambda_{\text{down}}t)\iota_{\text{down}}(t)=\hbar_{\text{down}}\exp(\lambda_{\text{down}}t) \tag{1-18}$$

进一步有

$$\frac{\mathrm{d}}{\mathrm{d}t}[\exp(\lambda_{\text{down}}t)\iota_{\text{down}}(t)]=\hbar_{\text{down}}\exp(\lambda_{\text{down}}t) \tag{1-19}$$

对式(1-19)两侧在区间[0,t)内积分，得到

$$\iota_{\text{down}}(t)=\left[\iota_{\text{down}}(0)-\frac{\hbar_{\text{down}}}{\lambda_{\text{down}}}\right]\exp(-\lambda_{\text{down}}t)+\frac{\hbar_{\text{down}}}{\lambda_{\text{down}}} \tag{1-20}$$

同理，可以得到

$$\iota_{\text{up}}(t)=\left[\iota_{\text{up}}(0)-\frac{\hbar_{\text{up}}}{\lambda_{\text{up}}}\right]\exp(-\lambda_{\text{up}}t)+\frac{\hbar_{\text{up}}}{\lambda_{\text{up}}} \tag{1-21}$$

通过以上分析可知，$\iota_{\text{down}}(t)$和$\iota_{\text{up}}(t)$分别指数收敛到常数$\frac{\hbar_{\text{down}}}{\lambda_{\text{down}}}$和$\frac{\hbar_{\text{up}}}{\lambda_{\text{up}}}$，通过增大$\lambda_{\text{down}}$和$\lambda_{\text{up}}$可以提高收敛速度，当$\iota_{\text{down}}(t)$和$\iota_{\text{up}}(t)$收敛到常值后，不等式约束(1-16)退化为不等式约束(1-13)的形式，其具体形式为

$$-\frac{\hbar_{\text{down}}}{\lambda_{\text{down}}}\varpi(t)<e(t)<\frac{\hbar_{\text{up}}}{\lambda_{\text{up}}}\varpi(t) \tag{1-22}$$

由式(1-22)可得，当系统稳定时稳态误差的上界为$\max\left\{\frac{\hbar_{\text{down}}}{\lambda_{\text{down}}},\frac{\hbar_{\text{up}}}{\lambda_{\text{up}}}\right\}\cdot\varpi_{\infty}$，误差收敛速度及最大超调量可以通过系数$\lambda_{\text{down}}$，$\lambda_{\text{up}}$，$\hbar_{\text{down}}$，$\hbar_{\text{up}}$及$\varpi(t)$进行调节，上述过程可借助图1-2进行说明。

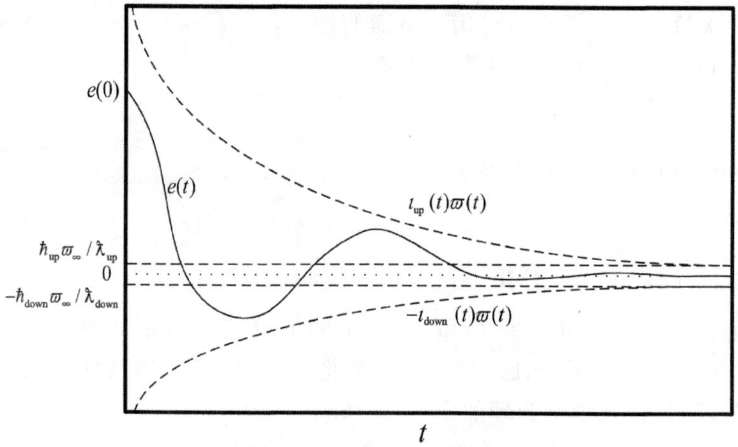

图1-2　改进后的性能函数与跟踪误差的关系图

对于不等式约束(1-16)，为将其变换为等式约束，定义误差变换函数$F_{\text{tran}}(\varepsilon,\iota_{\text{down}},\iota_{\text{up}})$为

$$e(t)=\varpi(t)F_{\text{tran}}(\varepsilon,\iota_{\text{down}},\iota_{\text{up}}) \tag{1-23}$$

式中，ε为变换误差，连续函数$F_{\text{tran}}(\varepsilon,\iota_{\text{down}},\iota_{\text{up}})$满足如下性质：

① $F_{\text{tran}}(\varepsilon,\iota_{\text{down}},\iota_{\text{up}})$光滑且严格递增；

② $-\iota_{\text{down}}(t)<F_{\text{tran}}(\varepsilon,\iota_{\text{down}},\iota_{\text{up}})<\iota_{\text{up}}(t)$；

③ $\begin{cases} \lim\limits_{\varepsilon \to -\infty} F_{\text{tran}}(\varepsilon, \iota_{\text{down}}, \iota_{\text{up}}) = -\iota_{\text{down}}, \\ \lim\limits_{\varepsilon \to +\infty} F_{\text{tran}}(\varepsilon, \iota_{\text{down}}, \iota_{\text{up}}) = \iota_{\text{up}}。 \end{cases}$

结合上面的性质②和$\varpi(t)>0$，得到

$$-\iota_{\text{down}}(t)\varpi(t) < F_{\text{tran}}(\varepsilon, \iota_{\text{down}}, \iota_{\text{up}})\varpi(t) < \iota_{\text{up}}(t)\varpi(t) \tag{1-24}$$

结合式(1－23)和式(1－24)得到

$$-\iota_{\text{down}}(t)\varpi(t) < e(t) < \iota_{\text{up}}(t)\varpi(t)$$

因此，不等式约束(1－16)得以满足。

另外，通过函数 $F_{\text{tran}}(\varepsilon, \iota_{\text{down}}, \iota_{\text{up}})$的性质可知，$F_{\text{tran}}(\varepsilon, \iota_{\text{down}}, \iota_{\text{up}})$可逆，其逆变换为

$$\varepsilon = F_{\text{tran}}^{-1}\left[\frac{e(t)}{\varpi(t)}, \iota_{\text{down}}, \iota_{\text{up}}\right] \tag{1-25}$$

现有文献中常用的是如下形式的误差变换函数(见图 1－3)：

$$F_{\text{tran}}(\varepsilon, \iota_{\text{down}}, \iota_{\text{up}}) = \frac{\iota_{\text{up}}(t)\exp(\varepsilon) - \iota_{\text{down}}(t)\exp(-\varepsilon)}{\exp(\varepsilon) + \exp(-\varepsilon)} \tag{1-26}$$

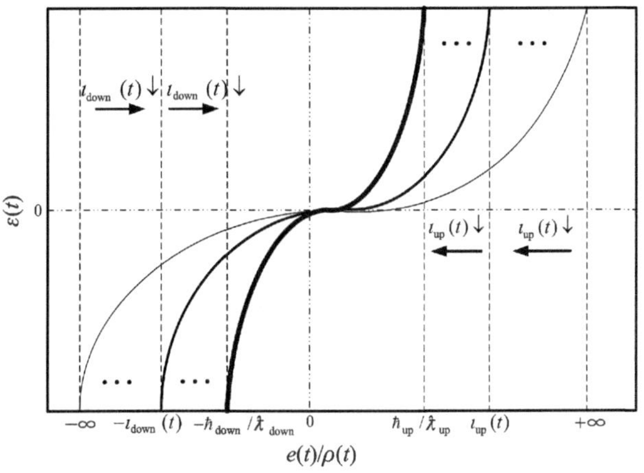

图 1－3　误差变换函数

如果能够满足 $\varepsilon(t) \in \ell_\infty$，$\forall t \in [0, \infty)$，则不等式约束(1－16)成立，进一步可保证跟踪误差满足预设的稳态和瞬态性能的要求。结合性能函数$\varpi(t)$的衰减特性，系统稳定时的跟踪误差将限制在以下区域：

$$\Im = \left\{ e \in \mathbf{R}: -\frac{\hbar_{\text{down}}}{\lambda_{\text{down}}}\varpi_\infty \leqslant e(t) \leqslant \frac{\hbar_{\text{up}}}{\lambda_{\text{up}}}\varpi_\infty \right\}$$

但式(1－26)给出的误差变换函数在解决严格反馈非线性系统的预设性能控制问题中是不合适的，因为要消除子系统之间的耦合项，需要误差变换函数通过原点，而式(1－26)只有在 $\iota_{\text{down}} = \iota_{\text{up}}$ 时才能保证 $F_{\text{tran}}[0, \iota_{\text{down}}(t), \iota_{\text{up}}(t)] = 0$ 成立，如果强行令 $\iota_{\text{down}} = \iota_{\text{up}}$，又使得误差变换函数选择的灵活性大大降低。为了解决这一问题，需要提出一种改进的误差变换函数，在通过原点的同时，又具有非对称性，具体形式如下：

$$F_{\text{tran}}(\varepsilon,\iota_{\text{down}},\iota_{\text{up}})=\frac{2}{\pi}\frac{\iota_{\text{up}}\exp(\varepsilon)+\iota_{\text{down}}\exp(-\varepsilon)}{\exp(\varepsilon)+\exp(-\varepsilon)}\arctan(\lambda\varepsilon) \tag{1-27}$$

通过观察式(1-27)的形式可知,它显然满足误差变换函数所应具有的性质②

$$-\iota_{\text{down}}(t)<F_{\text{tran}}(\varepsilon,\iota_{\text{down}},\iota_{\text{up}})<\iota_{\text{up}}(t)$$

和性质③

$$\begin{cases}\lim\limits_{\varepsilon\to-\infty}F_{\text{tran}}(\varepsilon,\iota_{\text{down}},\iota_{\text{up}})=-\iota_{\text{down}}\\ \lim\limits_{\varepsilon\to+\infty}F_{\text{tran}}(\varepsilon,\iota_{\text{down}},\iota_{\text{up}})=\iota_{\text{up}}\end{cases}$$

唯一不确定的是其单调性。下面对其单调性进行证明:

首先,式(1-27)两边对 ε 求偏导,得到

$$\frac{\partial F_{\text{tran}}(\varepsilon,\iota_{\text{down}},\iota_{\text{up}})}{\partial\varepsilon}=\frac{2}{\pi}\iota_{\text{down}}\left\{\frac{\lambda[\tau\exp(\varepsilon)+\exp(-\varepsilon)]}{[\exp(\varepsilon)+\exp(-\varepsilon)][1+(\lambda\varepsilon)^2]}-\frac{2(1-\tau)\arctan(\lambda\varepsilon)}{[\exp(\varepsilon)+\exp(-\varepsilon)]^2}\right\} \tag{1-28}$$

式中:$\tau=\dfrac{\iota_{\text{up}}}{\iota_{\text{down}}}\in(0,1]$。显然,当 $\varepsilon\in(-\infty,0]$ 时,$\dfrac{\partial F_{\text{tran}}(\varepsilon,\iota_{\text{down}},\iota_{\text{up}})}{\partial\varepsilon}>0$。而当 $\varepsilon\in(0,+\infty)$ 时,情况比较复杂,这里采用分段处理的办法,分别讨论 $\varepsilon\in\left(0,\dfrac{\tau}{\lambda}\right)$ 和 $\varepsilon\in\left[\dfrac{\tau}{\lambda},+\infty\right)$ 的情况。

当 $\varepsilon\in\left(0,\dfrac{\tau}{\lambda}\right)$ 时,通过选取足够小的 λ,可以得到 $\arctan(\lambda\varepsilon)\approx\lambda\varepsilon$,因此式(1-27)变为

$$F_{\text{tran}}(\varepsilon,\iota_{\text{down}},\iota_{\text{up}})\approx\frac{2}{\pi}\frac{\iota_{\text{up}}\exp(\varepsilon)+\iota_{\text{down}}\exp(-\varepsilon)}{\exp(\varepsilon)+\exp(-\varepsilon)}\lambda\varepsilon \tag{1-29}$$

式(1-29)两边对 ε 求偏导,得到

$$\frac{\partial F_{\text{tran}}(\varepsilon,\iota_{\text{down}},\iota_{\text{up}})}{\partial\varepsilon}\approx\frac{2}{\pi}\lambda\iota_{\text{down}}\left\{\frac{\tau\exp(\varepsilon)+\exp(-\varepsilon)}{\exp(\varepsilon)+\exp(-\varepsilon)}-\frac{2(1-\tau)\varepsilon}{[\exp(\varepsilon)+\exp(-\varepsilon)]^2}\right\} \tag{1-30}$$

令 $\dfrac{\partial F_{\text{tran}}(\varepsilon,\iota_{\text{down}},\iota_{\text{up}})}{\partial\varepsilon}>0$,则有

$$\tau>\frac{-\exp(-2\varepsilon)+2\varepsilon-1}{\exp(2\varepsilon)+2\varepsilon+1} \tag{1-31}$$

又有 $\max\limits_{\varepsilon\in(0,+\infty)}\left\{\dfrac{-\exp(-2\varepsilon)+2\varepsilon-1}{\exp(2\varepsilon)+2\varepsilon+1}\right\}=0.0908$,因此,当 $\tau>0.0908$ 时,$\dfrac{\partial F_{\text{tran}}}{\partial\varepsilon}>0$。

当 $\varepsilon\in\left[\dfrac{\tau}{\lambda},+\infty\right)$ 时,可近似认为 $\exp(-\varepsilon)\approx0$,$\exp(-2\varepsilon)\approx0$,式(1-30)变为

$$\frac{\partial F_{\text{tran}}(\varepsilon,\iota_{\text{down}},\iota_{\text{up}})}{\partial\varepsilon}=\frac{2}{\pi}\iota_{\text{down}}\left\{\frac{\lambda\tau}{1+(\lambda\varepsilon)^2}-\frac{2(1-\tau)\arctan(\lambda\varepsilon)}{2+\exp(2\varepsilon)}\right\}$$

$$> \frac{2}{\pi}\iota_{\text{down}}\left\{\frac{\lambda\tau}{1+(\lambda\varepsilon)^2}-\frac{\pi(1-\tau)}{2+\exp(2\varepsilon)}\right\} \tag{1-32}$$

显然，当 λ 足够小时，有

$$\frac{\lambda\tau}{1+(\lambda\varepsilon)^2}-\frac{\pi(1-\tau)}{2+\exp(2\varepsilon)} > 0 \tag{1-33}$$

因此，得到$\dfrac{\partial F_{\text{tran}}(\varepsilon,\iota_{\text{down}},\iota_{\text{up}})}{\partial\varepsilon}>0$。

综上可得，在 $\iota_{\text{down}}>\iota_{\text{up}}>0$ 的前提下，当 $\tau>0.0908$ 时，通过选取足够小的参数 λ，可以使得$\dfrac{\partial F_{\text{tran}}(\varepsilon,\iota_{\text{down}},\iota_{\text{up}})}{\partial\varepsilon}>0, \varepsilon\in(-\infty,+\infty)$，即误差变换函数 F_{tran} 为严格递增。

同理，在 $\iota_{\text{up}}>\iota_{\text{down}}>0$ 的前提下，具有相同的结论。

结合误差变换函数(1-27)的性质，应用拉格朗日中值定理可得

$$F_{\text{tran}}(\varepsilon,\iota_{\text{down}},\iota_{\text{up}}) = \frac{\partial F_{\text{tran}}(\varepsilon',\iota_{\text{down}},\iota_{\text{up}})}{\partial\varepsilon}\varepsilon \tag{1-34}$$

式中：ε'在 0 和 ε 所构成的闭区间上。

1.3　动态系统的稳定性理论

本节介绍后续章节中将会用到的有关非线性动态系统的稳定性问题。设被控系统可用以下非线性微分方程描述：

$$\dot{x}=f(x,t),\quad x(t_0)=x_0 \tag{1-35}$$

式中：x 为系统的状态，$x\in\mathbf{R}^n$，$t\geqslant t_0$。

如果函数 $f(\cdot)$不显式依赖时间 t，则称式(1-35)所定义的系统是**时不变**的；否则，系统称为**时变**的。

通常认为函数 $f(x,t)$对时间是分段连续的，即只存在有限个对时间的不连续点。如果状态空间中存在某一状态 x_e，满足

$$0=f(x_e,t),\quad \forall t\geqslant t_0$$

则 x_e 就是系统的一个平衡点。也就是说，只要无外力作用，系统将会永远处在这个平衡状态。如果有外力作用于系统，那么系统就会偏离平衡点，至于系统是处在这个平衡点附近，还是离平衡点越来越远，则是下面要讨论的平衡状态的稳定性问题。为讨论方便，将状态空间的原点取作系统的平衡点。

1.3.1　稳定性的定义

Lyapunov 意义下的稳定性：方程(1-35)的平衡点 $x=0$ 是稳定的，如果对所有的 $t_0\geqslant0$ 和 $\varepsilon>0$，都存在 $\delta(t_0,\varepsilon)$，使得

$$\| x_0 \| < \delta(t_0,\varepsilon) \Rightarrow \| x(t) \| < \varepsilon, \quad \forall t \geqslant t_0$$

式中：$x(t)$是以 t_0 和 x_0 为初值的方程(1-35)的解。

一致稳定：在上述定义中，如果 δ 的选择不依赖于 t_0，则方程(1-35)的平衡点 $x=0$ 是一致稳定的。直观地说，平衡点不会随着时间的推移而逐渐失去稳定性。

渐近稳定性：如果满足以下两个条件，则方程(1-35)的平衡点 $x=0$ 是渐近稳定的：

① $x=0$ 是方程(1-35)的一个稳定平衡点；

② 对所有 $t_0 \geqslant 0$，存在 $\delta(t_0)$使得

$$\| x_0 \| < \delta(t_0) \Rightarrow \lim_{t \to \infty} \| x(t) \| = 0$$

一致渐近稳定性：如果满足以下条件，则方程(1-35)的平衡点 $x=0$ 是一致渐近稳定的：

① $x=0$ 是方程(1-35)的一个一致稳定平衡点，即 δ 的大小与 t_0 无关；

② 轨迹 $x(t)$从 t 一致地收敛到原点。

上述定义只涉及平衡点附近的邻域，所以只是局部的。

全局渐近稳定：如果对所有$x_0 \in \mathbf{R}^n$，平衡点是渐近稳定的，而且$\lim_{t \to \infty} \| x(t) \| = 0$，则方程(1-35)的平衡点 $x=0$ 是全局渐近稳定的。

指数稳定性：系统的平衡点 $x=0$ 是指数收敛的，如果存在 $m,\alpha>0$，使得方程(1-35)的解 $x(t)$满足

$$\| x(t) \| \leqslant m \mathrm{e}^{-\alpha(t-t_0)} \| x_0 \|, \quad \forall x_0 \in B_h, t \geqslant t_0 \geqslant 0$$

式中：B_h 为以原点为圆心、以 h 为半径的球体；常数 α 为收敛速率。

如果 $x_0 \in \mathbf{R}^n$，则上述平衡点是全局指数稳定的。

1.3.2 Lyapunov 稳定性定理

下面将阐述 Lyapunov 稳定性理论的一些基本概念和若干重要的定理。所谓 Lyapunov 直接法是指可以直接决定方程(1-35)的平衡点稳定的性质而无需解上述微分方程。该方法的基本思想是：如果与系统相关的能量函数是衰减的，则系统将趋近于它的平衡点。为了使上述能量函数的概念更准确，需要以下的定义。

***K* 类函数的定义：**一个函数 $\alpha(\cdot)$如果是连续的，严格递增的，而且 $\alpha(0)=0$，则该函数称为 K 类函数，记作 $\alpha(\cdot) \in K$。

局部正定函数的定义：一个连续函数 $V(t,x)$如果对某 $h>0$ 和 $\alpha(\cdot) \in K$，有 $V(t,0)=0$，而且 $V(t,x) \geqslant \alpha(\| x \|)$对所有的 $x \in B_h, t \geqslant 0$ 都成立，则该函数称为局部正定函数(l. p. d. f.)。

局部正定函数类似于能量函数，一个函数如果不仅局部而且全局类似于能量函数，则该函数称为正定函数(p. d. f.)，其严格定义如下。

正定函数的定义：一个连续函数 $V(t,x)$如果对某$\alpha(\cdot) \in K$，有 $V(t,0)=0$，而且

$V(t,x)\geqslant\alpha(\|x\|)$对所有 $x\in\mathbf{R}^n$，$t\geqslant0$ 都成立，则该函数称为正定函数(p. d. f.)。当 $\|x\|\to\infty$时，函数 $\alpha(\|x\|)\to\infty$。

在定义局部正定函数和正定函数时，当 t 变化时，能量函数没有上界。

渐减函数的定义： 对于函数 $V(t,x)$，如果存在函数 $\beta(\cdot)\in K$，使得$V(t,x)\leqslant\beta(\|x\|)$对所有 $x\in B_h$，$t\geqslant0$ 都成立，则该函数称为渐减函数。

定理 1.1　Lyapunov 基本定理：

令 $V(t,x)$为连续可微的标量函数，则有表 1.1 的条件和结论。

表 1.1　关于稳定性的基本结论

$V(t,x)$的条件	$-\dot{V}(t,x)$的条件	结　论
l. p. d. f.	≥0，局部的	局部稳定
l. p. d. f. 渐减	≥0，局部的	局部一致稳定
l. p. d. f.	l. p. d. f.	局部渐近稳定
l. p. d. f. 渐减	l. p. d. f.	局部一致渐近稳定
p. d. f. 渐减	p. d. f.	全局一致渐近稳定

注意：Lyapunov 基本定理只给出使方程(1－35)稳定的充分条件，即一个平衡点是稳定的，则存在一个局部正定函数 $V(t,x)$且 $V(t,x)\leqslant0$。但是还未得到一个一般产生 Lyapunov 函数的方法，不过对于指数稳定系统，这个问题可以得到解决。下面的指数稳定定理给出了指数稳定系统 Lyapunov 函数存在的条件。

定理 1.2　指数稳定定理：

如果存在函数 $V(t,x)$、正常数 $\alpha_1,\alpha_2,\alpha_3$ 和 δ，使得对所有 $x\in B_h$，$t\geqslant0$，有

$$\begin{cases}\alpha_1\|x\|^2\leqslant V(x,t)\leqslant\alpha_2\|x\|^2\\ \dfrac{\mathrm{d}}{\mathrm{d}t}V(x,t)\,|_{\text{式(1-35)}}\leqslant0\\ \displaystyle\int_t^{t+\delta}\frac{\mathrm{d}}{\mathrm{d}\tau}V(x,\tau)\,|_{\text{式(1-35)}}\mathrm{d}\tau\leqslant\alpha_3\|x\|^2\end{cases}\tag{1-36}$$

则 x 按指数收敛到 0。

第 2 章　确定严格反馈非线性系统预设性能反演控制

本章围绕确定严格反馈非线性系统的预设性能控制问题展开研究，基于第 1 章提出的误差变换方案和误差变换函数，针对严格反馈非线性系统的特点，提出了一种新的预设性能控制框架，并进行了严格的稳定性证明；提出并证明了预设性能在严格反馈非线性系统中的反向传递性定理，可有效简化设计过程。

2.1　系统描述

考虑如下具有一般形式的严格反馈非线性系统：

$$\begin{cases} \dot{x}_1 = f_1(x_1) + g_1(x_1)x_2 \\ \quad\vdots \\ \dot{x}_i = f_i(\bar{\boldsymbol{x}}_i) + g_i(\bar{\boldsymbol{x}}_i)x_{i+1} \\ \quad\vdots \\ \dot{x}_n = f_n(\boldsymbol{x}) + g_n(\boldsymbol{x})u \\ y = x_1 \end{cases} \tag{2-1}$$

式中：$\boldsymbol{x}=[x_1 \quad x_2 \quad \cdots \quad x_n]^{\mathrm{T}} \in \mathbf{R}^n$，$u \in \mathbf{R}$ 和 $y \in \mathbf{R}$ 分别为系统的状态量、输入量和输出量；定义$\bar{\boldsymbol{x}}_i=[x_1 \quad x_2 \quad \cdots \quad x_i]^{\mathrm{T}} \in \mathbf{R}^i$；$f_i(\cdot)$，$g_i(\cdot)$为已知连续光滑函数，令期望输出为 $y_d(t)$。

控制目标如下：

① 设计反演控制器 u，保证输出误差 $e=y-y_d$ 满足预先设定的瞬态和稳态性能要求；

② 闭环系统中的所有信号有界。

在设计之前先进行如下假设：

假设 2.1　存在常数 $g_{i0}>0$，使得$|g_i(\bar{\boldsymbol{x}}_i)|>g_{i0}$ 成立。

假设 2.2　期望轨迹 y_d 及其高阶导数 $y_d^{(i)}(t)(i=1,2,\cdots,n)$连续有界。

假设 2.1 限制 $g_i(\bar{\boldsymbol{x}}_i)$为严格正或严格负的，且其绝对值始终大于一个正常数，表明系统(2-1)满足可控性条件，不失一般性，可设定 $g_i(\bar{\boldsymbol{x}}_i)>0$。

2.2　预设性能反演控制器设计

采用反演的设计思路，首先对系统(2-1)的第一个子系统的误差状态量 $z_1=$

x_1-y_d 进行误差变换，针对变换后的系统进行控制器设计，得到虚拟控制量 $x_{2,d}$，进而得到新的误差状态量 $z_2=x_2-x_{2,d}$，进一步对误差状态量 z_2 进行误差变换，并针对变换后的系统进行控制器设计，得到虚拟控制量 $x_{3,d}$，以此类推，最终完成实际控制量 u 的设计。以 $n=3$ 为例，给出控制系统原理框图如图 2-1 所示。

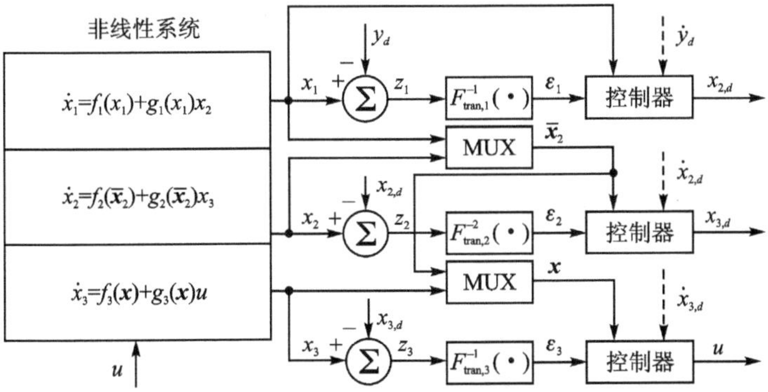

图 2-1　当 $n=3$ 时控制系统原理框图

下面按照上述的设计思路，详细介绍控制器的设计过程。

第 1 步，考虑系统(2-1)中的第 1 个子系统，定义误差状态量 $z_1=x_1-y_d$，按式(1-25)对其进行误差变换，得到

$$\varepsilon_1=F_{\text{tran},1}^{-1}\left[\frac{z_1(t)}{\varpi_1(t)},\iota_{\text{down},1}(t),\iota_{\text{up},1}(t)\right] \tag{2-2}$$

式中：$\varpi_1(t)$ 为性能函数；$F_{\text{tran1}}^{-1}(\cdot)$ 为误差变换函数。

式(2-2)两边对时间求导，得到

$$\dot{\varepsilon}_1=\frac{\partial F_{\text{tran},1}^{-1}}{\partial(z_1/\varpi_1)}\frac{1}{\varpi_1}\dot{z}_1-\frac{\partial F_{\text{tran},1}^{-1}}{\partial(z_1/\varpi_1)}\frac{\dot{\varpi}_1}{\varpi_1^2}z_1+\frac{\partial F_{\text{tran},1}^{-1}}{\partial\iota_{\text{down},1}}\dot{\iota}_{\text{down},1}+\frac{\partial F_{\text{tran},1}^{-1}}{\partial\iota_{\text{up},1}}\dot{\iota}_{\text{up},1} \tag{2-3}$$

系统(2-1)中的第 1 个子系统为

$$\dot{x}_1=f_1(x_1)+g_1(x_1)x_2 \tag{2-4}$$

结合 $\dot{z}_1=\dot{x}_1-\dot{y}_d$，并将式(2-4)代入式(2-3)，可得

$$\dot{\varepsilon}_1=r_1(f_1+g_1x_2)+v_1 \tag{2-5}$$

式中：v_1 为关于状态和时间的已知函数，即

$$v_1=-\frac{\partial F_{\text{tran},1}^{-1}}{\partial(z_1/\varpi_1)}\frac{\dot{\varpi}_1}{\varpi_1^2}z_1+\frac{\partial F_{\text{tran},1}^{-1}}{\partial\iota_{\text{down},1}}\dot{\iota}_{\text{down},1}+\frac{\partial F_{\text{tran},1}^{-1}}{\partial\iota_{\text{up},1}}\dot{\iota}_{\text{up},1}-\frac{\partial F_{\text{tran},1}^{-1}}{\partial(z_1/\varpi_1)}\frac{\dot{y}_d}{\varpi_1}$$

$$r_1=\frac{\partial F_{\text{tran},1}^{-1}}{\partial(z_1/\varpi_1)}\frac{1}{\varpi_1}>0$$

设计虚拟控制量 $x_{2,d}$ 为

$$x_{2,d}=-\frac{k_1}{g_1r_1}\varepsilon_1-\frac{m_1g_1r_1\varepsilon_1}{4}-\frac{f_1}{g_1}-\frac{v_1}{g_1r_1} \tag{2-6}$$

式中：k_1, m_1 为设计正参数。

第 2 步，考虑系统(2-1)中的第 2 个子系统：

$$\dot{x}_2 = f_2(\bar{\boldsymbol{x}}_2) + g_2(\bar{\boldsymbol{x}}_2)x_3 \tag{2-7}$$

定义误差状态量 $z_2 = x_2 - x_{2,d}$，按式(1-25)对其进行误差变换，得到

$$\varepsilon_2 = F_{\text{tran},2}^{-1}\left[\frac{z_2(t)}{\varpi_2(t)}, \iota_{\text{down},2}(t), \iota_{\text{up},2}(t)\right] \tag{2-8}$$

式(2-8)两边对时间求导，得到

$$\dot{\varepsilon}_2 = \frac{\partial F_{\text{tran},2}^{-1}}{\partial(z_2/\varpi_2)}\frac{1}{\varpi_2}\dot{z}_2 - \frac{\partial F_{\text{tran},2}^{-1}}{\partial(z_2/\varpi_2)}\frac{\dot{\varpi}_2}{\varpi_2^2}z_2 + \frac{\partial F_{\text{tran},2}^{-1}}{\partial \iota_{\text{down},2}}\dot{\iota}_{\text{down},2} + \frac{\partial F_{\text{tran},2}^{-1}}{\partial \iota_{\text{up},2}}\dot{\iota}_{\text{up},2} \tag{2-9}$$

结合 $\dot{z}_2 = \dot{x}_2 - \dot{x}_{2,d}$，并将式(2-7)代入式(2-9)得到

$$\dot{\varepsilon}_2 = r_2(f_2 + g_2x_3) + v_2 \tag{2-10}$$

式中：v_2 为关于状态和时间的已知函数，即

$$v_2 = -\frac{\partial F_{\text{tran},2}^{-1}}{\partial(z_2/\varpi_2)}\frac{\varpi_2}{\varpi_2^2}z_2 + \frac{\partial F_{\text{tran},2}^{-1}}{\partial \iota_{\text{down},2}}\dot{\iota}_{\text{down},2} + \frac{\partial F_{\text{tran},2}^{-1}}{\partial \iota_{\text{up},2}}\dot{\iota}_{\text{up},2} - \frac{\partial F_{\text{tran},2}^{-1}}{\partial(z_2/\varpi_2)}\frac{\dot{x}_{2,d}}{\varpi_2}$$

$$r_2 = \frac{\partial F_{\text{tran},2}^{-1}}{\partial(z_2/\varpi_2)}\frac{1}{\varpi_2} > 0$$

设计虚拟控制量 $x_{3,d}$ 为

$$x_{3,d} = -\frac{k_2}{g_2r_2}\varepsilon_2 - \frac{m_2g_2r_2\varepsilon_2}{4} - \frac{f_2}{g_2} - \frac{v_2}{g_2r_2} - \frac{\varpi_2^2\eta_2^2}{m_1g_2r_2}\varepsilon_2 \tag{2-11}$$

式中：k_2, m_2 为设计正参数；$\eta_2 = \max\limits_{\varepsilon_2}\left\{\left|\dfrac{\partial F_{\text{tran},2}(\varepsilon_2, \iota_{\text{down},2}, \iota_{\text{up},2})}{\partial \varepsilon_2}\right|\right\}$。由误差变换函数的性质可知 η_2 是存在的。

第 i 步，考虑系统(2-1)中的第 i 个子系统：

$$\dot{x}_i = f_i(\bar{\boldsymbol{x}}_i) + g_i(\bar{\boldsymbol{x}}_i)x_{i+1} \tag{2-12}$$

定义误差状态量 $z_i = x_i - x_{i,d}$，按式(1-25)对其进行误差变换，得到

$$\varepsilon_i = F_{\text{tran},i}^{-1}\left[\frac{z_i(t)}{\varpi_i(t)}, \iota_{\text{down},i}(t), \iota_{\text{up},i}(t)\right] \tag{2-13}$$

式(2-13)两边对时间求导，得到

$$\dot{\varepsilon}_i = \frac{\partial F_{\text{tran},i}^{-1}}{\partial(z_i/\varpi_i)}\frac{1}{\varpi_i}\dot{z}_i - \frac{\partial F_{\text{tran},i}^{-1}}{\partial(z_i/\varpi_i)}\frac{\varpi_i}{\varpi_i^2}z_i + \frac{\partial F_{\text{tran},i}^{-1}}{\partial \iota_{\text{down},i}}\dot{\iota}_{\text{down},i} + \frac{\partial F_{\text{tran},i}^{-1}}{\partial \iota_{\text{up},i}}\dot{\iota}_{\text{up},i} \tag{2-14}$$

结合 $\dot{z}_i = \dot{x}_i - \dot{x}_{i,d}$，并将式(2-12)代入式(2-14)得到

$$\dot{\varepsilon}_i = r_i(f_i + g_ix_{i+1}) + v_i \tag{2-15}$$

式中：v_i 为关于状态和时间的已知函数，即

$$v_i = -\frac{\partial F_{\text{tran},i}^{-1}}{\partial(z_i/\varpi_i)}\frac{\dot{\varpi}_i}{\varpi_i^2}z_i + \frac{\partial F_{\text{tran},i}^{-1}}{\partial \iota_{\text{down},i}}\dot{\iota}_{\text{down},i} + \frac{\partial F_{\text{tran},i}^{-1}}{\partial \iota_{\text{up},i}}\dot{\iota}_{\text{up},i} - \frac{\partial F_{\text{tran},i}^{-1}}{\partial(z_i/\varpi_i)}\frac{\dot{x}_{i,d}}{\varpi_i}$$

$$r_i = \frac{\partial F_{\text{tran},i}^{-1}}{\partial(z_i/\varpi_i)}\frac{1}{\varpi_i} > 0$$

设计虚拟控制量 $x_{i+1,d}$ 为

$$x_{i+1,d}=-\frac{k_i}{g_i r_i}\varepsilon_i-\frac{m_i g_i r_i \varepsilon_i}{4}-\frac{f_i}{g_i}-\frac{v_i}{g_i r_i}-\frac{\varpi_i^2\eta_i^2}{m_{i-1}g_i r_i}\varepsilon_i \tag{2-16}$$

式中：k_i,m_i 为设计正参数；$\eta_i=\max\limits_{\varepsilon_i}\left\{\left|\frac{\partial F_{\mathrm{tran},i}(\varepsilon_i,\iota_{\mathrm{down},i},\iota_{\mathrm{up},i})}{\partial \varepsilon_i}\right|\right\}$。由误差变换函数的性质易知 η_i 是存在的。

第 n 步，考虑系统(2-1)中的第 n 个子系统：

$$\dot{x}_n=f_n(\boldsymbol{x})+g_n(\boldsymbol{x})u \tag{2-17}$$

定义误差状态量 $z_n=x_n-x_{n,d}$，按式(1-25)对其进行误差变换，得到

$$\varepsilon_n=F_{\mathrm{tran},n}^{-1}\left[\frac{z_n(t)}{\varpi_n(t)},\iota_{\mathrm{down},n}(t),\iota_{\mathrm{up},n}(t)\right] \tag{2-18}$$

式(2-18)两边对时间求导，得到

$$\dot{\varepsilon}_n=\frac{\partial F_{\mathrm{tran},n}^{-1}}{\partial(z_n/\varpi_n)}\frac{1}{\varpi_n}\dot{z}_n-\frac{\partial F_{\mathrm{tran},n}^{-1}}{\partial(z_n/\varpi_n)}\frac{\dot{\varpi}_n}{\varpi_n^2}z_n+\frac{\partial F_{\mathrm{tran},n}^{-1}}{\partial \iota_{\mathrm{down},n}}\dot{\iota}_{\mathrm{down},n}+\frac{\partial F_{\mathrm{tran},n}^{-1}}{\partial \iota_{\mathrm{up},n}}\dot{\iota}_{\mathrm{up},n} \tag{2-19}$$

结合 $\dot{z}_n=\dot{x}_n-\dot{x}_{n,d}$，并将式(2-17)代入式(2-19)，得到

$$\dot{\varepsilon}_n=r_n(f_n+g_n u)+v_n \tag{2-20}$$

式中：v_n 为关于状态和时间的已知函数，即

$$v_n=-\frac{\partial F_{\mathrm{tran},n}^{-1}}{\partial(z_n/\varpi_n)}\frac{\dot{\varpi}_n}{\varpi_n^2}z_n+\frac{\partial F_{\mathrm{tran},n}^{-1}}{\partial \iota_{\mathrm{down},n}}\dot{\iota}_{\mathrm{down},n}+\frac{\partial F_{\mathrm{tran},n}^{-1}}{\partial \iota_{\mathrm{up},n}}\dot{\iota}_{\mathrm{up},n}-\frac{\partial F_{\mathrm{tran},n}^{-1}}{\partial(z_n/\varpi_n)}\frac{\dot{x}_{n,d}}{\varpi_n}$$

$$r_n=\frac{\partial F_{\mathrm{tran},n}^{-1}}{\partial(z_n/\varpi_n)}\frac{1}{\varpi_n}>0$$

设计实际控制量 u 为

$$u=-\frac{k_n}{g_n r_n}\varepsilon_n-\frac{f_n}{g_n}-\frac{v_n}{g_n r_n}-\frac{\varpi_n^2\eta_n^2}{m_{n-1}g_n r_n}\varepsilon_n \tag{2-21}$$

式中：k_n,m_{n-1} 为设计正参数；$\eta_n=\max\limits_{\varepsilon_n}\left\{\left|\frac{\partial F_{\mathrm{tran},n}(\varepsilon_n,\iota_{\mathrm{down},n},\iota_{\mathrm{up},n})}{\partial \varepsilon_n}\right|\right\}$。由误差变换函数的性质易知 η_n 是存在的。需要特别强调的是，对于计算过程中所用到的虚拟控制量导数，采用解析法进行求解。

由式(1-26)易得误差变换函数 $F_{\mathrm{tran},i}[\varepsilon_i,\iota_{\mathrm{down},i}(t),\iota_{\mathrm{up},i}(t)](i=1,\cdots,n)$ 满足下面的性质：

$$F_{\mathrm{tran},i}[0,\iota_{\mathrm{down},i}(t),\iota_{\mathrm{up},i}(t)]=0 \tag{2-22}$$

性质(2-22)表明误差变换函数通过原点。

2.3　稳定性分析

首先以定理的形式给出控制系统稳定性的结论：

定理 2.1　考虑式(2-1)所描述的严格反馈非线性系统，在假设 2.1 和假设 2.2 成立的前提下，设计虚拟控制器(2-6)、(2-16)和控制器(2-21)，可以得到如下结论：

① 输出误差 $e=y-y_d$ 及子系统误差 $z_i=x_i-x_{i,d}(2\leqslant i\leqslant n)$ 满足预先设定的瞬态和稳态性能要求；

② 闭环系统内所有信号有界。

证明　由误差变换函数 $F_{\mathrm{tran},i}^{-1}\left(\frac{z_i}{\varpi_i},\iota_{\mathrm{down},i},\iota_{\mathrm{up},i}\right)$ 的严格递增特性可知 $\frac{\partial F_{\mathrm{tran},i}^{-1}}{\partial(z_i/\varpi_i)}>0$，另由性能函数的性质可知 $\varpi_i>0$，因此 $r_i=\frac{\partial F_{\mathrm{tran},i}^{-1}}{\partial(z_i/\varpi_i)}\frac{1}{\varpi_i}>0$。

选取 Lyapunov 函数为

$$V=\frac{1}{2}\sum_{i=1}^{n}\varepsilon_i^2 \tag{2-23}$$

式(2-23)两边对时间求导，得到

$$\dot{V}=\sum_{i=1}^{n}\varepsilon_i\dot{\varepsilon}_i \tag{2-24}$$

将式(2-5)代入式(2-24)，得到

$$\dot{V}=\sum_{i=1}^{n-1}\varepsilon_i\left[r_i(f_i+g_ix_{i+1})+v_i\right]+\varepsilon_n\left[r_n(f_n+g_nu)+v_n\right] \tag{2-25}$$

由 $z_i=x_i-x_{i,d}$，进一步得到

$$\dot{V}=\sum_{i=1}^{n-1}\varepsilon_i\left[r_i(f_i+g_ix_{i+1,d}+g_iz_{i+1})+v_i\right]+\varepsilon_n\left[r_n(f_n+g_nu)+v_n\right] \tag{2-26}$$

将式(2-6)、式(2-16)和式(2-21)代入式(2-26)，得到

$$\begin{aligned}\dot{V}=&-k_1\varepsilon_1^2-\frac{m_1(g_1r_1\varepsilon_1)^2}{4}+g_1r_1\varepsilon_1z_2-k_n\varepsilon_n^2-\frac{\varpi_n^2\eta_n^2\varepsilon_n^2}{m_{n-1}}+\\&\sum_{i=2}^{n-1}\left[-k_i\varepsilon_i^2-\frac{m_i(g_ir_i\varepsilon_i)^2}{4}+g_ir_i\varepsilon_iz_{i+1}-\frac{\varpi_i^2\eta_i^2\varepsilon_i^2}{m_{i-1}}\right]\end{aligned} \tag{2-27}$$

又有

$$-\frac{m_i(g_ir_i\varepsilon_i)^2}{4}+g_ir_i\varepsilon_iz_{i+1}=-\frac{1}{m_i}\left(\frac{m_ig_ir_i\varepsilon_i}{2}-z_{i+1}\right)^2+\frac{z_{i+1}^2}{m_i} \tag{2-28}$$

则式(2-27)进一步变为

$$\dot{V}=-\sum_{i=1}^{n}k_i\varepsilon_i^2-\sum_{i=1}^{n-1}\frac{1}{m_i}\left(\frac{m_ig_ir_i\varepsilon_i}{2}-z_{i+1}\right)^2-\sum_{i=2}^{n}\frac{1}{m_{i-1}}(\varpi_i^2\eta_i^2\varepsilon_i^2-z_i^2) \tag{2-29}$$

由误差变换函数的定义式 $e(t)=\varpi(t)F_{\mathrm{tran}}(\varepsilon,\iota_{\mathrm{down}},\iota_{\mathrm{up}})$ 可得

$$z_i(t)=\varpi_i(t)F_{\mathrm{tran},i}(\varepsilon_i,\iota_{\mathrm{down},i},\iota_{\mathrm{up},i}) \tag{2-30}$$

在第 1 章中我们介绍了误差变换函数的性质，应用拉格朗日中值定理得到

$$F_{\mathrm{tran}}(\varepsilon, \ell_{\mathrm{down}}, \ell_{\mathrm{up}}) = \frac{\partial F_{\mathrm{tran}}(\varepsilon', \ell_{\mathrm{down}}, \ell_{\mathrm{up}})}{\partial \varepsilon}\varepsilon$$

式中：ε' 在 0 和 ε 所构成的闭区间上。

结合上式，式(2-30)可进一步整理为

$$z_i(t) = \varpi_i(t)\frac{\partial F_{\mathrm{tran},i}(\varepsilon_i', \ell_{\mathrm{down},i}, \ell_{\mathrm{up},i})}{\partial \varepsilon_i}\varepsilon_i \tag{2-31}$$

式中：ε_i' 在 0 和 ε_i 所构成的闭区间上。

将式(2-31)代入式(2-29)得到

$$\begin{aligned}\dot{V} = &-\sum_{i=1}^{n} k_i\varepsilon_i^2 - \sum_{i=1}^{n-1}\frac{1}{m_i}\left(\frac{m_i g_i r_i \varepsilon_i}{2} - z_{i+1}\right)^2 - \\ &\sum_{i=2}^{n}\frac{\varpi_i^2\varepsilon_i^2}{m_{i-1}}\left\{\eta_i^2 - \left[\frac{\partial F_{\mathrm{tran},i}(\varepsilon_i', \ell_{\mathrm{down},i}, \ell_{\mathrm{up},i})}{\partial \varepsilon_i}\right]^2\right\}\end{aligned} \tag{2-32}$$

由于 $\eta_i = \max\limits_{\varepsilon_i}\left\{\left|\frac{\partial F_{\mathrm{tran},i}(\varepsilon_i, \ell_{\mathrm{down},i}, \ell_{\mathrm{up},i})}{\partial \varepsilon_i}\right|\right\}$，则

$$\eta_i^2 - \left[\frac{\partial F_{\mathrm{tran},i}(\varepsilon_i', \ell_{\mathrm{down},i}, \ell_{\mathrm{up},i})}{\partial \varepsilon_i}\right]^2 \geqslant 0 \tag{2-33}$$

将式(2-33)代入式(2-32)，得到

$$\dot{V} \leqslant -\sum_{i=1}^{n} k_i\varepsilon_i^2 \leqslant -kV$$

式中：$k = \min\{2k_1, \cdots, 2k_n\}$。

由 Lyapunov 稳定性定理可得 $V \in \ell_\infty, \varepsilon_1, \cdots, \varepsilon_n \in \ell_\infty$。下面对系统(2-1)中每一个子系统进行分析。

对于第 1 个子系统，由于 $\varepsilon_1 \in \ell_\infty$，所以由误差变换函数的性质可得误差状态量 z_1 满足预设的瞬态和稳态性能要求，并且 $z_1 = x_1 - y_d \in \ell_\infty$；又由假设 2.2 可知 y_d 为连续有界函数，进一步可知 $x_1 \in \ell_\infty$；虚拟控制量 $x_{2,d}$ 的表达式(2-6)中每一项都是有界的，因此得到 $x_{2,d} \in \ell_\infty$，需要特别注意的是 $e = z_1$。

以此类推，对于第 $i(2 \leqslant i \leqslant n-1)$ 个子系统，由于 ε_i 有界，因此误差状态量 z_i 满足预设的瞬态和稳态性能要求，且 $z_i = x_i - x_{i,d} \in \ell_\infty$，由于 $x_{i,d} \in \ell_\infty$，得到 $x_i \in \ell_\infty$，进一步得到 $x_{i+1,d} \in \ell_\infty$。

对于第 n 个子系统，由于 ε_n 有界，因此误差状态量 z_n 满足预设的瞬态和稳态性能要求，且 $z_n = x_n - x_{n,d} \in \ell_\infty$，由上一步可得 $x_{n,d} \in \ell_\infty$，得到 $x_n \in \ell_\infty$，由控制量 u 的表达式(2-21)可进一步得到 $u \in \ell_\infty$。

综上，可得 $z_1, \cdots, z_n$ 满足预先设定的瞬态和稳态性能要求且闭环系统中所有信号有界，由此定理 2.1 得证。

2.4 预设性能的反向传递性

考虑如下形式的严格反馈非线性系统：

$$\begin{cases}\dot{x}_1=f_1(x_1)+x_2\\ \dot{x}_2=f_2(\bar{\boldsymbol{x}}_2)+x_3\\ \quad\vdots\\ \dot{x}_n=f_n(\boldsymbol{x})+u\\ y=x_1\end{cases} \tag{2-34}$$

式中：$\boldsymbol{x}=[x_1 \quad x_2 \quad \cdots \quad x_n]^{\mathrm{T}}\in\mathbf{R}^n$ 为系统的状态向量；$u,y\in\mathbf{R}$ 为分别为输入量和输出量；$f_i(\cdot)(i=1,2,\cdots,n)$为连续函数，定义$\bar{\boldsymbol{x}}_i=[x_1 \quad x_2 \quad \cdots \quad x_i]^{\mathrm{T}}\in\mathbf{R}^i$。

按照反演的思路进行控制器设计，首先将系统模型(2-34)进一步整理为

$$\begin{cases}\dot{z}_1=f_1+x_{2,d}-\dot{y}_r+z_2\\ \dot{z}_2=f_2+x_{3,d}-\dot{x}_{2,d}+z_3\\ \quad\vdots\\ \dot{z}_n=f_n+u-\dot{x}_{n,d}\end{cases} \tag{2-35}$$

式中：$z_i(i=1,2,\cdots,n)$为虚拟状态量；$x_{j,d}(j=2,\cdots,n)$为第 $j-1$ 个子系统的虚拟控制量。

选取虚拟控制量和实际控制量为

$$\begin{cases}x_{2,d}=-k_1z_1-f_1+\dot{y}_r\\ x_{3,d}=-k_2z_2-f_2+\dot{x}_{2,d}-z_1\\ \quad\vdots\\ u=-k_nz_n-f_n+\dot{x}_{n,d}-z_{n-1}\end{cases} \tag{2-36}$$

式中：$k_i(i=1,\cdots,n)$为设计的正常数。

将式(2-36)代入式(2-35)，得到闭环系统模型为

$$\begin{cases}\dot{z}_1=-k_1z_1+z_2\\ \dot{z}_2=-k_2z_2+z_3-z_1\\ \quad\vdots\\ \dot{z}_n=-k_nz_n-z_{n-1}\end{cases} \tag{2-37}$$

选取 Lyapunov 函数为

$$V=\frac{1}{2}\sum_{i=1}^{n}z_n^2 \tag{2-38}$$

式(2-38)两边对时间求导，得到

$$\dot{V}=\sum_{i=1}^{n}z_i\dot{z}_i=\sum_{i=1}^{n}-k_iz_i^2\leqslant -k_0V$$

式中：$k_0=2\min_i\{k_i\}$。因此，通过设计反演控制器(2-36)可以得到跟踪误差渐近稳定的结论，如果要求跟踪误差满足预设性能的要求，通常的做法是对每一个子系统进行误差变换，这个过程是复杂且耗时的，对于某些实时性较强的系统来说是不适用的，那么有没有一种方法可以降低计算的复杂性呢？通过反复地观察、推导、归纳和总结，我们发现系统(2-34)对于预设性能具有反向传递性。

所谓预设性能反向传递性，是指在对严格反馈非线性系统进行控制过程中，如果一个子系统的误差满足预设性能的要求，那么前一个子系统同样满足一定的预设性能的要求。换言之，只要对最后一个子系统的误差进行控制，使其满足预设性能的要求，则系统的跟踪误差(也就是第一个系统的误差)同样被限制在一个区域内，这个区域的上界和下界由与性能函数具有相同形式的函数所构成，且可以通过对控制参数和性能函数的参数进行设定，从而保证系统的跟踪误差满足预设性能的要求。下面以定理的形式对上述特性进行描述。

定理 2.2　考虑形如式(2-34)的严格反馈非线性系统，如果第 n 个子系统满足预设性能的要求，即误差被限制在上界 $z_{n,\mathrm{up}}$ 和下界 $z_{n,\mathrm{down}}$ 所包围的区域内，其中

$$z_{n,\mathrm{up}}=a_{n,\mathrm{up}}\exp(-lt)+b_{n,\mathrm{up}}$$

$$z_{n,\mathrm{down}}=a_{n,\mathrm{down}}\exp(-lt)+b_{n,\mathrm{down}}$$

那么，跟踪误差 z_1 同样满足预设性能的要求，即跟踪误差 z_1 将被限制在上界 $z_{1,\mathrm{up}}$ 和下界 $z_{1,\mathrm{down}}$ 所包围的区域内，其中

$$z_{1,\mathrm{up}}=a_{1,\mathrm{up}}\exp(-lt)+b_{1,\mathrm{up}}$$

$$z_{1,\mathrm{down}}=a_{1,\mathrm{down}}\exp(-lt)+b_{1,\mathrm{down}}$$

且参数 $a_{1,\mathrm{up}}$，$b_{1,\mathrm{up}}$，$a_{1,\mathrm{down}}$ 和 $b_{1,\mathrm{down}}$ 可以通过参数 $a_{n,\mathrm{up}}$，$b_{n,\mathrm{up}}$，$a_{n,\mathrm{down}}$，$b_{n,\mathrm{down}}$ 及控制器参数 $k_i(i=1,\cdots,n)$ 计算得到，其具体形式为

$$a_{1,\mathrm{up}}=\frac{a_{n,\mathrm{up}}}{(k_{n-1}-l)\cdots(k_1-l)},\quad b_{1,\mathrm{up}}=\frac{b_{n,\mathrm{up}}}{k_{n-1}\cdots k_1}$$

$$a_{1,\mathrm{down}}=\frac{a_{n,\mathrm{down}}}{(k_{n-1}-l)\cdots(k_1-l)},\quad b_{1,\mathrm{down}}=\frac{b_{n,\mathrm{down}}}{k_{n-1}\cdots k_1}$$

证明　在式(2-35)的基础上对最后一个子系统进行误差变换，得到

$$\begin{cases}\dot{z}_1=f_1+x_{2,d}-\dot{y}_r+z_2\\ \dot{z}_2=f_2+x_{3,d}-\dot{x}_{2,d}+z_3\\ \quad\vdots\\ \dot{\varepsilon}_n=r\dot{z}_n+v=r(f_n+u-\dot{x}_{n,d})+v\end{cases}\tag{2-39}$$

式中：$r=\dfrac{\partial T}{\partial(z_n/\rho)}\dfrac{1}{\rho}$，$v=\dfrac{\partial T}{\partial(z_n/\rho)}\dfrac{\dot{\rho}}{\rho^2}z$，$\rho_0>|z_n(0)|$，这里不妨设 $z_n(0)>0$，$T(e/\rho):(\delta,1)\mapsto(-\infty,+\infty)$，$0<\mu<1$。

因为只对最后一个子系统进行了误差变换，因此虚拟控制量的设计与式(2-36)类似，而实际控制量 u 则需要重新设计。选取新的虚拟控制量和实际控制量为

$$\begin{cases} x_{2,d} = -k_1 z_1 - f_1 + \dot{y}_r \\ x_{3,d} = -k_2 z_2 - f_2 + \dot{x}_{2,d} \\ \quad\vdots \\ u = -k_n \varepsilon_n / r - f_n + \dot{x}_{n,d} - v/r \end{cases} \tag{2-40}$$

将式(2-40)代入式(2-39)，得到新的误差状态方程为

$$\begin{cases} \dot{z}_1 = -k_1 z_1 + z_2 \\ \dot{z}_2 = -k_2 z_2 + z_3 \\ \quad\vdots \\ \dot{z}_{n-1} = -k_{n-1} z_{n-1} + z_n \\ \dot{\varepsilon}_n = -k_n \varepsilon_n \end{cases} \tag{2-41}$$

式(2-41)之所以与式(2-37)在形式上略有不同，是因为在虚拟控制量选取过程中省去了子系统之间的交叉项，将每个子系统作为一个独立的系统进行设计，而将下一个子系统的误差状态量作为有界干扰进行处理。

可以明显看出，变换误差$\lim\limits_{t\to\infty}\varepsilon_n(t)=0$，因此误差状态量 z_n 满足预设性能的要求，即 $z_n(t)$处于$\rho(t)$和$-\delta\rho(t)$所包围的区域，将式(2-41)中的第 $n-1$ 个子系统单独列出来：

$$\dot{z}_{n-1} = -k_{n-1} z_{n-1} + z_n \tag{2-42}$$

式(2-42)两边同时乘以 $\exp(k_{n-1}t)$，并整理得到

$$\frac{\mathrm{d}\left[\exp(k_{n-1}t) z_{n-1}\right]}{\mathrm{d}t} = \exp(k_{n-1}t) z_n \tag{2-43}$$

式(2-43)两边对时间求积分，得到

$$z_{n-1} = \exp(-k_{n-1}t) z_{n-1}(0) + \exp(-k_{n-1}t)\int_0^t \exp(k_{n-1}\tau) z_n(\tau)\mathrm{d}\tau \tag{2-44}$$

由于 z_n 处于$\rho(t)$和$-\delta\rho(t)$所包围的区域内，且$\rho(t)$为严格递减的正函数，则$\rho(t)$和$-\delta\rho(t)$分别代表了 z_n 的上界和下界；通过观察式(2-44)也可以看出，当 z_n 取$\rho(t)$和$-\delta\rho(t)$时得到的 z_{n-1} 分别代表着 z_{n-1} 的上界和下界。

首先用$\rho(t)$代替 z_n，得到 z_{n-1} 的上界为

$$\begin{aligned} z_{n-1,\mathrm{up}} &= \exp(-k_{n-1}t) z_{n-1}(0) + \exp(-k_{n-1}t)\int_0^t \exp(k_{n-1}\tau)\rho(\tau)\mathrm{d}\tau \\ &= \exp(-k_{n-1}t) z_{n-1}(0) + \exp(-k_{n-1}t)\int_0^t \exp(k_{n-1}\tau)\left[(\rho_0-\rho_\infty)\exp(-l\tau)+\rho_\infty\right]\mathrm{d}\tau \\ &= \exp(-k_{n-1}t) z_{n-1}(0) + \frac{\rho_0-\rho_\infty}{k_{n-1}-l}\exp(-lt) + \frac{\rho_\infty}{k_{n-1}} - \exp(-k_{n-1}t)\left(\frac{\rho_0-\rho_\infty}{k_{n-1}-l}+\frac{\rho_\infty}{k_{n-1}}\right) \\ &= \frac{\rho_0-\rho_\infty}{k_{n-1}-l}\exp(-lt) + \frac{\rho_\infty}{k_{n-1}} + \exp(-k_{n-1}t)\left[z_{n-1}(0) - \frac{\rho_0-\rho_\infty}{k_{n-1}-l} - \frac{\rho_\infty}{k_{n-1}}\right] \end{aligned}$$

同理，用$-\delta\rho(t)$代替 z_n，得到 z_{n-1} 的下界为

$$
\begin{aligned}
z_{n-1,\text{down}} &= \exp(-k_{n-1}t)z_{n-1}(0) - \delta\exp(-k_{n-1}t)\int_0^t \exp(k_{n-1}\tau)\rho(\tau)\mathrm{d}\tau \\
&= \exp(-k_{n-1}t)z_{n-1}(0) - \delta\exp(-k_{n-1}t)\int_0^t \exp(k_{n-1}\tau)[(\rho_0-\rho_\infty)\exp(-l\tau)+\rho_\infty]\mathrm{d}\tau \\
&= \exp(-k_{n-1}t)z_{n-1}(0) - \delta\frac{\rho_0-\rho_\infty}{k_{n-1}-l}\exp(-lt) - \delta\frac{\rho_\infty}{k_{n-1}} + \exp(-k_{n-1}t)\left(\delta\frac{\rho_0-\rho_\infty}{k_{n-1}-l}+\delta\frac{\rho_\infty}{k_{n-1}}\right) \\
&= -\delta\frac{\rho_0-\rho_\infty}{k_{n-1}-l}\exp(-lt) - \delta\frac{\rho_\infty}{k_{n-1}} + \exp(-k_{n-1}t)\left[z_{n-1}(0)+\delta\frac{\rho_0-\rho_\infty}{k_{n-1}-l}+\delta\frac{\rho_\infty}{k_{n-1}}\right]
\end{aligned}
$$

令

$$a_{n-1,\text{up}} = \frac{\rho_0-\rho_\infty}{k_{n-1}-l}$$

$$b_{n-1,\text{up}} = \frac{\rho_\infty}{k_{n-1}}$$

$$c_{n-1,\text{up}} = z_{n-1}(0) - \frac{\rho_0-\rho_\infty}{k_{n-1}-l} - \frac{\rho_\infty}{k_{n-1}}$$

$$a_{n-1,\text{down}} = \frac{-\delta(\rho_0-\rho_\infty)}{k_{n-1}-l}$$

$$b_{n-1,\text{down}} = \frac{-\delta\rho_\infty}{k_{n-1}}$$

$$c_{n-1,\text{down}} = z_{n-1}(0) + \frac{\delta(\rho_0-\rho_\infty)}{k_{n-1}-l} + \frac{\delta\rho_\infty}{k_{n-1}}$$

得到

$$z_{n-1,\text{up}} = a_{n-1,\text{up}}\exp(-lt) + b_{n-1,\text{up}} + c_{n-1,\text{up}}\exp(-k_{n-1}t) \tag{2-45}$$

$$z_{n-1,\text{down}} = a_{n-1,\text{down}}\exp(-lt) + b_{n-1,\text{down}} + c_{n-1,\text{down}}\exp(-k_{n-1}t) \tag{2-46}$$

进一步研究式(2－41)中第 $n-2$ 个子系统的情况：

$$\dot{z}_{n-2} = -k_{n-2}z_{n-2} + z_{n-1} \tag{2-47}$$

式(2－47)两边同时乘以 $\exp(k_{n-2}t)$，并整理得到

$$\frac{\mathrm{d}[\exp(k_{n-1}t)z_{n-1}]}{\mathrm{d}t} = \exp(k_{n-1}t)z_n \tag{2-48}$$

式(2－48)两边对时间求积分，得到

$$z_{n-2} = \exp(-k_{n-2}t)z_{n-2}(0) + \exp(-k_{n-2}t)\int_0^t \exp(k_{n-2}\tau)z_{n-1}(\tau)\mathrm{d}\tau \tag{2-49}$$

由于 z_{n-1} 处于 $z_{n-1,\text{up}}$ 和 $z_{n-1,\text{down}}$ 所包围的区域内，通过与前面类似的分析可知，当 z_{n-1} 取 $z_{n-1,\text{up}}$ 和 $z_{n-1,\text{down}}$ 时得到的 z_{n-2} 分别代表 z_{n-2} 的上界和下界。

用 $z_{n-1,\text{up}}$ 代替 z_{n-1}，得到 z_{n-2} 的上界为

$$z_{n-2,\text{up}} = \exp(-k_{n-2}t)z_{n-2}(0) + \exp(-k_{n-2}t)\int_0^t \exp(k_{n-2}\tau)z_{n-1}(\tau)\mathrm{d}\tau$$

$$=\frac{a_{n-1,\mathrm{up}}}{k_{n-2}-l}\exp(-lt)+\frac{b_{n-1,\mathrm{up}}}{k_{n-2}}+\frac{c_{n-1,\mathrm{up}}}{k_{n-2}-k_{n-1}}\exp(-k_{n-1}t)+$$

$$\left[z_{n-2}(0)-\frac{a_{n-1,\mathrm{up}}}{k_{n-2}-l}-\frac{b_{n-1,\mathrm{up}}}{k_{n-2}}-\frac{c_{n-1,\mathrm{up}}}{k_{n-2}-k_{n-1}}\right]\exp(-k_{n-2}t)$$

$$=a_{n-2,\mathrm{up}}\exp(-lt)+b_{n-2,\mathrm{up}}+c_{n-2,\mathrm{up}}\exp(-k_{n-1}t)+d_{n-2,\mathrm{up}}\exp(-k_{n-2}t)$$

式中：$a_{n-2,\mathrm{up}}=(\rho_0-\rho_\infty)/[(k_{n-1}-l)(k_{n-2}-l)]$，

$b_{n-2,\mathrm{up}}=\rho_\infty/(k_{n-1}k_{n-2})$，

$c_{n-2,\mathrm{up}}=c_{n-1,\mathrm{up}}/(k_{n-2}-k_{n-1})$，

$d_{n-2,\mathrm{up}}=z_{n-2}(0)-a_{n-1,\mathrm{up}}/(k_{n-2}-l)-b_{n-1,\mathrm{up}}/k_{n-2}-c_{n-1,\mathrm{up}}/(k_{n-2}-k_{n-1})$。

同理，用 $z_{n-1,\mathrm{down}}$ 代替 z_{n-1}，得到 z_{n-2} 的下界为

$$z_{n-2,\mathrm{down}}=a_{n-2,\mathrm{down}}\exp(-lt)+b_{n-2,\mathrm{down}}+c_{n-2,\mathrm{down}}\exp(-k_{n-1}t)+d_{n-2,\mathrm{down}}\exp(-k_{n-2}t)$$

式中：$a_{n-2,\mathrm{down}}=-\delta(\rho_0-\rho_\infty)/[(k_{n-1}-l)(k_{n-2}-l)]$，

$b_{n-2,\mathrm{down}}=-\delta\rho_\infty/(k_{n-1}k_{n-2})$，

$c_{n-2,\mathrm{down}}=c_{n-1,\mathrm{down}}/(k_{n-2}-k_{n-1})$，

$d_{n-2,\mathrm{down}}=z_{n-2}(0)-a_{n-1,\mathrm{down}}/(k_{n-2}-l)-b_{n-1,\mathrm{down}}/k_{n-2}-c_{n-1,\mathrm{down}}/(k_{n-2}-k_{n-1})$。

以此类推，得到 z_1 的上界为

$$z_{1,\mathrm{up}}=a_{1,\mathrm{up}}\exp(-lt)+b_{1,\mathrm{up}}+c_{1,\mathrm{up}}\exp(-k_{n-1}t)+d_{1,\mathrm{up}}\exp(-k_{n-2}t)+\cdots \tag{2-50}$$

式中：$a_{1,\mathrm{up}}=(\rho_0-\rho_\infty)/[(k_{n-1}-l)(k_{n-2}-l)\cdots(k_1-l)]$，

$b_{1,\mathrm{up}}=\rho_\infty/(k_{n-1}k_{n-2}\cdots k_1)$，

$c_{1,\mathrm{up}}$，$d_{1,\mathrm{up}}$，…可以通过递推得到。

z_1 的下界为

$$z_{1,\mathrm{down}}=a_{1,\mathrm{down}}\exp(-lt)+b_{1,\mathrm{down}}+c_{1,\mathrm{down}}\exp(-k_{n-1}t)+d_{1,\mathrm{down}}\exp(-k_{n-2}t)+\cdots \tag{2-51}$$

式中：$a_{1,\mathrm{down}}=-\delta(\rho_0-\rho_\infty)/[(k_{n-1}-l)(k_{n-2}-l)\cdots(k_1-l)]$，

$b_{1,\mathrm{down}}=-\delta\rho_\infty/(k_{n-1}k_{n-2}\cdots k_1)$，

$c_{1,\mathrm{down}}$，$d_{1,\mathrm{down}}$，…可以通过递推得到。

通过选取足够大的控制器参数 $k_1,k_2,\cdots,k_n$，总是可以消除式(2-50)和式(2-51)中除前两项之外其他项的影响，因此 z_1 的上界和下界分别为

$$\begin{cases}z_{1,\mathrm{up}}=a_{1,\mathrm{up}}\exp(-lt)+b_{1,\mathrm{up}}\\ z_{1,\mathrm{down}}=a_{1,\mathrm{down}}\exp(-lt)+b_{1,\mathrm{down}}\end{cases} \tag{2-52}$$

式中：$a_{1,\mathrm{up}}=(\rho_0-\rho_\infty)/[(k_{n-1}-l)(k_{n-2}-l)\cdots(k_1-l)]$，

$b_{1,\mathrm{up}}=\rho_\infty/(k_{n-1}k_{n-2}\cdots k_1)$；

$a_{1,\mathrm{down}}=-\delta(\rho_0-\rho_\infty)/[(k_{n-1}-l)(k_{n-2}-l)\cdots(k_1-l)]$，

$b_{1,\mathrm{down}}=-\delta\rho_\infty/(k_{n-1}k_{n-2}\cdots k_1)$。

通过令 $a_{n,\mathrm{up}}=\rho_0-\rho_\infty$，$b_{n,\mathrm{up}}=\rho_\infty$；$a_{n,\mathrm{down}}=-\delta(\rho_0-\rho_\infty)$，$b_{n,\mathrm{down}}=-\delta\rho_\infty$，进一步有

$$a_{1,\mathrm{up}} = a_{n,\mathrm{up}} / [(k_{n-1} - l)(k_{n-2} - l)\cdots(k_1 - l)],$$
$$b_{1,\mathrm{up}} = b_{n,\mathrm{up}} / (k_{n-1} k_{n-2} \cdots k_1);$$
$$a_{1,\mathrm{down}} = a_{n,\mathrm{down}} / [(k_{n-1} - l)(k_{n-2} - l)\cdots(k_1 - l)],$$
$$b_{1,\mathrm{down}} = b_{n,\mathrm{down}} / (k_{n-1} k_{n-2} \cdots k_1)。$$

由此，定理 2.2 得证。

注意：在由式(2-50)、式(2-51)得到式(2-52)的过程中，可以通过选取合适的控制器参数消除除前两项之外其他项的影响；而在实际操作过程中，因为被消除项对性能函数的影响非常小，因此即使不对这些项进行处理也是可以的，其影响只是在很小的程度上增加了系统的稳态误差而已。另外，预设性能的反向传递性同样存在于具有最一般形式的严格反馈系统中，甚至是系统存在不确定性的情况，而不仅仅是公式(2-34)所示的系统，证明的思路与定理 2.2 类似，只是推导过程更加复杂，这里不再赘述。

2.5　仿真分析

仿真对象的数学模型描述如下：

$$\begin{cases} \dot{x}_1 = x_1^2 + (3 + \cos x_1) x_2 \\ \dot{x}_2 = \sin(x_1) x_2^2 + [2 + \sin(x_1 x_2)] u \\ y = x_1 \end{cases}$$

期望输出信号：$y_d(t) = \sin t + \sin(2t)$；

初始状态：$x_1(0) = 0.8, x_2(0) = 0$；

性能函数：$\varpi_1(t) = \varpi_2(t) = (1 - 10^{-3}) \mathrm{e}^{-t} + 10^{-3}$；

误差变换函数：$F_{\mathrm{tran},1}^{-1}(x) = F_{\mathrm{tran},2}^{-1}(x) = \dfrac{1}{2} \ln \dfrac{\iota_{\mathrm{down}} + x}{\iota_{\mathrm{up}} - x}$，$\iota_{\mathrm{down}}$ 及 ι_{up} 的选取为

$$\begin{cases} \dot{\iota}_{\mathrm{down}}(t) = -2.0 \iota_{\mathrm{down}}(t) + 2.0 \\ \dot{\iota}_{\mathrm{up}}(t) = -2.0 \iota_{\mathrm{up}}(t) + 2.0 \\ \iota_{\mathrm{up}}(0) = 2.0, \iota_{\mathrm{down}}(0) = 2.0 \end{cases}$$

控制器参数：$k_1 = 1.0, k_2 = 2.0, m_1 = 1.0$。

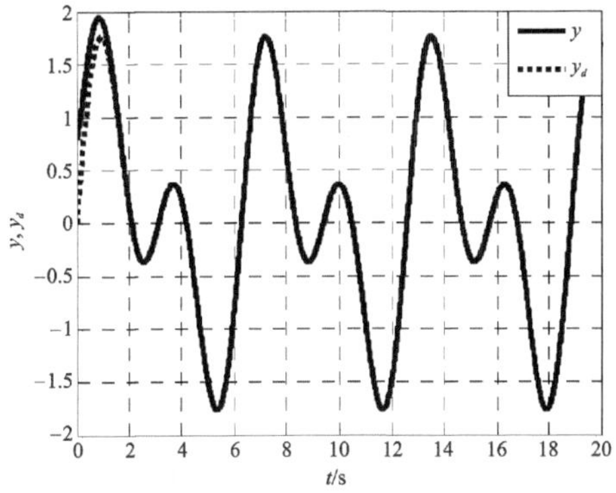

图 2-2　y 跟踪期望轨迹 y_d 的情况

图 2-2 给出了系统输出跟踪期望轨迹的情况。从图中可以看出，系统输出在很短的时间内便实现了对期望轨迹的稳定跟踪。图 2-3 为状态量 x_2 对虚拟控制量 $x_{2,d}$ 的跟踪情况，跟踪效果良好。图 2-4 和图 2-5 为跟踪误差 z_1

和 z_2 随时间的变化情况，图中的点画线表示预先设定的上界和下界，可以看出跟踪误差始终保持在预先设定的区域内，响应速度快，超调量小且稳态误差保持在零的一个小邻域内，满足预设的瞬态和稳态性能的要求。图 2－6 给出了控制量 u 随时间的变化情况，控制曲线平滑有界，满足控制要求，充分证明了设计方法的有效性。

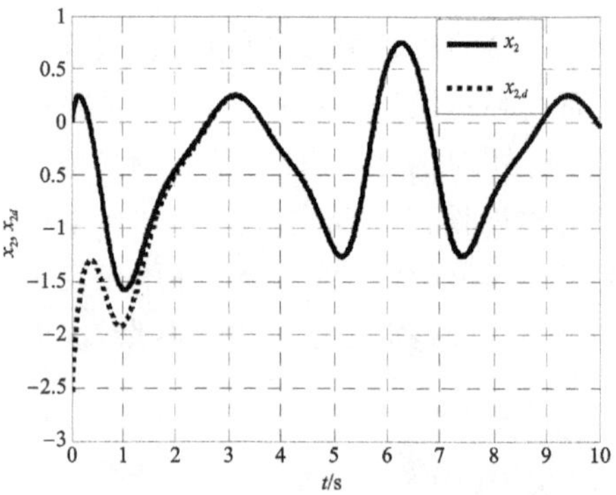

图 2－3　x_2 跟踪期望轨迹 $x_{2,d}$ 的情况

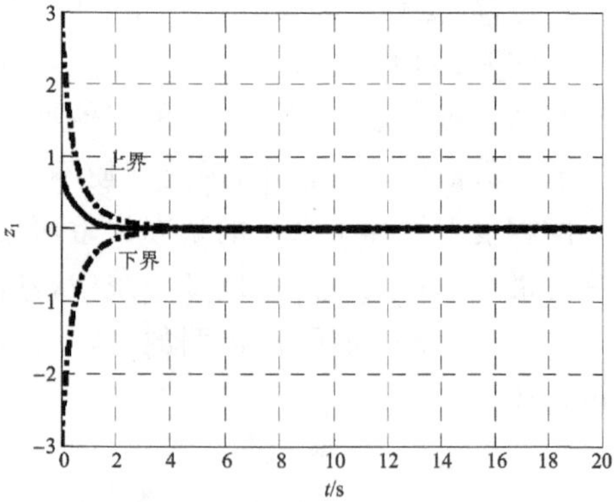

图 2－4　跟踪误差 z_1 随时间变化情况

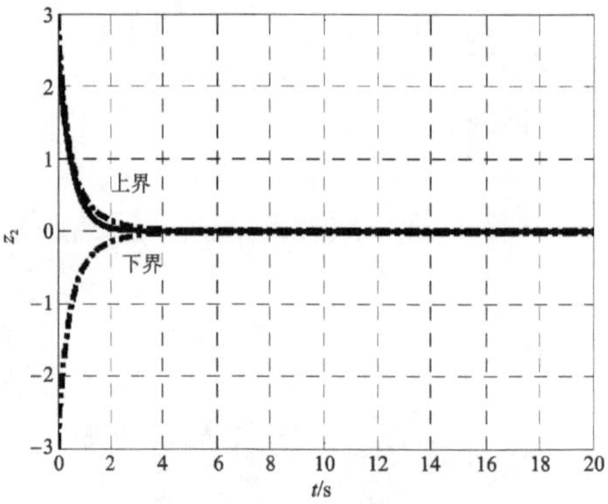

图 2－5　跟踪误差 z_2 随时间变化情况

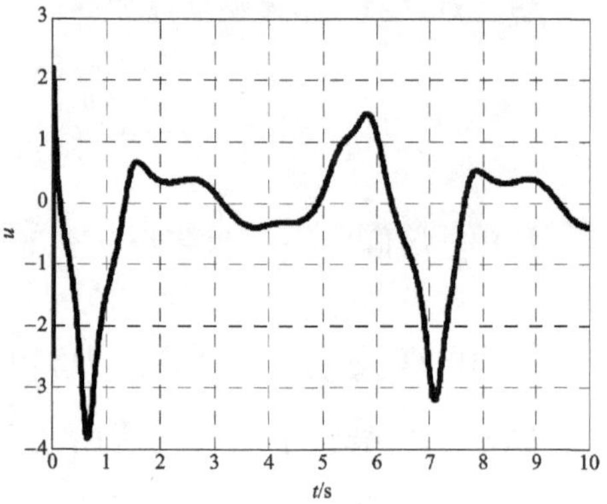

图 2－6　控制量 u 随时间变化情况

2.6　本章小结

本章在新的误差变换方案和误差变换函数的基础上，应用反演的设计思路，提出了一种适用于严格反馈非线性系统的预设性能控制框架，并针对一类确定严格反馈非线性系统进行了控制器设计和稳定性分析，通过数字仿真对设计方法的有效性进行了验证。另外，提出并证明了预设性能在严格反馈非线性系统中的反向传递性定理。概括地说，本章提出了一种新方案，搭建了一种新框架，证明了一个新定理，为预设性能控制在严格反馈非线性系统中的深入研究提供了一种切实可行的思路和一套实用的理论工具。

第 3 章　控制增益为未知常数的不确定系统预设性能自适应反演控制

第 2 章针对具有严格反馈形式的非线性系统提出了一种新的预设性能控制框架，本章将在其基础上，考虑系统中存在参数不确定性的情况，继续深化研究。对于具有参数不确定性的严格反馈非线性系统，主要存在以下问题：①缺乏严格的稳定性分析；②没有考虑由于初始条件设置不当而造成的系统奇异问题；③控制量不光滑等问题。针对参数不确定的问题，现阶段最常用的方法是采用自适应技术对未知参数进行逼近，在采用自适应技术对本章的模型进行预设性能控制器设计过程中，主要存在以下两方面的问题：一是在对控制增益进行估计的过程中不可避免地会出现估计值为零的情况，由于在状态反馈控制器设计过程中该估计值处于分母的位置上，因此会导致系统奇异；二是由于采用了预设性能框架而导致的设计复杂性问题，虽然思路基本相同，但是在实际设计过程中还是会出现这样或那样的问题，需要灵活处置，例如拉格朗日中值定理、鲁棒设计技巧等都将作为我们设计的辅助工具。

3.1　系统描述

考虑如下形式的严格反馈不确定非线性系统：

$$\begin{cases} \dot{x}_1 = a_{1,1}f_{1,1}(x_1) + \cdots + a_{1,p_1}f_{1,p_1}(x_1) + b_1x_2 \\ \quad\vdots \\ \dot{x}_i = a_{i,1}f_{i,1}(\bar{\boldsymbol{x}}_i) + \cdots + a_{i,p_i}f_{i,p_i}(\bar{\boldsymbol{x}}_i) + b_ix_{i+1} \\ \quad\vdots \\ \dot{x}_n = a_{n,1}f_{n,1}(\boldsymbol{x}) + \cdots + a_{n,p_n}f_{n,p_n}(\boldsymbol{x}) + b_nu \\ y = x_1 \end{cases} \tag{3-1}$$

式中：$\boldsymbol{x}=[x_1 \quad x_2 \quad \cdots \quad x_n]^{\mathrm{T}} \in \mathbf{R}^n$、$u \in \mathbf{R}$ 和 $y \in \mathbf{R}$ 分别为系统的状态量、输入量和输出量；定义 $\bar{\boldsymbol{x}}_i=[x_1 \quad x_2 \quad \cdots \quad x_i]^{\mathrm{T}} \in \mathbf{R}^i$；$f_{i,j}(\cdot)$ 为已知连续光滑函数；$a_{i,j}$ 为未知常值系数；p_i 为第 i 个子系统中已知函数的个数；$b_1, b_2, \cdots, b_n$ 为未知常值增益，且符号已知，在这里不失一般性假设 $b_i > 0 (i=1,2,\cdots,n)$。

控制目标如下：

① 设计自适应反演控制器 u，保证输出误差 $e=y-y_d$ 满足预先设定的瞬态和稳态性能要求；

② 闭环系统中的所有信号有界。

在进行设计之前先进行如下假设：

假设 3.1 期望轨迹 y_d 及其高阶导数 $y_d^{(i)}(t)(i=1,2,\cdots,n)$ 连续有界。

3.2 预设性能自适应反演控制器设计

系统中的未知参数利用自适应参数进行逼近，未知参数包括 $a_{i1},\cdots,a_{i,p_i},b_i$ $(i=1,\cdots,n)$，如果直接对 $b_i>0$ 进行估计，那么必须要进行特殊处理以保证 $\hat{b}_i\neq 0$。为了方便设计，本节直接对未知参数 $1/b_i,a_{i1}/b_i,\cdots,a_{i,p_i}/b_i$ 进行估计，其估计值分别记为 $\hat{\Upsilon}_{i,0},\hat{\Upsilon}_{i,1},\cdots,\hat{\Upsilon}_{i,p_i}(i=1,\cdots,n)$。下面按照反演的思路进行控制器设计：

第 1 步，考虑系统(3-1)中的第 1 个子系统，定义误差状态量 $z_1=x_1-y_d$，对其进行误差变换，得到

$$\varepsilon_1=F_{\text{tran},1}^{-1}\left[z_1(t)/\varpi_1(t),\iota_{\text{down},1}(t),\iota_{\text{up},1}(t)\right] \tag{3-2}$$

式中：$\varpi_1(t)$为性能函数；$F_{\text{tran},1}^{-1}(\cdot)$为误差变换函数。

式(3-2)两边对时间求导，得到

$$\dot{\varepsilon}_1=\frac{\partial F_{\text{tran},1}^{-1}}{\partial(z_1/\varpi_1)}\frac{1}{\varpi_1}\dot{z}_1-\frac{\partial F_{\text{tran},1}^{-1}}{\partial(z_1/\varpi_1)}\frac{\dot{\varpi}_1}{\varpi_1^2}z_1+\frac{\partial F_{\text{tran},1}^{-1}}{\partial\iota_{\text{down},1}}\dot{\iota}_{\text{down},1}+\frac{\partial F_{\text{tran},1}^{-1}}{\partial\iota_{\text{up},1}}\dot{\iota}_{\text{up},1} \tag{3-3}$$

结合 $\dot{z}_1=\dot{x}_1-\dot{y}_d$ 和系统式(3-1)的第 1 个子系统，得到

$$\dot{z}_1=a_{1,1}f_{1,1}(x_1)+\cdots+a_{1,p_1}f_{1,p_1}(x_1)+b_1x_2-\dot{y}_d \tag{3-4}$$

将式(3-4)代入式(3-3)，得到

$$\dot{\varepsilon}_1=r_1(a_{1,1}f_{1,1}+\cdots+a_{1,p_1}f_{1,p_1}+b_1x_{2,d}+b_1z_2)+v_1 \tag{3-5}$$

式中：v_1 为关于状态和时间的已知函数，

$$v_1=-\frac{\partial F_{\text{tran},1}^{-1}}{\partial(z_1/\varpi_1)}\frac{\dot{\varpi}_1}{\varpi_1^2}z_1+\frac{\partial F_{\text{tran},1}^{-1}}{\partial\iota_{\text{down},1}}\dot{\iota}_{\text{down},1}+\frac{\partial F_{\text{tran},1}^{-1}}{\partial\iota_{\text{up},1}}\dot{\iota}_{\text{up},1}-\frac{\partial F_{\text{tran},1}^{-1}}{\partial(z_1/\varpi_1)}\frac{\dot{y}_d}{\varpi_1}$$

$$r_1=1/\varpi_1\cdot\partial F_{\text{tran},1}^{-1}/\partial(z_1/\varpi_1)>0$$

$x_{2,d}$ 为虚拟控制量；误差状态量 $z_2=x_2-x_{2,d}$。

设计虚拟控制量 $x_{2,d}$ 和自适应律为

$$x_{2,d}=-k_1\varepsilon_1/r_1-\hat{\Upsilon}_{1,0}v_1/r_1-\sum_{j=1}^{p_1}\hat{\Upsilon}_{1,j}f_{1,j}-m_1r_1\varepsilon_1/4 \tag{3-6}$$

$$\begin{cases}\dot{\hat{\Upsilon}}_{1,0}=v_1\varepsilon_1\\ \dot{\hat{\Upsilon}}_{1,j}=r_1f_{1,j}\varepsilon_1, \quad j=1,\cdots,p_1\end{cases} \tag{3-7}$$

式中：k_1,m_1 为设计正参数；$\hat{\Upsilon}_{1,0},\hat{\Upsilon}_{1,j}$ 分别为 $1/b_1,a_{1,j}/b_1$ 的估计值，令估计误差为

$$\tilde{\Upsilon}_{1,0}=\hat{\Upsilon}_{1,0}-1/b_1$$

$$\tilde{\Upsilon}_{1,j}=\hat{\Upsilon}_{1,j}-a_{1,j}/b_1$$

第 2 步，考虑系统(3-1)中的第 2 个子系统，误差状态量 $z_2=x_2-x_{2,d}$，对其进行误差变换，得到

$$\varepsilon_2=F_{\mathrm{tran},2}^{-1}[z_2(t)/\varpi_2(t),\iota_{\mathrm{down},2}(t),\iota_{\mathrm{up},2}(t)] \tag{3-8}$$

式中：$\varpi_2(t)$为性能函数；$F_{\mathrm{tran},2}^{-1}(\cdot)$为误差变换函数。

式(3-8)两边对时间求导，得到

$$\dot{\varepsilon}_2=\frac{\partial F_{\mathrm{tran},2}^{-1}}{\partial(z_2/\varpi_2)}\frac{1}{\varpi_2}\dot{z}_2-\frac{\partial F_{\mathrm{tran},2}^{-1}}{\partial(z_2/\varpi_2)}\frac{\varpi_2}{\varpi_2^2}z_2+\frac{\partial F_{\mathrm{tran},2}^{-1}}{\partial\iota_{\mathrm{down},2}}\dot{\iota}_{\mathrm{down},2}+\frac{\partial F_{\mathrm{tran},2}^{-1}}{\partial\iota_{\mathrm{up},2}}\dot{\iota}_{\mathrm{up},2} \tag{3-9}$$

结合 $\dot{z}_2=\dot{x}_2-\dot{x}_{2,d}$ 和系统式(3-1)的第 2 个子系统，得到

$$\dot{z}_2=a_{2,1}f_{2,1}(\bar{\boldsymbol{x}}_2)+\cdots+a_{2,p_2}f_{2,p_2}(\bar{\boldsymbol{x}}_2)+b_2x_3-\dot{x}_{2,d} \tag{3-10}$$

将式(3-10)代入式(3-9)，得到

$$\dot{\varepsilon}_2=r_2(a_{2,1}f_{2,1}+\cdots+a_{2,p_2}f_{2,p_2}+b_2x_{3,d}+b_2z_3)+v_2 \tag{3-11}$$

式中：v_2 为关于状态和时间的已知函数，

$$v_2=-\frac{\partial F_{\mathrm{tran},2}^{-1}}{\partial(z_2/\varpi_2)}\frac{\varpi_2}{\varpi_2^2}z_2+\frac{\partial F_{\mathrm{tran},2}^{-1}}{\partial\iota_{\mathrm{down},2}}\dot{\iota}_{\mathrm{down},2}+\frac{\partial F_{\mathrm{tran},2}^{-1}}{\partial\iota_{\mathrm{up},2}}\dot{\iota}_{\mathrm{up},2}-\frac{\partial F_{\mathrm{tran},2}^{-1}}{\partial(z_2/\varpi_2)}\frac{\dot{x}_{2,d}}{\varpi_2}$$

$$r_2=\frac{\partial F_{\mathrm{tran},2}^{-1}}{\partial(z_2/\varpi_2)}\frac{1}{\varpi_2}>0$$

$x_{3,d}$ 为虚拟控制量；误差状态量 $z_3=x_3-x_{3,d}$。

设计虚拟控制量 $x_{3,d}$ 和自适应律为

$$x_{3,d}=-k_2\varepsilon_2/r_2-\hat{\Upsilon}_{2,0}v_2/r_2-\sum_{j=1}^{p_2}\hat{\Upsilon}_{2,j}f_{2,j}-m_2r_2\varepsilon_2/4-\varpi_2^2\eta_2^2\varepsilon_2/m_1r_2 \tag{3-12}$$

$$\begin{cases}\dot{\hat{\Upsilon}}_{2,0}=v_2\varepsilon_2\\ \dot{\hat{\Upsilon}}_{2,j}=r_2f_{2,j}\varepsilon_2, \quad j=1,\cdots,p_2\end{cases} \tag{3-13}$$

式中：k_2,m_2 为设计正参数；$\hat{\Upsilon}_{2,0},\hat{\Upsilon}_{2,j}$ 分别为 $1/b_2,a_{2,j}/b_2$ 的估计值，令估计误差为

$$\tilde{\Upsilon}_{2,0}=\hat{\Upsilon}_{2,0}-1/b_2$$

$$\tilde{\Upsilon}_{2,j}=\hat{\Upsilon}_{2,j}-a_{2,j}/b_2$$

$$\eta_2=\max_{\varepsilon_2}\{|\partial F_{\mathrm{tran},2}(\varepsilon_2,\iota_{\mathrm{down},2},\iota_{\mathrm{up},2})/\partial\varepsilon_2|\}$$

第 i(3≤i≤n-1)步，考虑系统(3-1)中的第 i 个子系统，误差状态量 $z_i=x_i-x_{i,d}$，对其进行误差变换，得到

$$\varepsilon_i=F_{\mathrm{tran},i}^{-1}[z_i(t)/\varpi_i(t),\iota_{\mathrm{down},i}(t),\iota_{\mathrm{up},i}(t)] \tag{3-14}$$

式中：$\varpi_i(t)$为性能函数；$F_{\mathrm{tran},i}^{-1}(\cdot)$为误差变换函数。

式(3-14)两边对时间求导，得到

$$\dot{\varepsilon}_i = \frac{\dot{z}_i}{\varpi_i}\frac{\partial F_{\mathrm{tran},i}^{-1}}{\partial(z_i/\varpi_i)} - \frac{\varpi_i z_i}{\varpi_i^2}\frac{\partial F_{\mathrm{tran},i}^{-1}}{\partial(z_i/\varpi_i)} + \dot{\iota}_{\mathrm{down},i}\frac{\partial F_{\mathrm{tran},i}^{-1}}{\partial \iota_{\mathrm{down},i}} + \dot{\iota}_{\mathrm{up},i}\frac{\partial F_{\mathrm{tran},i}^{-1}}{\partial \iota_{\mathrm{up},i}} \tag{3-15}$$

结合 $\dot{z}_i = \dot{x}_i - \dot{x}_{i,d}$ 和系统式(3-1)的第 i 个子系统，得到

$$\dot{z}_i = a_{i,1} f_{i,1}(\bar{\boldsymbol{x}}_i) + \cdots + a_{i,p_i} f_{i,p_i}(\bar{\boldsymbol{x}}_i) + b_i x_{i+1} - \dot{x}_{i,d} \tag{3-16}$$

将式(3-16)代入式(3-15)，得到

$$\dot{\varepsilon}_i = r_i(a_{i,1} f_{i,1} + \cdots + a_{i,p_i} f_{i,p_i} + b_i x_{i+1,d} + b_i z_{i+1}) + v_i \tag{3-17}$$

式中：v_i 为关于状态和时间的已知函数，

$$v_i = -\frac{\varpi_i z_i}{\varpi_i^2}\frac{\partial F_{\mathrm{tran},i}^{-1}}{\partial(z_i/\varpi_i)} + \dot{\iota}_{\mathrm{down},i}\frac{\partial F_{\mathrm{tran},i}^{-1}}{\partial \iota_{\mathrm{down},i}} + \dot{\iota}_{\mathrm{up},i}\frac{\partial F_{\mathrm{tran},i}^{-1}}{\partial \iota_{\mathrm{up},i}} - \frac{\dot{x}_{i,d}}{\varpi_i}\frac{\partial F_{\mathrm{tran},i}^{-1}}{\partial(z_i/\varpi_i)}$$

$$r_i = \frac{1}{\varpi_i}\frac{\partial F_{\mathrm{tran},i}^{-1}}{\partial(z_i/\varpi_i)} > 0$$

$x_{i+1,d}$ 为虚拟控制量；误差状态量 $z_{i+1} = x_{i+1} - x_{i+1,d}$。

设计虚拟控制量 $x_{i+1,d}$ 和自适应律为

$$x_{i+1,d} = -\frac{k_i \varepsilon_i}{r_i} - \frac{\hat{\Upsilon}_{i,0} v_i}{r_i} - \sum_{j=1}^{p_i}\hat{\Upsilon}_{i,j} f_{i,j} - \frac{m_i r_i \varepsilon_i}{4} - \frac{\varpi_i^2 \eta_i^2 \varepsilon_i}{m_{i-1} r_i} \tag{3-18}$$

$$\begin{cases} \dot{\hat{\Upsilon}}_{i,0} = v_i \varepsilon_i \\ \dot{\hat{\Upsilon}}_{i,j} = r_i f_{i,j} \varepsilon_i, \quad j = 1,\cdots,p_i \end{cases} \tag{3-19}$$

式中：k_i, m_i 为设计正参数；$\hat{\Upsilon}_{i,0}, \hat{\Upsilon}_{i,j}$ 分别为 $1/b_i, a_{i,j}/b_i$ 的估计值，令估计误差为

$$\tilde{\Upsilon}_{i,0} = \hat{\Upsilon}_{i,0} - 1/b_i$$

$$\tilde{\Upsilon}_{i,j} = \hat{\Upsilon}_{i,j} - a_{i,j}/b_i$$

$$\eta_i = \max_{\varepsilon_i}\{|\partial F_{\mathrm{tran},i}(\varepsilon_i, \iota_{\mathrm{down},i}, \iota_{\mathrm{up},i})/\partial \varepsilon_i|\}$$

第 n 步，考虑系统(3-1)中的第 n 个子系统，误差状态量 $z_n = x_n - x_{n,d}$，对其进行误差变换，得到

$$\varepsilon_n = F_{\mathrm{tran},n}^{-1}[z_n(t)/\varpi_n(t), \iota_{\mathrm{down},n}(t), \iota_{\mathrm{up},n}(t)] \tag{3-20}$$

式中：$\varpi_n(t)$为性能函数；$F_{\mathrm{tran},n}^{-1}(\cdot)$为误差变换函数。

式(3-20)两边对时间求导，得到

$$\dot{\varepsilon}_n = \frac{\partial F_{\mathrm{tran},n}^{-1}}{\partial(z_n/\varpi_n)}\frac{\dot{z}_n}{\varpi_n} - \frac{\varpi_n z_n}{\varpi_n^2}\frac{\partial F_{\mathrm{tran},n}^{-1}}{\partial(z_n/\varpi_n)} + \dot{\iota}_{\mathrm{down},n}\frac{\partial F_{\mathrm{tran},n}^{-1}}{\partial \iota_{\mathrm{down},n}} + \dot{\iota}_{\mathrm{up},n}\frac{\partial F_{\mathrm{tran},n}^{-1}}{\partial \iota_{\mathrm{up},n}} \tag{3-21}$$

结合 $\dot{z}_n = \dot{x}_n - \dot{x}_{n,d}$ 和系统(3-1)的第 n 个子系统，得到

$$\dot{z}_n = a_{n,1} f_{n,1}(\boldsymbol{x}) + \cdots + a_{n,p_n} f_{n,p_n}(\boldsymbol{x}) + b_n u - \dot{x}_{n,d} \tag{3-22}$$

将式(3-22)代入式(3-21)，得到

$$\dot{\varepsilon}_n = r_n (a_{n,1} f_{n,1} + \cdots + a_{n,p_n} f_{n,p_n} + b_n u) + v_n \tag{3-23}$$

式中：v_n 为关于状态和时间的已知函数，

$$v_n = -\frac{\partial F^{-1}_{\text{tran},n}}{\partial(z_n/\varpi_n)} \frac{\varpi_n}{\varpi_n^2} z_n + \frac{\partial F^{-1}_{\text{tran},n}}{\partial \iota_{\text{down},n}} \dot{\iota}_{\text{down},n} + \frac{\partial F^{-1}_{\text{tran},n}}{\partial \iota_{\text{up},n}} \dot{\iota}_{\text{up},n} - \frac{\partial F^{-1}_{\text{tran},n}}{\partial(z_n/\varpi_n)} \frac{\dot{x}_{n,d}}{\varpi_n}$$

$$r_n = \frac{1}{\varpi_n} \frac{\partial F^{-1}_{\text{tran},n}}{\partial(z_n/\varpi_n)} > 0$$

设计控制量 u 和自适应律为

$$u = -k_n \varepsilon_n / r_n - \hat{\Upsilon}_{n,0} v_n / r_n - \sum_{j=1}^{p_n} \hat{\Upsilon}_{n,j} f_{n,j} - \varpi_n^2 \eta_n^2 \varepsilon_n / m_{n-1} r_n \tag{3-24}$$

$$\begin{cases} \dot{\hat{\Upsilon}}_{n,0} = v_n \varepsilon_n \\ \dot{\hat{\Upsilon}}_{n,j} = r_n f_{n,j} \varepsilon_n, \quad j = 1, \cdots, p_n \end{cases} \tag{3-25}$$

式中：k_n, m_n 为设计正参数；$\hat{\Upsilon}_{n,0}$，$\hat{\Upsilon}_{n,j}$ 分别为 $1/b_n$，$a_{n,j}/b_n$ 的估计值，令估计误差为

$$\tilde{\Upsilon}_{n,0} = \hat{\Upsilon}_{n,0} - 1/b_n$$

$$\tilde{\Upsilon}_{n,j} = \hat{\Upsilon}_{n,j} - a_{n,j}/b_n$$

$$\eta_n = \max_{\varepsilon_n} \{ | \partial F_{\text{tran},n}(\varepsilon_n, \iota_{\text{down},n}, \iota_{\text{up},n}) / \partial \varepsilon_n | \}$$

需要特别说明的是，对于计算过程中出现的虚拟控制量导数，采用解析法进行求解。

3.3 稳定性分析

下面以定理的形式给出稳定性的相关结论。

定理 3.1　考虑式(3-1)所描述的系统，在假设 3.1 成立的前提下，设计虚拟控制器(3-6)、(3-18)和控制器(3-24)，采用自适应律(3-19)，可以得到如下结论：

① 输出误差 $e = y - y_d$ 和子系统误差 $z_i = x_i - x_{i,d}$ $(2 \leqslant i \leqslant n)$ 满足预先设定的瞬态和稳态性能要求；

② 闭环系统内所有信号有界。

证明　选取 Lyapunov 函数为

$$V = \sum_{i=1}^{n} \varepsilon_i^2 / 2b_i + \frac{1}{2} \sum_{i=1}^{n} \sum_{j=0}^{p_i} \tilde{\Upsilon}_{i,j}^2 \tag{3-26}$$

式(3-26)两边对时间求导，得到

$$\dot{V}=\sum_{i=1}^{n}\varepsilon_i\dot{\varepsilon}_i/b_i+\sum_{i=1}^{n}\sum_{j=0}^{p_i}\tilde{\Upsilon}_{i,j}\dot{\hat{\Upsilon}}_{i,j} \tag{3-27}$$

将式(3-17)代入式(3-27),得到

$$\begin{aligned}\dot{V}=&\sum_{i=1}^{n-1}\varepsilon_i\left[r_i(a_{i,1}f_{i,1}+\cdots+a_{i,p_i}f_{i,p_i}+b_ix_{i+1})+v_i\right]/b_i+\\&\varepsilon_n\left[r_n(a_{n,1}f_{n,1}+\cdots+a_{n,p_n}f_{n,p_n}+b_nu)+v_n\right]/b_n+\sum_{i=1}^{n}\sum_{j=0}^{p_i}\tilde{\Upsilon}_{i,j}\dot{\hat{\Upsilon}}_{i,j}\\=&\sum_{i=1}^{n}\sum_{j=1}^{p_i}a_{i,j}f_{i,j}r_i\varepsilon_i/b_i+\sum_{i=1}^{n}v_i\varepsilon_i/b_i+\sum_{i=1}^{n-1}r_i\varepsilon_ix_{i+1,d}+\sum_{i=1}^{n-1}r_i\varepsilon_iz_{i+1}+r_n\varepsilon_nu+\\&\sum_{i=1}^{n}\sum_{j=1}^{p_i}\tilde{\Upsilon}_{i,j}\dot{\hat{\Upsilon}}_{i,j}+\sum_{i=1}^{n}\tilde{\Upsilon}_{i,0}\dot{\hat{\Upsilon}}_{i,0}\end{aligned} \tag{3-28}$$

将式(3-6)、式(3-18)和式(3-24)代入式(3-28),得到

$$\begin{aligned}\dot{V}=&\sum_{i=1}^{n}\sum_{j=1}^{p_i}a_{i,j}f_{i,j}r_i\varepsilon_i/b_i+\sum_{i=1}^{n}v_i\varepsilon_i/b_i+\sum_{i=1}^{n-1}r_i\varepsilon_iz_{i+1}+\sum_{i=1}^{n}\sum_{j=1}^{p_i}\tilde{\Upsilon}_{i,j}\dot{\hat{\Upsilon}}_{i,j}+\\&\sum_{i=1}^{n}\tilde{\Upsilon}_{i,0}\dot{\hat{\Upsilon}}_{i,0}-\sum_{i=1}^{n}k_i\varepsilon_i^2-\sum_{i=1}^{n}\hat{\Upsilon}_{i,0}v_i\varepsilon_i-\sum_{i=1}^{n}\sum_{j=1}^{p_i}\hat{\Upsilon}_{i,j}f_{i,j}r_i\varepsilon_i-\\&\sum_{i=1}^{n-1}m_ir_i^2\varepsilon_i^2/4-\sum_{i=2}^{n}\varpi_i^2\eta_i^2\varepsilon_i^2/m_{i-1}\end{aligned} \tag{3-29}$$

结合 $\tilde{\Upsilon}_{i,0}=\hat{\Upsilon}_{i,0}-1/b_i$,$\tilde{\Upsilon}_{i,j}=\hat{\Upsilon}_{i,j}-a_{i,j}/b_i$,则式(3-29)进一步变为

$$\begin{aligned}\dot{V}=&-\sum_{i=1}^{n}k_i\varepsilon_i^2-\sum_{i=1}^{n}\sum_{j=1}^{p_i}\tilde{\Upsilon}_{i,j}f_{i,j}r_i\varepsilon_i-\sum_{i=1}^{n}\tilde{\Upsilon}_{i,0}v_i\varepsilon_i+\sum_{i=1}^{n}\sum_{j=1}^{p_i}\tilde{\Upsilon}_{i,j}\dot{\hat{\Upsilon}}_{i,j}+\\&\sum_{i=1}^{n}\tilde{\Upsilon}_{i,0}\dot{\hat{\Upsilon}}_{i,0}-\sum_{i=1}^{n-1}(m_ir_i^2\varepsilon_i^2/4-r_i\varepsilon_iz_{i+1})-\sum_{i=2}^{n}\varpi_i^2\eta_i^2\varepsilon_i^2/m_{i-1}\\=&-\sum_{i=1}^{n}k_i\varepsilon_i^2-\sum_{i=1}^{n}\sum_{j=1}^{p_i}\tilde{\Upsilon}_{i,j}f_{i,j}r_i\varepsilon_i-\sum_{i=1}^{n}\tilde{\Upsilon}_{i,0}v_i\varepsilon_i+\sum_{i=1}^{n}\sum_{j=1}^{p_i}\tilde{\Upsilon}_{i,j}\dot{\hat{\Upsilon}}_{i,j}+\\&\sum_{i=1}^{n}\tilde{\Upsilon}_{i,0}\dot{\hat{\Upsilon}}_{i,0}-\sum_{i=1}^{n-1}(m_ir_i\varepsilon_i/2-z_{i+1})^2/m_i-\sum_{i=2}^{n}(\varpi_i^2\eta_i^2\varepsilon_i^2-z_i^2)/m_{i-1}\end{aligned} \tag{3-30}$$

将式(3-19)代入式(3-30),得到

$$\dot{V}=-\sum_{i=1}^{n}k_i\varepsilon_i^2-\sum_{i=1}^{n-1}(m_ir_i\varepsilon_i/2-z_{i+1})^2/m_i-\sum_{i=2}^{n}(\varpi_i^2\eta_i^2\varepsilon_i^2-z_i^2)/m_{i-1} \tag{3-31}$$

由误差变换函数的定义可知

$$z_i=\varpi_iF_{\mathrm{tran},i}(\varepsilon_i,\iota_{\mathrm{down},i},\iota_{\mathrm{up},i}) \tag{3-32}$$

由拉格朗日中值定理可得

$$F_{\mathrm{tran},i}(\varepsilon_i)=\varepsilon_i \cdot \partial F_{\mathrm{tran},i}(\varepsilon_i',\iota_{\mathrm{down},i},\iota_{\mathrm{up},i})/\partial\varepsilon_i \tag{3-33}$$

式中：ε_i'在 0 和 ε_i 所组成的闭区间上。

将式(3-33)代入式(3-32)，得到

$$z_i=\varpi_i\varepsilon_i \cdot \partial F_{\mathrm{tran},i}(\varepsilon_i',\iota_{\mathrm{down},i},\iota_{\mathrm{up},i})/\partial\varepsilon_i \tag{3-34}$$

将式(3-34)代入式(3-31)，得到

$$\dot{V}=-\sum_{i=1}^{n}k_i\varepsilon_i^2-\sum_{i=1}^{n-1}(m_ir_i\varepsilon_i/2-z_{i+1})^2/m_i-\sum_{i=2}^{n}(\varpi_i^2\eta_i^2\varepsilon_i^2-\varpi_i^2\zeta_i^2\varepsilon_i^2)/m_{i-1} \tag{3-35}$$

式中：$\zeta_i=\partial F_{\mathrm{tran},i}(\varepsilon_i',\iota_{\mathrm{down},i},\iota_{\mathrm{up},i})/\partial\varepsilon_i$。

显然，

$$\begin{aligned}\eta_i&=\max_{\varepsilon_i}\{|\partial F_{\mathrm{tran},i}(\varepsilon_i,\iota_{\mathrm{down},i},\iota_{\mathrm{up},i})/\partial\varepsilon_i|\}\\&\geqslant|\partial F_{\mathrm{tran},i}(\varepsilon_i',\iota_{\mathrm{down},i},\iota_{\mathrm{up},i})/\partial\varepsilon_i|=|\zeta_i|\end{aligned}$$

式(3-35)进一步变为

$$\dot{V}\leqslant-\sum_{i=1}^{n}k_i\varepsilon_i^2$$

因此，得到 $\varepsilon_1,\cdots,\varepsilon_n\in\ell_\infty$，$\tilde{\Upsilon}_{i,j}\in\ell_\infty(i=1,\cdots,n,j=1,\cdots,p_i)$。

下面对系统(3-1)的每一个子系统进行分析。

对于第 1 个子系统，由于 $\varepsilon_1\in\ell_\infty$，由误差变换函数的性质可得误差状态量 z_1 满足预设的瞬态和稳态性能要求，并且 $z_1=x_1-y_d\in\ell_\infty$，又由假设 2.2 可知 y_d 为连续有界函数，进一步可知 $x_1\in\ell_\infty$；由 $\tilde{\Upsilon}_{1,j}\in\ell_\infty$，易得 $\hat{\Upsilon}_{1,j}\in\ell_\infty$，虚拟控制量 $x_{2,d}$ 的表达式(3-6)中每一项都是有界的，因此得到 $x_{2,d}\in\ell_\infty$。需要特别注意的是跟踪误差 $e=z_1$。

以此类推，对于第 $i(2\leqslant i\leqslant n-1)$个子系统，由于 $\varepsilon_i\in\ell_\infty$，因此误差状态量 z_i 满足预设的瞬态和稳态性能要求，且 $z_i=x_i-x_{i,d}\in\ell_\infty$，由于 $x_{i,d}\in\ell_\infty$，得到 $x_i\in\ell_\infty$；由 $\tilde{\Upsilon}_{i,j}\in\ell_\infty$，易得 $\hat{\Upsilon}_{i,j}\in\ell_\infty$，由式(3-18)进一步得到 $x_{i+1,d}\in\ell_\infty$。

对于第 n 个子系统，由于 ε_n 有界，因此误差状态量 z_n 满足预设的瞬态和稳态性能要求，且 $z_n=x_n-x_{n,d}\in\ell_\infty$，由上一步可得 $x_{n,d}\in\ell_\infty$，得到 $x_n\in\ell_\infty$，由 $\tilde{\Upsilon}_{n,j}\in\ell_\infty$，易得 $\hat{\Upsilon}_{n,j}\in\ell_\infty$；由控制量 u 的表达式(3-24)可进一步得到 $u\in\ell_\infty$。

综上，可得 $z_1,\cdots,z_n$ 满足预先设定的瞬态和稳态性能要求，且闭环系统中所有信号有界。定理 3.1 得证。

3.4 仿真分析

仿真对象的数学模型描述如下：

$$\begin{cases}\dot{x}_1=a_{1,1}f_{1,1}(x_1)+a_{1,2}f_{1,2}(x_1)+b_1x_2\\ \dot{x}_2=a_{2,1}f_{2,1}(\bar{\boldsymbol{x}}_2)+a_{2,2}f_{2,2}(\bar{\boldsymbol{x}}_2)+b_2u\\ y=x_1\end{cases}$$

式中：$f_{1,1}(x_1)=x_1^2$，$f_{1,2}(x_1)=\sin x_1$，$f_{2,1}(\bar{\boldsymbol{x}}_2)=x_1^2+x_2$，$f_{2,2}(\bar{\boldsymbol{x}}_2)=x_2^2\sin x_1$ 为已知函数；$a_{1,1}$，$a_{1,2}$，$a_{2,1}$，$a_{2,2}$，b_1，b_2 为未知常数。

期望输出信号：$y_d(t)=\sin t+\sin(2t)$；

初始状态：$x_1(0)=0.8$，$x_2(0)=0$；

性能函数：$\varpi_1(t)=\varpi_2(t)=(1-10^{-3})\mathrm{e}^{-t}+10^{-3}$；

误差变换函数：$F_{\mathrm{tran},1}^{-1}(x)=F_{\mathrm{tran},2}^{-1}(x)=\dfrac{1}{2}\ln\dfrac{\iota_{\mathrm{down}}+x}{\iota_{\mathrm{up}}-x}$，$\iota_{\mathrm{down}}(t)$ 及 $\iota_{\mathrm{up}}(t)$ 的选取为

$$\begin{cases}\dot{\iota}_{\mathrm{down}}(t)=-2.0\iota_{\mathrm{down}}(t)+2.0\\ \dot{\iota}_{\mathrm{up}}(t)=-2.0\iota_{\mathrm{up}}(t)+2.0\\ \iota_{\mathrm{up}}(0)=3.0,\iota_{\mathrm{down}}(0)=3.0\end{cases}$$

控制器参数：$k_1=1.0$，$k_2=2.5$，$m_1=1.0$。

图 3-1 所示为系统输出对期望轨迹的跟踪情况，从仿真结果可以看出，系统输出 y 在很短的时间内便跟上并稳定跟踪期望轨迹。

图 3-2 所示为系统状态 x_2 对虚拟控制量的跟踪情况，跟踪效果良好。

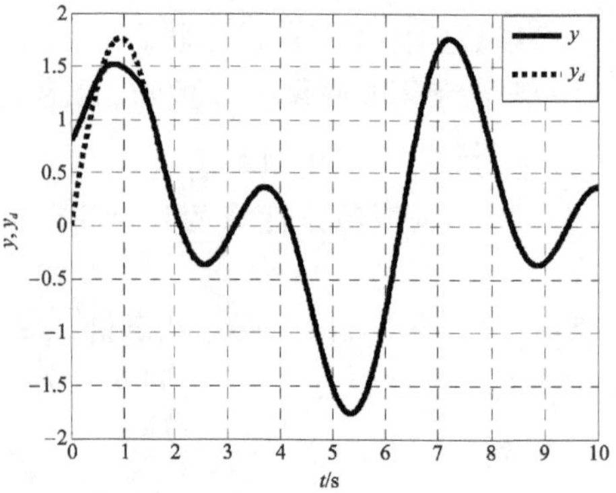

图 3-1　y 跟踪期望轨迹 y_d 的情况

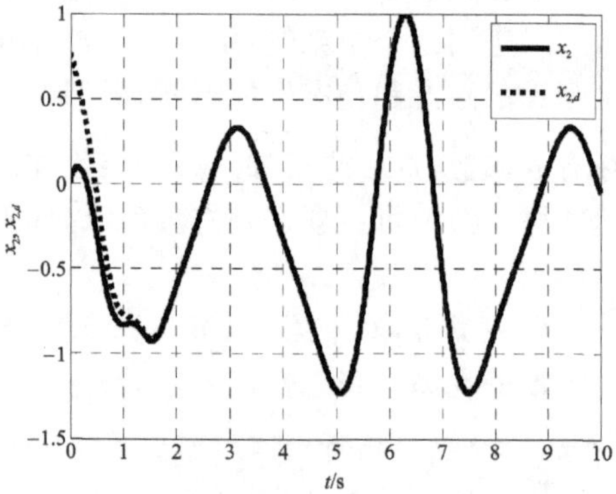

图 3-2　x_2 跟踪期望轨迹 $x_{2,d}$ 的情况

图 3-3 和图 3-4 所示为跟踪误差 z_1，z_2 随时间变化的情况，图中的点画线表示预先设定的跟踪误差的上界和下界，仿真结果表明误差 z_1，z_2 满足预设的瞬态和稳态性能的要求，系统响应速度快，超调量小，需要额外说明的是，性能函数和误差变换函数的选取并不固定，可以根据系统要求灵活设置，通过上下界的选取可以进一步加快系统的响应速度，减小超调量，但前提必须是误差初值处于可行域内。

图 3-5 所示为未知参数估计情况，这里代表性地给出了参数 b_1，b_2 的情况，仿真结果表明逼近速度快且最终稳定逼近真值。

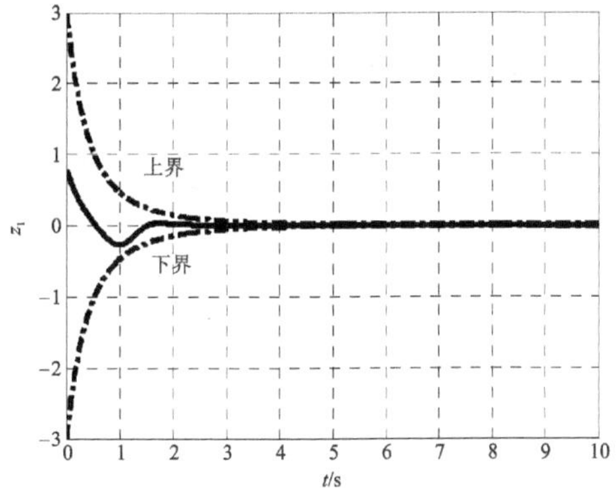

图 3-3　跟踪误差 z_1 随时间变化的情况

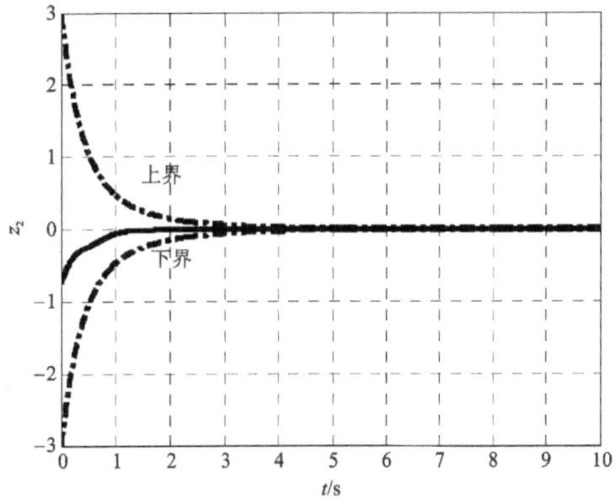

图 3-4　跟踪误差 z_2 随时间变化的情况

图 3-6 所示为控制量 u 随时间变化的情况，控制曲线平滑有界，满足控制要求。另外，系统中的其他信号有界，这里没有一一列出，这些都充分验证了定理 3.1 的正确性。

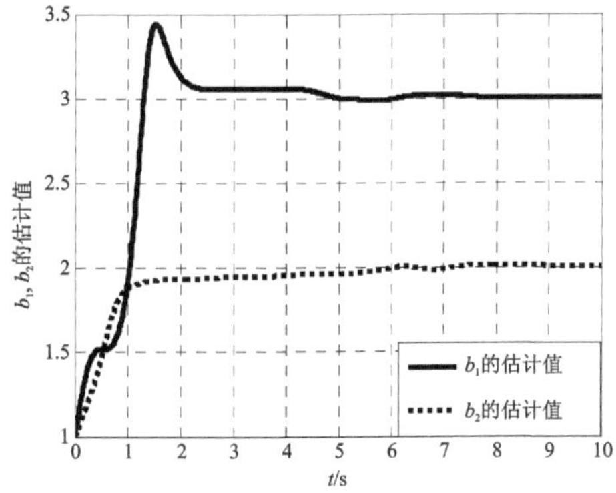

图 3-5　参数估计情况

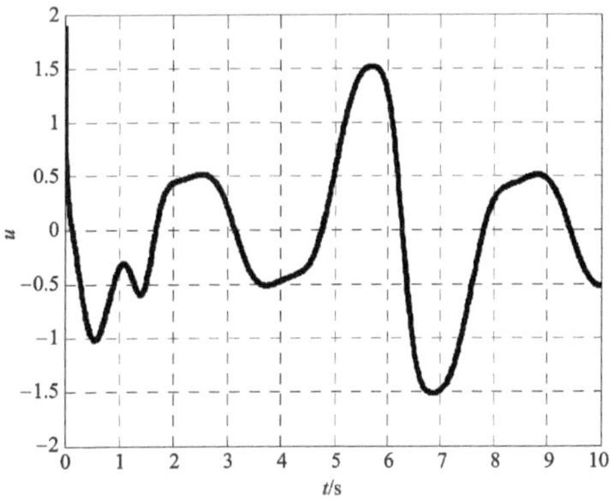

图 3-6　控制量 u 随时间变化的情况

3.5　本章小结

本章在第 2 章的基础上，针对一类控制增益为未知常数的不确定系统进行了深入研究，综合应用自适应技术和反演控制技术，完成了预设性能控制器的设计；构造了一种新的 Lyapunov 函数，有效地避免了在参数估计过程中系统出现奇异的情况；对于系统之间的耦合项，通过配方法和拉格朗日中值定理进行消除，有效解决了此类系统的预设性能控制问题。

第4章　控制增益为未知函数的不确定系统预设性能自适应神经网络反演控制

第3章对系统中存在参数不确定性的情况进行了讨论，本章进一步深化研究，考虑系统中非线性函数未知的情况，且控制增益也为未知函数。从一定意义上来说，参数不确定性是函数未知的一个特例，因此，本章研究的是具有更一般形式的非线性系统的预设性能控制问题。

针对具有以上特征的严格反馈非线性系统的预设性能控制问题，当前主要存在以下问题：①缺乏严格的稳定性分析；②没有考虑由于初始条件设置不当而造成的系统奇异问题；③设计过程中用到了未知量，例如神经网络权值的猜测值等；④控制量不光滑。现阶段，对于函数未知的情况，比较常用的一种处理手段是利用逼近网络对其进行逼近，例如模糊网络、多层神经网络、径向基函数(RBF)神经网络等。本章采用的是RBF神经网络，它是一种典型的局部逼近网络，由一个固定的非线性输入层和一个可调的线性输出层组成，因此，它是一种具有线性结构的网络，具有学习速度快、结构简单的特点，其逼近能力已经被证明。在利用RBF神经网络对增益函数进行逼近的过程中，由于无法保证其逼近值始终不为零，而导致系统"不可控"现象的出现。现阶段，在对系统"不可控"问题的处理方法中比较有效的是Zhang[55]提出的积分型Lyapunov函数，但在第2章提出的预设性能控制框架下，控制对象是变换误差而非跟踪误差，因此现有的积分型Lyapunov函数并不适用，需要寻求新的解决手段；另外，还有一个重要问题是由于模型变化而造成的设计复杂性问题。

本章将在第2章提出的控制框架下，通过提出一种新的积分型Lyapunov函数，解决系统"不可控"问题，然后根据控制器对神经网络的依赖程度不同，分别完成直接自适应神经网络和间接自适应神经网络控制器的设计。

4.1　径向基函数(RBF)神经网络

径向基函数(RBF)神经网络具有学习速度快、结构简单、局部逼近能力强的特点，经常被用来对模型中的未知函数进行逼近，本文选取RBF神经网络对未知函数$h(\mathbf{Z}):\mathbf{R}^m\to\mathbf{R}$进行逼近。

引理4.1　对于定义在紧子集$\Omega\in\mathbf{R}^m$上的连续函数$h:\Omega\to\mathbf{R}$，存在最优权值向量$\boldsymbol{W}^*\in\mathbf{R}^l$和对应的高斯基函数$\phi(\cdot):\mathbf{R}^m\to\mathbf{R}^l$，使得[99]

$$h(\mathbf{Z})=\boldsymbol{W}^{*\mathrm{T}}\phi(\mathbf{Z})+w(\mathbf{Z}),\quad \forall\mathbf{Z}\in\Omega$$

式中：l为神经网络节点数；$\mathbf{Z}\in\mathbf{R}^m$为神经网络输入向量；$w(\mathbf{Z})$为网络重构误差。

根据神经网络的逼近特性，给出如下假设：

假设 4.3　对于给定的连续函数 $h(\boldsymbol{Z})$ 和 RBF 神经网络，存在最优的权值向量 $\boldsymbol{W}^*$，使得 $|w(\boldsymbol{Z})|\leqslant\mu$，$\boldsymbol{Z}\in\Omega$，其中常数 $\mu>0$。

一般来说，最优的权值向量 $\boldsymbol{W}^*$ 是未知的，需要在控制器设计过程中进行估计，令 $\hat{\boldsymbol{W}}$ 为 $\boldsymbol{W}^*$ 的估计值，估计误差为 $\tilde{\boldsymbol{W}}=\hat{\boldsymbol{W}}-\boldsymbol{W}^*$。

4.2　系统描述

考虑如下形式的严格反馈不确定非线性系统：

$$\begin{cases}\dot{x}_1=f_1(x_1)+g_1(x_1)x_2\\ \quad\vdots\\ \dot{x}_i=f_i(\bar{\boldsymbol{x}}_i)+g_i(\bar{\boldsymbol{x}}_i)x_{i+1}\\ \quad\vdots\\ \dot{x}_n=f_n(\boldsymbol{x})+g_n(\boldsymbol{x})u\\ y=x_1\end{cases}\tag{4-1}$$

式中：$\boldsymbol{x}=[x_1\quad x_2\quad\cdots\quad x_n]^{\mathrm{T}}\in\mathbf{R}^n$、$u\in\mathbf{R}$ 和 $y\in\mathbf{R}$ 分别为系统的状态量、输入量和输出量；定义 $\bar{\boldsymbol{x}}_i=[x_1\quad x_2\quad\cdots\quad x_i]^{\mathrm{T}}\in\mathbf{R}^i(i=1,\cdots,n)$；$f_i(\cdot)$，$g_i(\cdot)$ 为未知连续光滑函数。

控制目标如下：

① 设计自适应神经网络反演控制器 u，保证输出误差 $e=y-y_d$ 满足预先设定的瞬态和稳态性能要求；

② 闭环系统中的所有信号都有界。

在进行设计之前先进行如下假设[73]：

假设 4.2　期望轨迹 y_d 及其高阶导数 $y_d^{(i)}(t)(i=1,2,\cdots,n-1)$ 连续有界，且满足 $\bar{\boldsymbol{x}}_{d,i}\in\Omega_{d,i}\subset\mathbf{R}^i$，其中，$\Omega_{d,i}$ 为已知紧集。

假设 4.3　$g_i(\cdot)$ 的符号已知，存在常数 $g_{i0}>0$ 和已知连续函数 $\boldsymbol{g}_i(\bar{\boldsymbol{x}}_i)$，使得 $\boldsymbol{g}_i(\bar{\boldsymbol{x}}_i)\geqslant|g_i(\bar{\boldsymbol{x}}_i)|\geqslant g_{i0}$，$\forall\,\bar{\boldsymbol{x}}_i\in\mathbf{R}^i$。

假设 4.3 表明，$g_i(\bar{\boldsymbol{x}}_i)$ 是严格正或严格负的，不失一般性，可令 $\boldsymbol{g}_i(\bar{\boldsymbol{x}}_i)\geqslant g_i(\bar{\boldsymbol{x}}_i)\geqslant g_{i0}>0$，$\forall\,\bar{\boldsymbol{x}}_i\in\mathbf{R}^i$，$g_{i0}>0$ 使得 $g_i(\bar{\boldsymbol{x}}_i)$ 远离零点，这说明系统(4-1)满足可控性条件。对于一个实际系统，$g_i(\bar{\boldsymbol{x}}_i)$ 总是存在上界的，因此只要选择足够大的 $\boldsymbol{g}_i(\bar{\boldsymbol{x}}_i)$，便可满足 $\boldsymbol{g}_i(\bar{\boldsymbol{x}}_i)\geqslant|g_i(\bar{\boldsymbol{x}}_i)|$。需要强调的是，$g_{i0}$ 仅用于分析，而不需要知道其准确值。

4.3 预设性能直接自适应神经网络反演控制器设计及稳定性分析

4.3.1 反演控制器设计

在进行反演控制器设计之前，首先定义 $\beta_i = \boldsymbol{g}_i(\bar{\boldsymbol{x}}_i)/g_i(\bar{\boldsymbol{x}}_i)(i=1,\cdots,n)$，并令 $h_i(\boldsymbol{Z}_i)$为定义在紧集 Ω_{zi} 上的以 $\boldsymbol{Z}_i$ 为输入量的光滑函数，结合 4.2 节中所提到的 RBF 神经网络逼近引理，可以得到

$$h_i(\boldsymbol{Z}_i) = \boldsymbol{W}_i^{*\mathrm{T}}\phi_i(\boldsymbol{Z}_i) + w_i,\quad \forall \boldsymbol{Z}_i \in \Omega_{zi}, i = 1,\cdots,n$$

式中：$\boldsymbol{W}_i^{*\mathrm{T}}$ 为最优的权值向量；$|w_i| \leqslant \mu_i$，$\mu_i > 0$ 为常数。逼近误差 ψ_i 可表示为

$$\begin{aligned}\psi_i &= \hat{\boldsymbol{W}}_i^{\mathrm{T}}\phi_i(\boldsymbol{Z}_i) - \boldsymbol{W}_i^{*\mathrm{T}}\phi_i(\boldsymbol{Z}_i) - w_i \\ &= \tilde{\boldsymbol{W}}_i^{\mathrm{T}}\phi_i(\boldsymbol{Z}_i) - w_i \end{aligned} \tag{4-2}$$

第 1 步，考虑系统(4-1)中的第 1 个子系统，定义误差状态量 $z_1 = x_1 - y_d$，对其进行误差变换，得到

$$\varepsilon_1 = F_{\mathrm{tran},1}^{-1}\left[z_1(t)/\varpi_1(t), \iota_{\mathrm{down},1}(t), \iota_{\mathrm{up},1}(t)\right] \tag{4-3}$$

式中：$\varpi_1(t)$为性能函数；$F_{\mathrm{tran},1}^{-1}(\cdot)$为误差变换函数。

式(4-3)两边对时间求导，得到

$$\dot{\varepsilon}_1 = \frac{\dot{z}_1}{\varpi_1}\frac{\partial F_{\mathrm{tran},1}^{-1}}{\partial(z_1/\varpi_1)} - \frac{\dot{\varpi}_1 z_1}{\varpi_1^2}\frac{\partial F_{\mathrm{tran},1}^{-1}}{\partial(z_1/\varpi_1)} + \dot{\iota}_{\mathrm{down},1}\frac{\partial F_{\mathrm{tran},1}^{-1}}{\partial \iota_{\mathrm{down},1}} + \dot{\iota}_{\mathrm{up},1}\frac{\partial F_{\mathrm{tran},1}^{-1}}{\partial \iota_{\mathrm{up},1}} \tag{4-4}$$

结合 $\dot{z}_1 = \dot{x}_1 - \dot{y}_d$ 和系统(4-1)的第 1 个子系统，得到

$$\dot{z}_1 = f_1(x_1) + g_1(x_1)x_2 - \dot{y}_d \tag{4-5}$$

将式(4-5)代入式(4-4)，得到

$$\begin{aligned}\dot{\varepsilon}_1 &= r_1\left[f_1(x_1) + g_1(x_1)x_2\right] + v_1 \\ &= r_1\left[f_1(x_1) + g_1(x_1)x_{2,d} + g_1(x_1)z_2\right] + v_1\end{aligned} \tag{4-6}$$

式中：v_1 为关于状态和时间的函数，

$$v_1 = -\frac{\partial F_{\mathrm{tran},1}^{-1}}{\partial(z_1/\varpi_1)}\frac{\dot{\varpi}_1}{\varpi_1^2}z_1 + \frac{\partial F_{\mathrm{tran},1}^{-1}}{\partial \iota_{\mathrm{down},1}}\dot{\iota}_{\mathrm{down},1} + \frac{\partial F_{\mathrm{tran},1}^{-1}}{\partial \iota_{\mathrm{up},1}}\dot{\iota}_{\mathrm{up},1} - \frac{\partial F_{\mathrm{tran},1}^{-1}}{\partial(z_1/\varpi_1)}\frac{\dot{y}_d}{\varpi_1}$$

$$r_1 = \frac{1}{\varpi_1}\frac{\partial F_{\mathrm{tran},1}^{-1}}{\partial(z_1/\varpi_1)} > 0$$

$x_{2,d}$ 为虚拟控制量；$z_2 = x_2 - x_{2,d}$ 为新的误差状态量。

选取 Lyapunov 函数为

$$V_{\varepsilon_1} = \int_0^{\varepsilon_1}\sigma\beta_1\left[\varpi_1 F_{\mathrm{tran},1}(\sigma, \iota_{\mathrm{down},1}, \iota_{\mathrm{up},1}) + y_d\right]\mathrm{d}\sigma \tag{4-7}$$

通过变量替换 $\sigma = \theta\varepsilon_1$，式(4-7)可改写为

$$V_{\varepsilon_1}=\varepsilon_1^2\int_0^1\theta\beta_1\left[\varpi_1 F_{\text{tran},1}(\theta\varepsilon_1,\iota_{\text{down},1},\iota_{\text{up},1})+y_d\right]\mathrm{d}\theta \tag{4-8}$$

通过假设 4.3 易得

$$\begin{aligned}1&\leqslant\beta_1\left[\varpi_1 F_{\text{tran},1}(\theta\varepsilon_1,\iota_{\text{down},1},\iota_{\text{up},1})+y_d\right]\\&\leqslant\boldsymbol{g}_1\left[\varpi_1 F_{\text{tran},1}(\theta\varepsilon_1,\iota_{\text{down},1},\iota_{\text{up},1})+y_d\right]/g_{10}\end{aligned} \tag{4-9}$$

结合式(4-8)、式(4-9)得到

$$\frac{\varepsilon_1^2}{2}\leqslant V_{\varepsilon 1}\leqslant\frac{\varepsilon_1^2}{g_{10}}\int_0^1\theta\boldsymbol{g}_1\left[\varpi_1 F_{\text{tran},1}(\theta\varepsilon_1,\iota_{\text{down},1},\iota_{\text{up},1})+y_d\right]\mathrm{d}\theta \tag{4-10}$$

因此，V_{ε_1} 为关于 ε_1 的正定函数。

式(4-7)两边对时间求导，得到

$$\begin{aligned}\dot V_{\varepsilon_1}=&\varepsilon_1\beta_1(x_1)\dot\varepsilon_1+\dot y_d\int_0^{\varepsilon_1}\sigma\cdot\frac{\partial\beta_1\left[\varpi_1 F_{\text{tran},1}(\sigma,\iota_{\text{down},1},\iota_{\text{up},1})+y_d\right]}{\partial y_d}\mathrm{d}\sigma+\\&\varpi_1\int_0^{\varepsilon_1}\sigma F_{\text{tran},1}(\sigma,\iota_{\text{down},1},\iota_{\text{up},1})\cdot\frac{\partial\beta_1\left[\varpi_1 F_{\text{tran},1}(\sigma,\iota_{\text{down},1},\iota_{\text{up},1})+y_d\right]}{\partial\left[\varpi_1 F_{\text{tran},1}(\sigma,\iota_{\text{down},1},\iota_{\text{up},1})\right]}\mathrm{d}\sigma+\\&\varpi_1\dot\iota_{\text{down},1}\int_0^{\varepsilon_1}\sigma\cdot\frac{\partial\beta_1\left[\varpi_1 F_{\text{tran},1}(\sigma,\iota_{\text{down},1},\iota_{\text{up},1})+y_d\right]}{\partial\left[\varpi_1 F_{\text{tran},1}(\sigma,\iota_{\text{down},1},\iota_{\text{up},1})\right]}\cdot\frac{\partial F_{\text{tran},1}(\sigma,\iota_{\text{down},1},\iota_{\text{up},1})}{\partial\iota_{\text{down},1}}\mathrm{d}\sigma+\\&\varpi_1\dot\iota_{\text{up},1}\int_0^{\varepsilon_1}\sigma\cdot\frac{\partial\beta_1\left[\varpi_1 F_{\text{tran},1}(\sigma,\iota_{\text{down},1},\iota_{\text{up},1})+y_d\right]}{\partial\left[\varpi_1 F_{\text{tran},1}(\sigma,\iota_{\text{down},1},\iota_{\text{up},1})\right]}\cdot\frac{\partial F_{\text{tran},1}(\sigma,\iota_{\text{down},1},\iota_{\text{up},1})}{\partial\iota_{\text{up},1}}\mathrm{d}\sigma\end{aligned} \tag{4-11}$$

将式(4-6)代入式(4-11)并结合

$$\frac{\partial\beta_1\left[\varpi_1 F_{\text{tran},1}(\sigma,\iota_{\text{down},1},\iota_{\text{up},1})+y_d\right]}{\partial y_d}=\frac{\partial\beta_1\left[\varpi_1 F_{\text{tran},1}(\sigma,\iota_{\text{down},1},\iota_{\text{up},1})+y_d\right]}{\partial\left[\varpi_1 F_{\text{tran},1}(\sigma,\iota_{\text{down},1},\iota_{\text{up},1})\right]}$$

得到

$$\begin{aligned}\dot V_{\varepsilon_1}=&\varepsilon_1\beta_1(x_1)\{r_1\left[f_1(x_1)+g_1(x_1)x_{2,d}+g_1(x_1)z_2\right]+v_1\}+\\&\int_0^{\varepsilon_1}\sigma\cdot\frac{\partial\beta_1\left[\varpi_1 F_{\text{tran},1}(\sigma,\iota_{\text{down},1},\iota_{\text{up},1})+y_d\right]}{\partial y_d}\Bigg[\dot y_d+\varpi_1 F_{\text{tran},1}(\sigma,\iota_{\text{down},1},\iota_{\text{up},1})+\\&\varpi_1\dot\iota_{\text{down},1}\cdot\frac{\partial F_{\text{tran},1}(\sigma,\iota_{\text{down},1},\iota_{\text{up},1})}{\partial\iota_{\text{down},1}}+\varpi_1\dot\iota_{\text{up},1}\cdot\frac{\partial F_{\text{tran},1}(\sigma,\iota_{\text{down},1},\iota_{\text{up},1})}{\partial\iota_{\text{up},1}}\Bigg]\mathrm{d}\sigma\\=&\varepsilon_1\Bigg\{r_1\boldsymbol{g}_1(x_1)x_{2,d}+r_1\boldsymbol{g}_1(x_1)z_2+r_1\beta_1(x_1)f_1(x_1)+\beta_1(x_1)v_1+\\&\varepsilon_1\int_0^1\theta\cdot\frac{\partial\beta_1\left[\varpi_1 F_{\text{tran},1}(\sigma,\iota_{\text{down},1},\iota_{\text{up},1})+y_d\right]}{\partial y_d}\Bigg[\dot y_d+\varpi_1 F_{\text{tran},1}(\theta\varepsilon_1,\iota_{\text{down},1},\iota_{up1})+\\&\varpi_1\dot\iota_{\text{down},1}\cdot\frac{\partial F_{\text{tran},1}(\theta\varepsilon_1,\iota_{\text{down},1},\iota_{\text{up},1})}{\partial\iota_{\text{down},1}}+\varpi_1\dot\iota_{\text{up},1}\cdot\frac{\partial F_{\text{tran},1}(\theta\varepsilon_1,\iota_{\text{down},1},\iota_{\text{up},1})}{\partial\iota_{\text{up},1}}\Bigg]\mathrm{d}\theta\Bigg\}\\=&\varepsilon_1\{r_1\boldsymbol{g}_1(x_1)x_{2,d}+r_1\boldsymbol{g}_1(x_1)z_2+h_1(\boldsymbol{Z}_1)\}\end{aligned} \tag{4-12}$$

式中：

$$h_1(\boldsymbol{Z}_1)=r_1\beta_1(x_1)f_1(x_1)+\beta_1(x_1)v_1+$$
$$\varepsilon_1\int_0^1\theta\cdot\frac{\partial\beta_1[\varpi_1F_{\text{tran},1}(\sigma,\iota_{\text{down},1},\iota_{\text{up},1})+y_d]}{\partial y_d}\left[\dot{y}_d+\dot{\varpi}_1F_{\text{tran},1}(\theta\varepsilon_1,\iota_{\text{down},1},\iota_{\text{up},1})+\right.$$
$$\left.\varpi_1\dot{\iota}_{\text{down},1}\cdot\frac{\partial F_{\text{tran},1}(\theta\varepsilon_1,\iota_{\text{down},1},\iota_{\text{up},1})}{\partial\iota_{\text{down},1}}+\varpi_1\dot{\iota}_{\text{up},1}\cdot\frac{\partial F_{\text{tran},1}(\theta\varepsilon_1,\iota_{\text{down},1},\iota_{\text{up},1})}{\partial\iota_{\text{up},1}}\right]\mathrm{d}\theta$$
$$\boldsymbol{Z}_1=[x_1\quad y_d\quad \dot{y}_d\quad \varpi_1\quad \iota_{\text{up},1}\quad \iota_{\text{down},1}\quad \dot{\varpi}_1\quad \dot{\iota}_{\text{up},1}\quad \dot{\iota}_{\text{down},1}]^{\mathrm{T}}\in\Omega_{z1}\subset\mathbf{R}^9$$

利用 RBF 神经网络 $g_1^{nn}(\boldsymbol{Z}_1)=\hat{\boldsymbol{W}}_1^{\mathrm{T}}\phi_1(\boldsymbol{Z}_1)$对 $h_1(\boldsymbol{Z}_1)$进行逼近，逼近误差 $\psi_1=\hat{\boldsymbol{W}}_1^{\mathrm{T}}\phi_1(\boldsymbol{Z}_1)-h_1(\boldsymbol{Z}_1)$。

选取虚拟控制量 $x_{2,d}$ 为

$$x_{2,d}=[-k_1\varepsilon_1-\hat{\boldsymbol{W}}_1^{\mathrm{T}}\phi_1(\boldsymbol{Z}_1)]/r_1\boldsymbol{g}_1(x_1)-m_1r_1\boldsymbol{g}_1(x_1)\varepsilon_1/4 \tag{4-13}$$

式中：k_1,m_1 为设计参数，$k_1>0,m_1>0$。

选取权值自适应调节律为

$$\dot{\hat{\boldsymbol{W}}}_1=-m_{f1}\hat{\boldsymbol{W}}_1+\varepsilon_1\phi_1(\boldsymbol{Z}_1) \tag{4-14}$$

式中：m_{f1} 为设计参数，$m_{f1}>0$。将式(4-13)代入式(4-12)，得到

$$\begin{aligned}\dot{V}_{\varepsilon_1}&=-k_1\varepsilon_1^2-\psi_1\varepsilon_1-m_1r_1^2g_1^2(x_1)\varepsilon_1^2/4+r_1g_1(x_1)\varepsilon_1z_2\\&=-k_1\varepsilon_1^2-\psi_1\varepsilon_1-[m_1r_1g_1(x_1)\varepsilon_1/2-z_2]^2/m_1+z_2^2/m_1\end{aligned} \tag{4-15}$$

第 2 步，考虑系统(4-1)中的第 2 个子系统，误差状态量 $z_2=x_2-x_{2,d}$，对其进行误差变换，得到

$$\varepsilon_2=F_{\text{tran},2}^{-1}[z_2(t)/\varpi_2(t),\iota_{\text{down},2}(t),\iota_{\text{up},2}(t)] \tag{4-16}$$

式中：$\varpi_2(t)$为性能函数；$F_{\text{tran},2}^{-1}(\cdot)$为误差变换函数。

式(4-16)两边对时间求导，得到

$$\begin{aligned}\dot{\varepsilon}_2=&\varpi_2\dot{z}_2\cdot\partial F_{\text{tran},2}^{-1}/\partial(z_2/\varpi_2)-\dot{\varpi}_2z_2/\varpi_2^2\cdot\partial F_{\text{tran},2}^{-1}/\partial(z_2/\varpi_2)+\\&\dot{\iota}_{\text{down},2}\cdot\partial F_{\text{tran},2}^{-1}/\partial\iota_{\text{down},2}+\dot{\iota}_{\text{up},2}\cdot\partial F_{\text{tran},2}^{-1}/\partial\iota_{\text{up},2}\end{aligned} \tag{4-17}$$

结合 $\dot{z}_2=\dot{x}_2-\dot{x}_{2,d}$ 和系统(4-1)的第 2 个子系统，得到

$$\dot{z}_2=f_2(\bar{\boldsymbol{x}}_2)+g_2(\bar{\boldsymbol{x}}_2)x_3-\dot{x}_{2,d} \tag{4-18}$$

将式(4-18)代入式(4-17)，得到

$$\dot{\varepsilon}_2=r_2[f_2(\bar{\boldsymbol{x}}_2)+g_2(\bar{\boldsymbol{x}}_2)x_{3,d}+g_2(\bar{\boldsymbol{x}}_2)z_3]+v_2 \tag{4-19}$$

式中：v_2 为关于状态和时间的函数，

$$v_2=-\frac{\partial F_{\text{tran},2}^{-1}}{\partial(z_2/\varpi_2)}\frac{\dot{\varpi}_2}{\varpi_2^2}z_2+\frac{\partial F_{\text{tran},2}^{-1}}{\partial\iota_{\text{down},2}}\dot{\iota}_{\text{down},2}+\frac{\partial F_{\text{tran},2}^{-1}}{\partial\iota_{\text{up},2}}\dot{\iota}_{\text{up},2}-\frac{\partial F_{\text{tran},2}^{-1}}{\partial(z_2/\varpi_2)}\frac{\dot{x}_{2,d}}{\varpi_2}$$
$$r_2=1/\varpi_2\cdot\partial F_{\text{tran},2}^{-1}/\partial(z_2/\varpi_2)>0$$

$x_{3,d}$ 为虚拟控制量；误差状态量 $z_3=x_3-x_{3,d}$。

选取 Lyapunov 函数为

$$V_{\varepsilon_2}=V_{\varepsilon_1}+\int_0^{\varepsilon_2}\sigma\beta_2\left[x_1,\varpi_2 F_{\mathrm{tran},2}(\sigma,\iota_{\mathrm{down},2},\iota_{\mathrm{up},2})+x_{2,d}\right]\mathrm{d}\sigma \tag{4-20}$$

式(4-20)两边对时间求导,得到

$$\begin{aligned}\dot{V}_{\varepsilon_2}=&\dot{V}_{\varepsilon_1}+\varepsilon_2\beta_2(\bar{\boldsymbol{x}}_2)\dot{\varepsilon}_2+\\&\int_0^{\varepsilon_2}\sigma\dot{x}_1\cdot\partial\beta_2\left[x_1,\varpi_2 F_{\mathrm{tran},2}(\sigma,\iota_{\mathrm{down},2},\iota_{\mathrm{up},2})+x_{2,d}\right]/\partial x_1\mathrm{d}\sigma+\\&\int_0^{\varepsilon_2}\sigma\cdot\partial\beta_2\left[x_1,\varpi_2 F_{\mathrm{tran},2}(\sigma,\iota_{\mathrm{down},2},\iota_{\mathrm{up},2})+x_{2,d}\right]/\partial x_{2,d}\left[\dot{x}_{2,d}+\right.\\&F_{\mathrm{tran},2}(\sigma,\iota_{\mathrm{down},2},\iota_{\mathrm{up},2})\varpi_2+\varpi_2\dot{\iota}_{\mathrm{down},2}\cdot\partial F_{\mathrm{tran},2}(\sigma,\iota_{\mathrm{down},2},\iota_{\mathrm{up},2})/\partial\iota_{\mathrm{down},2}+\\&\left.\varpi_2\dot{\iota}_{\mathrm{up},2}\cdot\partial F_{\mathrm{tran},2}(\sigma,\iota_{\mathrm{down},2},\iota_{\mathrm{up},2})/\partial\iota_{\mathrm{up},2}\right]\mathrm{d}\sigma\end{aligned} \tag{4-21}$$

由式(4-13)得到

$$\begin{cases}\dot{x}_{2,d}=\dfrac{\partial x_{2,d}}{\partial x_1}\dot{x}_1+\omega_1\\\omega_1=\dfrac{\partial x_{2,d}}{\partial\bar{\boldsymbol{x}}_{2,d}}\dot{\bar{\boldsymbol{x}}}_{2,d}+\dfrac{\partial x_{2,d}}{\partial\hat{\boldsymbol{W}}_1}\dot{\hat{\boldsymbol{W}}}_1+\dfrac{\partial x_{2,d}}{\partial\left[\phi_1(\boldsymbol{Z}_1)\right]}\dot{\phi}_1(\boldsymbol{Z}_1)\end{cases} \tag{4-22}$$

将式(4-15)、式(4-19)和式(4-22)代入式(4-21),得到

$$\begin{aligned}\dot{V}_{\varepsilon_2}=&-k_1\varepsilon_1^2-\psi_1\varepsilon_1-\left[m_1r_1\boldsymbol{g}_1(x_1)\varepsilon_1/2-z_2\right]^2/m_1+z_2^2/m_1+\\&\varepsilon_2\left[r_2\boldsymbol{g}_2(\bar{\boldsymbol{x}}_2)x_{3,d}+r_2\boldsymbol{g}_2(\bar{\boldsymbol{x}}_2)z_3+h_2(\boldsymbol{Z}_2)\right]\end{aligned} \tag{4-23}$$

$$\begin{aligned}h_2(\boldsymbol{Z}_2)=&r_2\beta_2(\bar{\boldsymbol{x}}_2)f_2(\bar{\boldsymbol{x}}_2)+\beta_2(\bar{\boldsymbol{x}}_2)v_2+\\&\varepsilon_2\int_0^1\theta\dot{x}_1\cdot\partial\beta_2\left[x_1,\varpi_2F_{\mathrm{tran},2}(\theta\varepsilon_2,\iota_{\mathrm{down},2},\iota_{\mathrm{up},2})+x_{2,d}\right]/\partial x_1\mathrm{d}\theta+\\&\varepsilon_2\int_0^1\theta\partial\beta_2\left[x_1,\varpi_2F_{\mathrm{tran},2}(\theta\varepsilon_2,\iota_{\mathrm{down},2},\iota_{\mathrm{up},2})+x_{2,d}\right]/\partial x_{2,d}\left[\dot{x}_1\cdot\partial x_{2,d}/\partial x_1+\right.\\&\omega_1+F_{\mathrm{tran},2}(\theta\varepsilon_2,\iota_{\mathrm{down},2},\iota_{\mathrm{up},2})\varpi_2+\varpi_2\dot{\iota}_{\mathrm{down},2}\cdot\partial F_{\mathrm{tran},2}(\theta\varepsilon_2,\iota_{\mathrm{down},2},\iota_{\mathrm{up},2})/\partial\iota_{\mathrm{down},2}+\\&\left.\varpi_2\dot{\iota}_{\mathrm{up},2}\cdot\partial F_{\mathrm{tran},2}(\theta\varepsilon_2,\iota_{\mathrm{down},2},\iota_{\mathrm{up},2})/\partial\iota_{\mathrm{up},2}\right]\mathrm{d}\theta\end{aligned}$$

式中:$\boldsymbol{Z}_2=[\bar{\boldsymbol{x}}_2^{\mathrm{T}}\quad x_{2,d}\quad\partial x_{2,d}/\partial x_1\quad\omega_1\quad\varpi_2\quad\iota_{\mathrm{down}}\quad\iota_{\mathrm{up}}\quad\dot{\varpi}_2\quad\dot{\iota}_{\mathrm{down}}\quad\dot{\iota}_{\mathrm{up}}]^{\mathrm{T}}\in\Omega_{z2}\subset\mathbf{R}^{11}$,利用RBF神经网络 $g_2^{nn}(\boldsymbol{Z}_2)=\hat{\boldsymbol{W}}_2^{\mathrm{T}}\phi_2(\boldsymbol{Z}_2)$ 对 $h_2(\boldsymbol{Z}_2)$ 进行逼近,逼近误差 $\psi_2=\hat{\boldsymbol{W}}_2^{\mathrm{T}}\phi_2(\boldsymbol{Z}_2)-h_2(\boldsymbol{Z}_2)$。

选取虚拟控制量 $x_{3,d}$ 为

$$\begin{aligned}x_{3,d}=&\left[-k_2\varepsilon_2-\hat{\boldsymbol{W}}_2^{\mathrm{T}}\phi_2(\boldsymbol{Z}_2)\right]/\left[r_2\boldsymbol{g}_2(\bar{\boldsymbol{x}}_2)\right]-\\&\varepsilon_2\varpi_2^2\eta_2^2/\left[m_1\boldsymbol{g}_2(\bar{\boldsymbol{x}}_2)r_2\right]-m_2r_2\boldsymbol{g}_2(\bar{\boldsymbol{x}}_2)\varepsilon_2/4\end{aligned} \tag{4-24}$$

式中:k_2,m_2 为设计参数,$k_2>0,m_2>0$;$\eta_2=\max\limits_{\varepsilon_2}\{|\partial F_{\mathrm{tran},2}(\varepsilon_2,\iota_{\mathrm{down},2},\iota_{\mathrm{up},2})/\partial\varepsilon_2|\}$,由误差变换函数 $F_{\mathrm{tran},2}(\varepsilon_2,\iota_{\mathrm{down},2},\iota_{\mathrm{up},2})$ 的性质易得,η_2 是存在的。

选取权值自适应调节律为

$$\dot{\hat{\boldsymbol{W}}}_2=-m_{f2}\hat{\boldsymbol{W}}_2+\varepsilon_2\boldsymbol{\phi}_2(\boldsymbol{Z}_2) \tag{4-25}$$

式中：m_{f2} 为设计参数，$m_{f2}>0$。将式(4-24)代入式(4-23)，得到

$$\begin{aligned}\dot{V}_{\varepsilon_2}=&-k_1\varepsilon_1^2-k_2\varepsilon_2^2-\psi_1\varepsilon_1-\psi_2\varepsilon_2-[m_1r_1\boldsymbol{g}_1(x_1)\varepsilon_1/2-z_2]^2/m_1+z_2^2/m_1-\\&\varpi_2^2\eta_2^2\varepsilon_2^2/m_1-m_2r_2^2\boldsymbol{g}_2^2(\bar{\boldsymbol{x}}_2)\varepsilon_2^2/4+r_2\boldsymbol{g}_2(\bar{\boldsymbol{x}}_2)\varepsilon_2z_3\\=&-k_1\varepsilon_1^2-k_2\varepsilon_2^2-\psi_1\varepsilon_1-\psi_2\varepsilon_2-[m_1r_1\boldsymbol{g}_1(x_1)\varepsilon_1/2-z_2]^2/m_1-\\&[m_2r_2\boldsymbol{g}_2(\bar{\boldsymbol{x}}_2)\varepsilon_2/2-z_3]^2/m_2+z_2^2/m_1+z_3^2/m_2-\varpi_2^2\eta_2^2\varepsilon_2^2/m_1\end{aligned} \tag{4-26}$$

第 $\boldsymbol{i}$(3≤i≤$n-1$)步，考虑系统(4-1)中的第 i 个子系统：

$$\dot{x}_i=f_i(\bar{\boldsymbol{x}}_i)+g_i(\bar{\boldsymbol{x}}_i)x_{i+1} \tag{4-27}$$

误差状态量 $z_i=x_i-x_{i,d}$，对其进行误差变换，得到

$$\varepsilon_i=F_{\text{tran},i}^{-1}[z_i(t)/\varpi_i(t),\iota_{\text{down},i}(t),\iota_{\text{up},i}(t)] \tag{4-28}$$

式(4-28)两边对时间求导，得到

$$\dot{\varepsilon}_i=\frac{\partial F_{\text{tran},i}^{-1}}{\partial(z_i/\varpi_i)}\frac{1}{\varpi_i}\dot{z}_i-\frac{\partial F_{\text{tran},i}^{-1}}{\partial(z_i/\varpi_i)}\frac{\dot{\varpi}_i}{\varpi_i^2}z_i+\frac{\partial F_{\text{tran},i}^{-1}}{\partial\iota_{\text{down},i}}\dot{\iota}_{\text{down},i}+\frac{\partial F_{\text{tran},i}^{-1}}{\partial\iota_{\text{up},i}}\dot{\iota}_{\text{up},i} \tag{4-29}$$

结合 $\dot{z}_i=\dot{x}_i-\dot{x}_{i,d}$，并将式(4-27)代入式(4-29)，得到

$$\dot{\varepsilon}_i=r_i[f_i(\bar{\boldsymbol{x}}_i)+g_i(\bar{\boldsymbol{x}}_i)x_{i+1,d}+g_iz_{i+1}]+v_i \tag{4-30}$$

式中：v_i 为关于状态和时间的函数，

$$v_i=-\frac{\partial F_{\text{tran},i}^{-1}}{\partial(z_i/\varpi_i)}\frac{\dot{\varpi}_i}{\varpi_i^2}z_i+\frac{\partial F_{\text{tran},i}^{-1}}{\partial\iota_{\text{down},i}}\dot{\iota}_{\text{down},i}+\frac{\partial F_{\text{tran},i}^{-1}}{\partial\iota_{\text{up},i}}\dot{\iota}_{\text{up},i}-\frac{\partial F_{\text{tran},i}^{-1}}{\partial(z_i/\varpi_i)}\frac{\dot{x}_{i,d}}{\varpi_i}$$

$$r_i=\frac{1}{\varpi_i}\cdot\frac{\partial F_{\text{tran},i}^{-1}}{\partial(z_i/\varpi_i)}>0$$

$x_{i+1,d}$ 为虚拟控制量；误差状态量 $z_{i+1}=x_{i+1}-x_{i+1,d}$。

选取 Lyapunov 函数为

$$V_{\varepsilon_i}=V_{\varepsilon_{i-1}}+\int_0^{\varepsilon_i}\sigma\beta_i[\bar{\boldsymbol{x}}_{i-1},\varpi_iF_{\text{tran},i}(\sigma,\iota_{\text{down},i},\iota_{\text{up},i})+x_{i,d}]\,\mathrm{d}\sigma \tag{4-31}$$

式(4-31)两边对时间求导，得到

$$\begin{aligned}\dot{V}_{\varepsilon_i}=&\dot{V}_{\varepsilon_{i-1}}+\varepsilon_i\beta_i(\bar{\boldsymbol{x}}_i)\dot{\varepsilon}_i+\\&\int_0^{\varepsilon_i}\sigma\dot{\bar{\boldsymbol{x}}}_{i-1}\cdot\partial\beta_i[\bar{\boldsymbol{x}}_{i-1},\varpi_iF_{\text{tran},i}(\sigma,\iota_{\text{down},i},\iota_{\text{up},i})+x_{i,d}]/\partial\bar{\boldsymbol{x}}_{i-1}\mathrm{d}\sigma+\\&\int_0^{\varepsilon_i}\sigma\partial\beta_i[\bar{x}_{i-1},\varpi_iF_{\text{tran},i}(\sigma,\iota_{\text{down},i},\iota_{\text{up},i})+x_{i,d}]/\partial x_{i,d}[\dot{x}_{i,d}+\\&\dot{\varpi}_i\cdot F_{\text{tran},i}(\sigma,\iota_{\text{down},i},\iota_{\text{up},i})+\varpi_i\dot{\iota}_{\text{down},i}\cdot\partial F_{\text{tran},i}(\sigma,\iota_{\text{down},i},\iota_{\text{up},i})/\partial\iota_{\text{down},i}+\\&\varpi_i\dot{\iota}_{\text{up},i}\cdot\partial F_{\text{tran},i}(\sigma,\iota_{\text{down},i},\iota_{\text{up},i})/\partial\iota_{\text{up},i}]\mathrm{d}\sigma\end{aligned} \tag{4-32}$$

又有

$$\begin{cases} \dot{x}_{i,d} = \dfrac{\partial x_{i,d}}{\partial \bar{\boldsymbol{x}}_{i-1}} \dot{\bar{\boldsymbol{x}}}_{i-1} + \omega_{i-1} \\ \omega_{i-1} = \dfrac{\partial x_{i,d}}{\partial \bar{\boldsymbol{x}}_{d,i}} \dot{\bar{\boldsymbol{x}}}_{d,i} + \dfrac{\partial x_{i,d}}{\partial \hat{\boldsymbol{W}}_{i-1}} \dot{\hat{\boldsymbol{W}}}_{i-1} + \dfrac{\partial x_{i,d}}{\partial [\boldsymbol{\phi}_{i-1}(\boldsymbol{Z}_{i-1})]} \dot{\boldsymbol{\phi}}_{i-1}(\boldsymbol{Z}_{i-1}) \end{cases} \tag{4-33}$$

将式(4－30)和式(4－33)代入式(4－32)，得到

$$\dot{V}_{\varepsilon_i} = -\sum_{j=1}^{i-1} k_j \varepsilon_j^2 - \sum_{j=1}^{i-1} \psi_j \varepsilon_j - \sum_{j=1}^{i-1} \frac{1}{m_j} \left[\frac{m_j r_j \boldsymbol{g}_j(\bar{\boldsymbol{x}}_j) \varepsilon_j}{2} - z_{j+1} \right]^2 + \sum_{j=1}^{i-1} \frac{z_{j+1}^2}{m_j} + \\ \varepsilon_i [r_i \boldsymbol{g}_i(\bar{\boldsymbol{x}}_i) x_{i+1,d} + r_i \boldsymbol{g}_i(\bar{\boldsymbol{x}}_i) z_{i+1} + h_i(\boldsymbol{Z}_i)] \tag{4-34}$$

$$h_i(\boldsymbol{Z}_i) = r_i \beta_i(\bar{x}_i) f_i(\bar{x}_i) + \beta_i(\bar{x}_i) v_i + \\ \varepsilon_i \int_0^1 \theta \dot{\bar{\boldsymbol{x}}}_{i-1} \cdot \partial \beta_i [\bar{\boldsymbol{x}}_{i-1}, \varpi_i F_{\mathrm{tran},i}(\theta \varepsilon_i, \iota_{\mathrm{down},i}, \iota_{\mathrm{up},i}) + x_{i,d}] / \partial \bar{\boldsymbol{x}}_{i-1} \mathrm{d}\theta + \\ \varepsilon_i \int_0^1 \theta \cdot \partial \beta_i [\bar{\boldsymbol{x}}_{i-1}, \varpi_i F_{\mathrm{tran},i}(\theta \varepsilon_i, \iota_{\mathrm{down},i}, \iota_{\mathrm{up},i}) + x_{i,d}] / \partial x_{i,d} [\dot{\bar{\boldsymbol{x}}}_{i-1} \cdot \partial x_{i,d} / \partial \bar{x}_{i-1} + \\ \omega_{i-1} + F_{\mathrm{tran},i}(\theta \varepsilon_i, \iota_{\mathrm{down},i}, \iota_{\mathrm{up},i}) \varpi_i + \varpi_i \dot{\iota}_{\mathrm{down},i} \cdot \partial F_{\mathrm{tran},i}(\theta \varepsilon_i, \iota_{\mathrm{down},i}, \iota_{\mathrm{up},i}) / \partial \iota_{\mathrm{down},i} + \\ \varpi_i \dot{\iota}_{\mathrm{up},i} \cdot \partial F_{\mathrm{tran},i}(\theta \varepsilon_i, \iota_{\mathrm{down},i}, \iota_{\mathrm{up},i}) / \partial \iota_{\mathrm{up},i}] \mathrm{d}\theta$$

式中：$\boldsymbol{Z}_i = [\bar{\boldsymbol{x}}_i^{\mathrm{T}} \quad x_{i,d} \quad \partial x_{i,d}/\partial \bar{\boldsymbol{x}}_{i-1} \quad \omega_{i-1} \quad \varpi_i \quad \iota_{\mathrm{down},i} \quad \iota_{\mathrm{up},i} \quad \varpi_i \quad \dot{\iota}_{\mathrm{down},i} \quad \dot{\iota}_{\mathrm{up},i}]^{\mathrm{T}} \in \Omega_{z,i} \subset \mathbf{R}^{2i+7}$，利用 RBF 神经网络 $g_i^{nn}(\boldsymbol{Z}_i) = \hat{\boldsymbol{W}}_i^{\mathrm{T}} \boldsymbol{\phi}_i(\boldsymbol{Z}_i)$ 对 $h_i(\boldsymbol{Z}_i)$ 进行逼近，逼近误差 $\psi_i = \hat{\boldsymbol{W}}_i^{\mathrm{T}} \boldsymbol{\phi}_i(\boldsymbol{Z}_i) - h_i(\boldsymbol{Z}_i)$。

选取虚拟控制量 $x_{i+1,d}$ 为

$$x_{i+1,d} = \frac{-k_i \varepsilon_i - \hat{\boldsymbol{W}}_i^{\mathrm{T}} \boldsymbol{\phi}_i(\boldsymbol{Z}_i)}{r_i \boldsymbol{g}_i(\bar{\boldsymbol{x}}_i)} - \frac{\varepsilon_i \varpi_i^2 \eta_i^2}{m_{i-1} \boldsymbol{g}_i(\bar{\boldsymbol{x}}_i) r_i} - \frac{m_i r_i \boldsymbol{g}_i(\bar{\boldsymbol{x}}_i) \varepsilon_i}{4} \tag{4-35}$$

式中：k_i, m_i 为设计参数，$k_i > 0, m_i > 0$；$\eta_i = \max\limits_{\varepsilon_i} \{ |\partial F_{\mathrm{tran},i}(\varepsilon_i, \iota_{\mathrm{down},i}, \iota_{\mathrm{up},i}) / \partial \varepsilon_i| \}$，由误差变换函数 $F_{\mathrm{tran},i}(\varepsilon_i, \iota_{\mathrm{down},i}, \iota_{\mathrm{up},i})$ 的性质易得，η_i 是存在的。

选取权值自适应调节律为

$$\dot{\hat{\boldsymbol{W}}}_i = -m_{f,i} \hat{\boldsymbol{W}}_i + \varepsilon_i \boldsymbol{\phi}_i(\boldsymbol{Z}_i) \tag{4-36}$$

式中：$m_{f,i}$ 为设计参数，$m_{f,i} > 0$。

将式(4－35)代入式(4－34)，得到

$$\dot{V}_{\varepsilon_i} = -\sum_{j=1}^{i} k_j \varepsilon_j^2 - \sum_{j=1}^{i} \psi_j \varepsilon_j - \sum_{j=1}^{i} [m_j r_j \boldsymbol{g}_j(\bar{\boldsymbol{x}}_j) \varepsilon_j / 2 - z_{j+1}]^2 / m_j + \\ \sum_{j=1}^{i} z_{j+1}^2 / m_j - \sum_{j=1}^{i-1} \varpi_{j+1}^2 \eta_{j+1}^2 \varepsilon_{j+1}^2 / m_j \tag{4-37}$$

第 n 步，考虑系统(4－1)中的第 n 个子系统：

$$\dot{x}_n = f_n(\bar{\boldsymbol{x}}_n) + g_n(\bar{\boldsymbol{x}}_n) u \tag{4-38}$$

误差状态量 $z_n = x_n - x_{n,d}$，对其进行误差变换，得到

$$\varepsilon_n = F_{\mathrm{tran},n}^{-1}\left[z_n(t)/\varpi_n(t), \iota_{\mathrm{down},n}(t), \iota_{\mathrm{up},n}(t)\right] \tag{4-39}$$

式(4-39)两边对时间求导，得到

$$\dot{\varepsilon}_n = \frac{\partial F_{\mathrm{tran},n}^{-1}}{\partial(z_n/\varpi_n)}\frac{1}{\varpi_n}\dot{z}_n - \frac{\partial F_{\mathrm{tran},n}^{-1}}{\partial(z_n/\varpi_n)}\frac{\varpi_n}{\varpi_n^2}z_n + \frac{\partial F_{\mathrm{tran},n}^{-1}}{\partial \iota_{\mathrm{down},n}}\dot{\iota}_{\mathrm{down},n} + \frac{\partial F_{\mathrm{tran},n}^{-1}}{\partial \iota_{\mathrm{up},n}}\dot{\iota}_{\mathrm{up},n} \tag{4-40}$$

结合 $\dot{z}_n = \dot{x}_n - \dot{x}_{n,d}$，并将式(4-38)代入式(4-40)，得到

$$\dot{\varepsilon}_n = r_n\left[f_n(\bar{\boldsymbol{x}}_n) + g_n(\bar{\boldsymbol{x}}_n)u\right] + v_n \tag{4-41}$$

式中：v_n 为关于状态和时间的函数，

$$v_n = -\frac{\partial F_{\mathrm{tran},n}^{-1}}{\partial(z_n/\varpi_n)}\frac{\varpi_n}{\varpi_n^2}z_n + \frac{\partial F_{\mathrm{tran},n}^{-1}}{\partial \iota_{\mathrm{down},n}}\dot{\iota}_{\mathrm{down},n} + \frac{\partial F_{\mathrm{tran},n}^{-1}}{\partial \iota_{\mathrm{up},n}}\dot{\iota}_{\mathrm{up},n} - \frac{\partial F_{\mathrm{tran},n}^{-1}}{\partial(z_n/\varpi_n)}\frac{\dot{x}_{n,d}}{\varpi_n}$$

$$r_n = \frac{1}{\varpi_n}\cdot\frac{\partial F_{\mathrm{tran},n}^{-1}}{\partial(z_n/\varpi_n)} > 0$$

选取 Lyapunov 函数为

$$V_{\varepsilon_n} = V_{\varepsilon_{n-1}} + \int_0^{\varepsilon_n}\sigma\beta_n\left[\bar{\boldsymbol{x}}_{n-1}, \varpi_n F_{\mathrm{tran},n}(\sigma, \iota_{\mathrm{down},n}, \iota_{\mathrm{up},n}) + x_{n,d}\right]\mathrm{d}\sigma \tag{4-42}$$

式(4-42)两边对时间求导，得到

$$\begin{aligned}
\dot{V}_{\varepsilon_n} = {} & \dot{V}_{\varepsilon_{n-1}} + \varepsilon_n\beta_n(\bar{\boldsymbol{x}}_n)\dot{\varepsilon}_n + \\
& \int_0^{\varepsilon_n}\sigma\dot{\bar{\boldsymbol{x}}}_{n-1}\cdot\partial\beta_n\left[\bar{\boldsymbol{x}}_{n-1}, \varpi_n F_{\mathrm{tran},n}(\sigma, \iota_{\mathrm{down},n}, \iota_{\mathrm{up},n}) + x_{n,d}\right]/\partial\bar{\boldsymbol{x}}_{n-1}\mathrm{d}\sigma + \\
& \int_0^{\varepsilon_n}\sigma\cdot\partial\beta_n\left[\bar{\boldsymbol{x}}_{n-1}, \varpi_n F_{\mathrm{tran},n-1}(\sigma, \iota_{\mathrm{down},n-1}, \iota_{\mathrm{up},n-1}) + x_{n,d}\right]/\partial x_{n,d}\left[\dot{x}_{n,d} + \right. \\
& F_{\mathrm{tran},n}(\sigma, \iota_{\mathrm{down},n}, \iota_{\mathrm{up},n})\dot{\varpi}_n + \varpi_n\dot{\iota}_{\mathrm{down},n}\cdot\partial F_{\mathrm{tran},n}(\sigma, \iota_{\mathrm{down},n}, \iota_{\mathrm{up},n})/\partial\iota_{\mathrm{down},n} + \\
& \left.\varpi_n\dot{\iota}_{\mathrm{up},n}\cdot\partial F_{\mathrm{tran},n}(\sigma, \iota_{\mathrm{down},n}, \iota_{\mathrm{up},n})/\partial\iota_{\mathrm{up},n}\right]\mathrm{d}\sigma
\end{aligned} \tag{4-43}$$

又有

$$\begin{cases}
\dot{x}_{n,d} = \dfrac{\partial x_{n,d}}{\partial\bar{\boldsymbol{x}}_{n-1}}\dot{\bar{\boldsymbol{x}}}_{n-1} + \omega_{n-1} \\[2ex]
\omega_{n-1} = \dfrac{\partial x_{n,d}}{\partial\bar{\boldsymbol{x}}_{n,d}}\dot{\bar{\boldsymbol{x}}}_{n,d} + \dfrac{\partial x_{n,d}}{\partial\hat{\boldsymbol{W}}_{n-1}}\dot{\hat{\boldsymbol{W}}}_{n-1} + \dfrac{\partial x_{n,d}}{\partial\left[\phi_{n-1}(\boldsymbol{Z}_{n-1})\right]}\dot{\phi}_{n-1}(\boldsymbol{Z}_{n-1})
\end{cases} \tag{4-44}$$

将式(4-41)和式(4-44)代入式(4-43)，得到

$$\begin{aligned}
\dot{V}_{\varepsilon_n} = {} & -\sum_{j=1}^{n-1}k_j\varepsilon_j^2 - \sum_{j=1}^{n-1}\psi_j\varepsilon_j - \sum_{j=1}^{n-1}\left[m_j r_j\boldsymbol{g}_j(\bar{\boldsymbol{x}}_j)\varepsilon_j/2 - z_{j+1}\right]^2/m_j + \\
& \sum_{j=1}^{n-1}z_{j+1}^2/m_j + \varepsilon_n\left[r_n\boldsymbol{g}_i(\bar{\boldsymbol{x}}_i)u + h_n(\boldsymbol{Z}_n)\right]
\end{aligned} \tag{4-45}$$

$$
\begin{aligned}
h_n(\boldsymbol{Z}_n) = & r_n\beta_n(\bar{\boldsymbol{x}}_n)f_i(\bar{\boldsymbol{x}}_n) + \beta_n(\bar{\boldsymbol{x}}_n)v_n + \\
& \varepsilon_n\int_0^1 \theta\dot{\bar{\boldsymbol{x}}}_{n-1} \cdot \frac{\partial\beta_n\left[\bar{\boldsymbol{x}}_{n-1},\varpi_n F_{\text{tran},n}(\theta\varepsilon_n,\iota_{\text{down},n},\iota_{\text{up},n}) + x_{n,d}\right]}{\partial\bar{\boldsymbol{x}}_{n-1}}\mathrm{d}\theta + \\
& \varepsilon_n\int_0^1 \theta \cdot \frac{\partial\beta_n\left[\bar{\boldsymbol{x}}_{n-1},\varpi_n F_{\text{tran},n}(\theta\varepsilon_n,\iota_{\text{down},n},\iota_{\text{up},n}) + x_{n,d}\right]}{\partial x_{n,d}}\left[\dot{\bar{\boldsymbol{x}}}_{n-1} \cdot \frac{\partial \boldsymbol{x}_{n,d}}{\partial\bar{\boldsymbol{x}}_{n-1}} + \right. \\
& \omega_{n-1} + F_{\text{tran},n}(\theta\varepsilon_n,\iota_{\text{down},n},\iota_{\text{up},n})\varpi_n + \varpi_n\dot{\iota}_{\text{down},n} \cdot \frac{\partial F_{\text{tran},n}(\theta\varepsilon_n,\iota_{\text{down},n},\iota_{\text{up},n})}{\partial\iota_{\text{down},n}} + \\
& \left.\varpi_n\dot{\iota}_{\text{up},n} \cdot \frac{\partial F_{\text{tran},n}(\theta\varepsilon_n,\iota_{\text{down},n},\iota_{\text{up},n})}{\partial\iota_{\text{up},n}}\right]\mathrm{d}\theta
\end{aligned}
$$

式中：$\boldsymbol{Z}_n = [\bar{\boldsymbol{x}}_n^{\mathrm{T}} \quad x_{n,d} \quad \partial x_{n,d}/\partial\bar{\boldsymbol{x}}_{n-1} \quad \omega_{n-1} \quad \varpi_n \quad \iota_{\text{down},n} \quad \iota_{\text{up},n} \quad \varpi_n \quad \dot{\iota}_{\text{down},n} \quad \dot{\iota}_{\text{up},n}]^{\mathrm{T}} \in \Omega_{z,n}\subset\mathbf{R}^{2n+7}$，利用 RBF 神经网络 $g_n^{nn}(\boldsymbol{Z}_i) = \hat{\boldsymbol{W}}_n^{\mathrm{T}}\phi_n(\boldsymbol{Z}_n)$ 对 $h_n(\boldsymbol{Z}_n)$ 进行逼近，逼近误差 $\psi_n = \hat{\boldsymbol{W}}_n^{\mathrm{T}}\phi_n(\boldsymbol{Z}_n) - h_n(\boldsymbol{Z}_n)$。

选取实际控制量 u 为

$$
u = \left[-k_n\varepsilon_n - \hat{\boldsymbol{W}}_n^{\mathrm{T}}\phi_n(\boldsymbol{Z}_n)\right] / \left[r_n\boldsymbol{g}_n(\bar{\boldsymbol{x}}_n)\right] - \varepsilon_n\varpi_n^2\eta_n^2/\left[m_{n-1}\boldsymbol{g}_n(\bar{\boldsymbol{x}}_n)r_n\right] \tag{4-46}
$$

式中：k_n 为设计参数，$k_n>0$；$\eta_n = \max\limits_{\varepsilon_n}\{|\partial F_{\text{tran},n}(\varepsilon_n,\iota_{\text{down},n},\iota_{\text{up},n})/\partial\varepsilon_n|\}$，由误差变换函数 $F_{\text{tran},n}(\varepsilon_n,\iota_{\text{down},n},\iota_{\text{up},n})$ 的性质易得，η_n 是存在的。

选取权值自适应调节律为

$$
\dot{\hat{\boldsymbol{W}}}_n = -m_{f,n}\hat{\boldsymbol{W}}_n + \varepsilon_n\phi_n(\boldsymbol{Z}_n) \tag{4-47}
$$

式中：$m_{f,n}$ 为设计参数，$m_{f,n}>0$。将式(4-46)代入式(4-45)，得到

$$
\begin{aligned}
\dot{V}_{\varepsilon_n} = & -\sum_{j=1}^{n}k_j\varepsilon_j^2 - \sum_{j=1}^{n}\psi_j\varepsilon_j - \sum_{j=1}^{n-1}\left[m_j r_j\boldsymbol{g}_j(\bar{\boldsymbol{x}}_j)\varepsilon_j/2 - z_{j+1}\right]^2/m_j + \\
& \sum_{j=1}^{n-1}z_{j+1}^2/m_j - \sum_{j=1}^{n-1}\varpi_{j+1}^2\eta_{j+1}^2\varepsilon_{j+1}^2/m_j
\end{aligned} \tag{4-48}
$$

4.3.2 稳定性分析

需要注意的是，在每一步设计过程中，都用到了如下形式的正定函数：

$$
V_i = \int_0^{\varepsilon_i}\sigma\beta_i\left[\bar{x}_{i-1},F_{\text{tran},i}(\sigma,\iota_{\text{down},i},\iota_{\text{up},i}) + x_{i,d}\right]\mathrm{d}\sigma \tag{4-49}
$$

通过假设 4.3 得到

$$
\begin{aligned}
1 \leqslant \beta_i(\bar{\boldsymbol{x}}_{i-1},F_{\text{tran},i}(\sigma,\iota_{\text{down},i},\iota_{\text{up},i}) + x_{i,d}) \leqslant \\
\boldsymbol{g}_i(\bar{\boldsymbol{x}}_{i-1},F_{\text{tran},i}(\sigma,\iota_{\text{down},i},\iota_{\text{up},i}) + x_{i,d})/g_{i0}
\end{aligned}
$$

且满足下面两条性质：

① $V_i = \varepsilon_i^2\int_0^1\theta\beta_i\left[\bar{\boldsymbol{x}}_{i-1},F_{\text{tran},i}(\theta\varepsilon_i,\iota_{\text{down},i},\iota_{\text{up},i}) + x_{i,d}\right]\mathrm{d}\theta \geqslant \varepsilon_i^2\int_0^1\theta\,\mathrm{d}\theta = \varepsilon_i^2/2$；

② $V_i = \varepsilon_i^2 \int_0^1 \theta\beta_i [\bar{\boldsymbol{x}}_{i-1}, F_{\mathrm{tran},i}(\theta\varepsilon_i, \iota_{\mathrm{down},i}, \iota_{\mathrm{up},i}) + x_{i,d}] \mathrm{d}\theta$

$\leqslant \varepsilon_i^2 / g_{i0} \int_0^1 \theta\, \boldsymbol{g}_i [\bar{\boldsymbol{x}}_{i-1}, F_{\mathrm{tran},i}(\theta\varepsilon_i, \iota_{\mathrm{down},i}, \iota_{\mathrm{up},i}) + x_{i,d}] \mathrm{d}\theta$。

闭环系统的稳定性和控制性能可表述如下：

定理 4.1 考虑式(4-1)所描述的不确定非线性系统，在假设 4.1～4.3 成立的前提下，设计虚拟控制器(4-13)、(4-35)和控制器(4-46)，采用神经网络权值自适应调节律(4-36)，当控制器参数 $k_i > 1(i=1,\cdots,n)$时，可以得到如下结论：

① 输出误差 $e=y-y_d$ 及子系统误差 $z_i = x_i - x_{i,d}(2 \leqslant i \leqslant n)$满足预先设定的瞬态和稳态性能要求；

② 闭环系统内所有信号有界。

证明 选取总的 Lyapunov 函数为

$$V = V_{\varepsilon,n} + 0.5 \cdot \sum_{j=1}^{n} \tilde{\boldsymbol{W}}_j^{\mathrm{T}} \tilde{\boldsymbol{W}}_j$$

$$= \sum_{j=1}^{n-1} V_{\varepsilon,j} + \int_0^{\varepsilon_n} \sigma\beta_n [\bar{\boldsymbol{x}}_{n-1}, \boldsymbol{\varpi}_n F_{\mathrm{tran},n}(\sigma, \iota_{\mathrm{down},n}, \iota_{\mathrm{up},n}) + x_{n,d}] \mathrm{d}\sigma + 0.5 \cdot \sum_{j=1}^{n} \tilde{\boldsymbol{W}}_j^{\mathrm{T}} \tilde{\boldsymbol{W}}_j \tag{4-50}$$

式(4-50)两边对时间求导，并结合式(4-48)得到

$$\dot{V} = -\sum_{j=1}^{n} k_j \varepsilon_j^2 - \sum_{j=1}^{n} \psi_j \varepsilon_j - \sum_{j=1}^{n-1} [m_j r_j \boldsymbol{g}_j(\bar{\boldsymbol{x}}_j)\varepsilon_j/2 - z_{j+1}]^2/m_j + \sum_{j=1}^{n-1} z_{j+1}^2/m_j - \sum_{j=1}^{n-1} \boldsymbol{\varpi}_{j+1}^2 \eta_{j+1}^2 \varepsilon_{j+1}^2/m_j + \sum_{j=1}^{n} \tilde{\boldsymbol{W}}_j^{\mathrm{T}} \dot{\hat{\boldsymbol{W}}}_j \tag{4-51}$$

将 $\psi_j = \tilde{\boldsymbol{W}}_j^{\mathrm{T}} \phi_j(\boldsymbol{Z}_j) - w_j$ 代入式(4-51)，得到

$$\dot{V} = -\sum_{j=1}^{n} k_j \varepsilon_j^2 - \sum_{j=1}^{n} \tilde{\boldsymbol{W}}_j^{\mathrm{T}} \phi_j(\boldsymbol{Z}_j) + \sum_{j=1}^{n} w_j \varepsilon_j - \sum_{j=1}^{n-1} [m_j r_j \boldsymbol{g}_j(\bar{\boldsymbol{x}}_j)\varepsilon_j/2 - z_{j+1}]^2/m_j + \sum_{j=1}^{n-1} z_{j+1}^2/m_j - \sum_{j=1}^{n-1} \boldsymbol{\varpi}_{j+1}^2 \eta_{j+1}^2 \varepsilon_{j+1}^2/m_j + \sum_{j=1}^{n} \tilde{\boldsymbol{W}}_j^{\mathrm{T}} \dot{\hat{\boldsymbol{W}}}_j \tag{4-52}$$

将权值自适应调节律(4-36)代入式(4-52)，得到

$$\dot{V} = -\sum_{j=1}^{n} k_j \varepsilon_j^2 + \sum_{j=1}^{n} w_j \varepsilon_j - \sum_{j=1}^{n-1} [m_j r_j \boldsymbol{g}_j(\bar{\boldsymbol{x}}_j)\varepsilon_j/2 - z_{j+1}]^2/m_j + \sum_{j=1}^{n-1} z_{j+1}^2/m_j - \sum_{j=1}^{n-1} \boldsymbol{\varpi}_{j+1}^2 \eta_{j+1}^2 \varepsilon_{j+1}^2/m_j - \sum_{j=1}^{n} m_{f,j} \tilde{\boldsymbol{W}}_j^{\mathrm{T}} \hat{\boldsymbol{W}}_j \tag{4-53}$$

又有

$$\tilde{\boldsymbol{W}}_j^{\mathrm{T}} \hat{\boldsymbol{W}}_j = \frac{1}{2} \hat{\boldsymbol{W}}_j^{\mathrm{T}} \hat{\boldsymbol{W}}_j + \frac{1}{2} \tilde{\boldsymbol{W}}_j^{\mathrm{T}} \tilde{\boldsymbol{W}}_j - \frac{1}{2} \boldsymbol{W}_j^{*\mathrm{T}} \boldsymbol{W}_j^* \tag{4-54}$$

将式(4-54)代入式(4-53)，得到

$$\dot{V}=-\sum_{j=1}^{n}k_j\varepsilon_j^2+\sum_{j=1}^{n}w_j\varepsilon_j-\sum_{j=1}^{n-1}\left[m_jr_j\boldsymbol{g}_j(\bar{\boldsymbol{x}}_j)\varepsilon_j/2-z_{j+1}\right]^2/m_j+\sum_{j=1}^{n-1}z_{j+1}^2/m_j-$$
$$\sum_{j=1}^{n-1}\varpi_{j+1}^2\eta_{j+1}^2\varepsilon_{j+1}^2/m_j-\sum_{j=1}^{n}m_{f,j}(\hat{\boldsymbol{W}}_j^{\mathrm{T}}\hat{\boldsymbol{W}}_j+\tilde{\boldsymbol{W}}_j^{\mathrm{T}}\tilde{\boldsymbol{W}}_j-\boldsymbol{W}_j^{*\mathrm{T}}\boldsymbol{W}_j^*)/2 \tag{4-55}$$

由误差变换式(4-28)得到

$$z_j(t)=\varpi_j(t)F_{\mathrm{tran},j}\left[\varepsilon_j,\iota_{\mathrm{down},j}(t),\iota_{\mathrm{up},j}(t)\right] \tag{4-56}$$

由于 $F_{\mathrm{tran},j}(\cdot)$在其定义域上为光滑连续函数,由拉格朗日中值定理得到

$$F_{\mathrm{tran},j}(\varepsilon_j)=\varepsilon_j\cdot\partial F_{\mathrm{tran},j}(\varepsilon_j',\iota_{\mathrm{down},j},\iota_{\mathrm{up},j})/\partial\varepsilon_j \tag{4-57}$$

式中:ε_j'处于 0 和 ε_j 构成的闭区间上。式(4-56)可进一步表示为

$$z_j(t)=\varpi_j(t)\varepsilon_j\cdot\partial F_{\mathrm{tran},j}(\varepsilon_j',\iota_{\mathrm{down},j},\iota_{\mathrm{up},j})/\partial\varepsilon_j \tag{4-58}$$

结合 $\eta_i=\max\limits_{\varepsilon_i}\{|\partial F_{\mathrm{tran},i}(\varepsilon_i,\iota_{\mathrm{down},i},\iota_{\mathrm{up},i})/\partial\varepsilon_i|\}$,易得

$$z_j^2(t)=\varpi_j^2(t)\left[\partial F_{\mathrm{tran},j}(\varepsilon_j',\iota_{\mathrm{down},j},\iota_{\mathrm{up},j})/\partial\varepsilon_j\right]^2\varepsilon_j^2\leqslant\varpi_j^2(t)\eta_j^2\varepsilon_j^2 \tag{4-59}$$

将不等式(4-59)代入式(4-55),得到

$$\begin{aligned}\dot{V}&\leqslant-\sum_{j=1}^{n}k_j\varepsilon_j^2+\sum_{j=1}^{n}w_j\varepsilon_j-0.5\sum_{j=1}^{n}m_{f,j}\tilde{\boldsymbol{W}}_j^{\mathrm{T}}\tilde{\boldsymbol{W}}_j+0.5\sum_{j=1}^{n}m_{f,j}\boldsymbol{W}_j^{*\mathrm{T}}\boldsymbol{W}_j^*\\&=-\sum_{j=1}^{n}(k_j-1)\varepsilon_j^2-\sum_{j=1}^{n}(\varepsilon_j-w_j/2)^2-0.5\sum_{j=1}^{n}m_{f,j}\tilde{\boldsymbol{W}}_j^{\mathrm{T}}\tilde{\boldsymbol{W}}_j+\\&\quad 0.25\sum_{j=1}^{n}w_j^2+0.5\sum_{j=1}^{n}m_{f,j}\boldsymbol{W}_j^{*\mathrm{T}}\boldsymbol{W}_j^*\\&\leqslant-\sum_{j=1}^{n}(k_j-1)\varepsilon_j^2-0.5\sum_{j=1}^{n}m_{f,j}\tilde{\boldsymbol{W}}_j^{\mathrm{T}}\tilde{\boldsymbol{W}}_j+0.25\sum_{j=1}^{n}w_j^2+0.5\sum_{j=1}^{n}m_{f,j}\boldsymbol{W}_j^{*\mathrm{T}}\boldsymbol{W}_j^*\end{aligned} \tag{4-60}$$

由假设 4.1 得到$|w_j|\leqslant\mu_j$,$\boldsymbol{W}_j^{*\mathrm{T}}\boldsymbol{W}_j^*$ 是有界的,则式(4-60)进一步表示为

$$\dot{V}\leqslant-\sum_{j=1}^{n}(k_j-1)\varepsilon_j^2-0.5\sum_{j=1}^{n}m_{f,j}\tilde{\boldsymbol{W}}_j^{\mathrm{T}}\tilde{\boldsymbol{W}}_j+C_0 \tag{4-61}$$

式中:$C_0=0.25\sum\limits_{j=1}^{n}\mu_j^2+0.5\sum\limits_{j=1}^{n}m_{f,j}\boldsymbol{W}_j^{*\mathrm{T}}\boldsymbol{W}_j^*$。

由 Lyapunov 稳定性定理可知,$V,\varepsilon_j,\tilde{\boldsymbol{W}}_j(j=1,\cdots,n)$有界,下面对每个子系统的情况进行分析。

对于第 1 个子系统,由于 $\varepsilon_1\in\ell_\infty$,由误差变换函数的性质可得误差状态量 z_1 满足预设的瞬态和稳态性能要求,并且 $z_1=x_1-y_d\in\ell_\infty$,又由假设 4.2 可知 y_d 为连续有界函数,进一步可知 $x_1\in\ell_\infty$;神经网络最优权值向量显然满足 $\boldsymbol{W}_1^*\in\ell_\infty$,结合$\tilde{\boldsymbol{W}}_1=\hat{\boldsymbol{W}}_1-\boldsymbol{W}_1^*\in\ell_\infty$,得到 $\hat{\boldsymbol{W}}_1\in\ell_\infty$。虚拟控制量 $x_{2,d}$ 的表达式(4-13)中每一项都是有界的,因此得到 $x_{2,d}\in\ell_\infty$。需要特别注意的是跟踪误差 $e=z_1$。

按照相同的分析思路,对于第 $i(2\leqslant i\leqslant n-1)$个子系统,由于 $\varepsilon_i\in\ell_\infty$,因此误差

状态量 z_i 满足预设的瞬态和稳态性能要求，且 $z_i=x_i-x_{i,d}\in\ell_\infty$，由上一步可以得到 $x_{i,d}\in\ell_\infty$，进而得到 $x_i\in\ell_\infty$，神经网络最优权值向量显然满足 $\boldsymbol{W}_i^*\in\ell_\infty$，结合 $\widetilde{\boldsymbol{W}}_i=\hat{\boldsymbol{W}}_i-\boldsymbol{W}_i^*\in\ell_\infty$，得到 $\hat{\boldsymbol{W}}_i\in\ell_\infty$。虚拟控制量 $x_{i+1,d}$ 的表达式(4-35)中每一项都是有界的，因此得到 $x_{i+1,d}\in\ell_\infty$。

对于第 n 个子系统，由于 $\varepsilon_n\in\ell_\infty$，因此误差状态量 z_n 满足预设的瞬态和稳态性能要求，且 $z_n=x_n-x_{n,d}\in\ell_\infty$，由上一步可以得到 $x_{n,d}\in\ell_\infty$，进而得到 $x_n\in\ell_\infty$，神经网络最优权值向量显然满足 $\boldsymbol{W}_n^*\in\ell_\infty$，结合 $\widetilde{\boldsymbol{W}}_n=\hat{\boldsymbol{W}}_n-\boldsymbol{W}_n^*\in\ell_\infty$，得到 $\hat{\boldsymbol{W}}_n\in\ell_\infty$。控制量 u 的表达式(4-46)中每一项都是有界的，因此得到 $u\in\ell_\infty$。

综上可得，误差状态量 $z_i(i=1,\cdots,n)$ 满足预设的瞬态和稳态性能要求，且闭环系统中所有信号有界。定理 4.1 得证。

4.4 预设性能间接自适应神经网络反演控制器设计及稳定性分析

4.3 节所提出的控制器设计方法将未知项和某些已知项作为一个整体，充分利用 RBF 神经网络优良的逼近特性整体对其进行逼近，设计的控制器结构比较简单，但对 RBF 神经网络的构造具有很高的要求，随着系统阶次的增加，神经网络参数的调试工作也会变得越来越复杂。本节旨在提出一种间接自适应神经网络反演控制器设计方法，充分利用系统中的已知信息，降低系统对神经网络的依赖性。

研究对象和对系统的基本假设与前面完全相同，误差变换过程也具有类似的步骤，不同之处在于直接自适应神经网络对 $r_i\boldsymbol{g}_i(\bar{\boldsymbol{x}}_i)x_{i+1,d}+r_i\boldsymbol{g}_i(\bar{\boldsymbol{x}}_i)z_{i+1}$ 之外的项作为一个整体进行逼近，而间接自适应神经网络则充分利用系统的已知结构信息，对未知函数分别进行逼近，并通过鲁棒项的引入消除逼近误差的影响。

另外，由于 $\dot{x}_{i,d}$ 难以计算，本节用二阶非线性跟踪-微分器对其进行光滑逼近。所谓跟踪-微分器是这样的机构：对它输入一个信号 $\upsilon(t)$，它将输出两个信号 χ_1 和 χ_2，其中 χ_1 跟踪 $\upsilon(t)$，而 $\chi_2=\dot{\chi}_1$，从而把 χ_2 作为 $\upsilon(t)$ 的近似微分。根据文献[100]和文献[101]的推导，可以得到如下的引理：

引理 4.2 若系统

$$\begin{cases}\dot{\nu}_1=\nu_2\\ \vdots\\ \dot{\nu}_{n-1}=\nu_n\\ \dot{\nu}_n=f(\nu_1,\nu_2,\cdots,\nu_n)\end{cases}\tag{4-62}$$

的解均满足 $\nu_i(t)\to 0(t\to\infty,i=1,2,\cdots,n)$，则对任意有界可积函数 $\upsilon(t)$ 和任意常数 $T>0$，系统

$$\begin{cases}\dot{\chi}_1=\chi_2\\ \quad\vdots\\ \dot{\chi}_{n-1}=\chi_n\\ \dot{\chi}_n=R^n f\left[\chi_1-\upsilon(t),\dfrac{\chi_2}{R},\cdots,\dfrac{\chi_n}{R^{n-1}}\right]\end{cases}\tag{4-63}$$

的解 $\chi_1(t)$满足

$$\lim_{R\to\infty}\int_0^T|\chi_1(t)-\upsilon(t)|\,\mathrm{d}t=0\tag{4-64}$$

引理 4.2 表明，$\chi_1(t)$平均收敛于 $\upsilon(t)$。若将有界可积函数 $\upsilon(t)$看作广义函数，根据文献[102]，$\chi_2(t)$弱收敛于 $\upsilon(t)$的广义导数。这样，如果把系统(4-63)作为非线性跟踪-微分器，则由其得到的函数及其微分，分别是在平均收敛和弱收敛意义下，对原函数及其导数的光滑逼近。

对于跟踪-微分器的性能，由引理 4.2 可作如下假设：

假设 4.4　合理设计跟踪-微分器参数，可以使得跟踪-微分器的输出信号 $\hat{\dot{x}}_{i,d}$ 与其输入信号 $x_{i,d}$ 的微分 $\dot{x}_{i,d}$ 之间的误差一致有界，即存在未知常量 $\mu_{x_{i,d}}>0$，使得 $|\dot{x}_{i,d}-\hat{\dot{x}}_{i,d}|\leqslant\mu_{x_{i,d}}(i=2,\cdots,n)$成立。

4.4.1　反演控制器设计

下面开始反演控制器的设计：

第 1 步，误差变换过程和 Lyapunov 函数选取过程与式(4-3)～(4-11)完全相同，不同之处在于将 Lyapunov 函数的导数式(4-12)整理为下面的形式：

$$\begin{aligned}\dot{V}_{\varepsilon_1}=&\varepsilon_1[r_1\boldsymbol{g}_1(x_1)x_{2,d}+r_1\boldsymbol{g}_1(x_1)z_2+r_1\boldsymbol{g}_1(x_1)h_{1,1}(\boldsymbol{Z}_{1,1})+\\&v_1\boldsymbol{g}_1(x_1)h_{1,2}(\boldsymbol{Z}_{1,2})]+\varepsilon_1^2h_{1,3}(\boldsymbol{Z}_{1,3})\end{aligned}\tag{4-65}$$

式中：

$$h_{1,1}(\boldsymbol{Z}_{1,1})=f_1(x_1)/g_1(x_1)$$
$$h_{1,2}(\boldsymbol{Z}_{1,2})=1/g_1(x_1)$$
$$\begin{aligned}h_{1,3}(\boldsymbol{Z}_{1,3})=&\int_0^1\theta\cdot\partial\beta_1/\partial y_d(\dot{y}_d+\varpi_1F_{\mathrm{tran},1}+\varpi_1\dot{\iota}_{\mathrm{down},1}\cdot\partial F_{\mathrm{tran},1}/\partial\iota_{\mathrm{down},1}+\\&\varpi_1\dot{\iota}_{\mathrm{up},1}\cdot\partial F_{\mathrm{tran},1}/\partial\iota_{\mathrm{up},1})\mathrm{d}\theta\end{aligned}$$

均为未知函数，为简便起见，用$\partial\beta_1/\partial y_d$，$F_{\mathrm{tran},1}$，$\partial F_{\mathrm{tran},1}/\partial\iota_{\mathrm{down},1}$ 和$\partial F_{\mathrm{tran},1}/\partial\iota_{\mathrm{up},1}$ 来分别表示$\partial\beta_1[\varpi_1F_{\mathrm{tran},1}(\theta\varepsilon_1,\iota_{\mathrm{down},1},\iota_{\mathrm{up},1})+y_d]/\partial y_d$，$F_{\mathrm{tran},1}(\theta\varepsilon_1,\iota_{\mathrm{down},1},\iota_{\mathrm{up},1})$，$\partial F_{\mathrm{tran},1}(\theta\varepsilon_1,\iota_{\mathrm{down},1},\iota_{\mathrm{up},1})/\partial\iota_{\mathrm{down},1}$ 和$\partial F_{\mathrm{tran},1}(\theta\varepsilon_1,\iota_{\mathrm{down},1},\iota_{\mathrm{up},1})/\partial\iota_{\mathrm{up},1}$。

利用 3 个 RBF 神经网络

$$g_{1,1}^{nn}(\boldsymbol{Z}_{1,1})=\hat{\boldsymbol{W}}_{1,1}^{\mathrm{T}}\phi_{1,1}(\boldsymbol{Z}_{1,1})$$

$$g_{1,2}^{nn}(\boldsymbol{Z}_{1,2})=\hat{\boldsymbol{W}}_{1,2}^{\mathrm{T}}\phi_{1,2}(\boldsymbol{Z}_{1,2})$$

$$g_{1,3}^{nn}(\boldsymbol{Z}_{1,3})=\hat{\boldsymbol{W}}_{1,3}^{\mathrm{T}}\phi_{1,3}(\boldsymbol{Z}_{1,3})$$

分别逼近未知函数$h_{1,1}(\boldsymbol{Z}_{1,1})$,$h_{1,2}(\boldsymbol{Z}_{1,2})$和$h_{1,3}(\boldsymbol{Z}_{1,3})$,其中$\hat{\boldsymbol{W}}_{1,1}$,$\hat{\boldsymbol{W}}_{1,2}$和$\hat{\boldsymbol{W}}_{1,3}$为权值向量,$\boldsymbol{Z}_{1,1}=\boldsymbol{Z}_{1,2}=x_1\in\mathbf{R}$,$\boldsymbol{Z}_{1,3}=[y_d \quad \varpi_1 \quad \iota_{\mathrm{down},1} \quad \iota_{\mathrm{up},1} \quad \dot{y}_d \quad \varpi_1 \quad \dot{\iota}_{down1} \quad \dot{\iota}_{\mathrm{up},1}]^{\mathrm{T}}\in\mathbf{R}^8$,$\phi_{1,1}(\cdot)$,$\phi_{1,2}(\cdot)$和$\phi_{1,3}(\cdot)$为高斯基函数。对应的逼近误差可表示为

$$\psi_{1,1}=\tilde{\boldsymbol{W}}_{1,1}^{\mathrm{T}}\phi_{1,1}(\boldsymbol{Z}_{1,1})-w_{1,1}$$

$$\psi_{1,2}=\tilde{\boldsymbol{W}}_{1,2}^{\mathrm{T}}\phi_{1,2}(\boldsymbol{Z}_{1,2})-w_{1,2}$$

$$\psi_{1,3}=\tilde{\boldsymbol{W}}_{1,3}^{\mathrm{T}}\phi_{1,3}(\boldsymbol{Z}_{1,3})-w_{1,3}$$

式中:$\tilde{\boldsymbol{W}}_{1,1}=\hat{\boldsymbol{W}}_{1,1}-\boldsymbol{W}_{1,1}^*$,$\tilde{\boldsymbol{W}}_{1,2}=\hat{\boldsymbol{W}}_{1,2}-\boldsymbol{W}_{1,2}^*$,$\tilde{\boldsymbol{W}}_{1,3}=\hat{\boldsymbol{W}}_{1,3}-\boldsymbol{W}_{1,3}^*$,其中$\boldsymbol{W}_{1,1}^*$,$\boldsymbol{W}_{1,2}^*$,$\boldsymbol{W}_{1,3}^*$为最优的权值向量。式(4-65)进一步表示为

$$\dot{V}_{\varepsilon_1}=\varepsilon_1\{r_1\boldsymbol{g}_1(x_1)x_{2,d}+r_1\boldsymbol{g}_1(x_1)z_2+r_1\boldsymbol{g}_1(x_1)\boldsymbol{W}_{1,1}^{*\mathrm{T}}\phi_{1,1}(\boldsymbol{Z}_{1,1})+r_1\boldsymbol{g}_1(x_1)w_{1,1}+ v_1\boldsymbol{g}_1(x_1)\boldsymbol{W}_{1,2}^{*\mathrm{T}}\phi_{1,2}(\boldsymbol{Z}_{1,2})+v_1\boldsymbol{g}_1(x_1)w_{1,2}\}+\varepsilon_1^2\boldsymbol{W}_{1,3}^{*\mathrm{T}}\phi_{1,3}(\boldsymbol{Z}_{1,3})+\varepsilon_1^2 w_{1,3} \tag{4-66}$$

由假设4.1得到$w_{1,1}$,$w_{1,2}$,$w_{1,3}$有界,满足$|w_{1,1}|\leqslant\mu_{1,1}$,$|w_{1,2}|\leqslant\mu_{1,2}$,$|w_{1,3}|\leqslant\mu_{1,3}$,其中,$\mu_{1,1}$,$\mu_{1,2}$,$\mu_{1,3}$为未知正常数,利用自适应参数$\hat{\mu}_{1,3}$对$\mu_{1,3}$进行估计。

选取虚拟控制量$x_{2,d}$为

$$x_{2,d}=-\frac{k_1\varepsilon_1}{r_1\boldsymbol{g}_1(x_1)}-\hat{\boldsymbol{W}}_{1,1}^{\mathrm{T}}\phi_{1,1}(\boldsymbol{Z}_{1,1})-\frac{v_1\hat{\boldsymbol{W}}_{1,2}^{\mathrm{T}}\phi_{1,2}(\boldsymbol{Z}_{1,2})}{r_1}- \frac{\varepsilon_1\hat{\boldsymbol{W}}_{1,3}^{\mathrm{T}}\phi_{1,3}(\boldsymbol{Z}_{1,3})}{r_1\boldsymbol{g}_1(x_1)}-\frac{n_{1,1}r_1\boldsymbol{g}_1(x_1)\varepsilon_1}{4}- \frac{n_{1,2}v_1^2\boldsymbol{g}_1(x_1)\varepsilon_1}{4r_1}-\frac{\hat{\mu}_{1,3}\varepsilon_1}{r_1\boldsymbol{g}_1(x_1)}-\frac{n_{1,3}r_1\boldsymbol{g}_1(x_1)\varepsilon_1}{4} \tag{4-67}$$

式中:$k_1>0$,$n_{1,1}>0$,$n_{1,2}>0$,$n_{1,3}>0$,均为设计参数;第5项和第6项用于处理神经网络$g_{1,1}^{nn}(\boldsymbol{Z}_{1,1})$和$g_{1,2}^{nn}(\boldsymbol{Z}_{1,2})$的逼近误差;最后一项用于处理系统之间的耦合项。

选取权值调节律和自适应律为

$$\dot{\hat{\boldsymbol{W}}}_{1,1}=-\Gamma_{1,1}\hat{\boldsymbol{W}}_{1,1}+r_1\varepsilon_1\boldsymbol{g}_1(x_1)\phi_{1,1}(\boldsymbol{Z}_{1,1}) \tag{4-68}$$

$$\dot{\hat{\boldsymbol{W}}}_{1,2}=-\Gamma_{1,2}\hat{\boldsymbol{W}}_{1,2}+v_1\varepsilon_1\boldsymbol{g}_1(x_1)\phi_{1,2}(\boldsymbol{Z}_{1,2}) \tag{4-69}$$

$$\dot{\hat{\boldsymbol{W}}}_{1,3}=-\Gamma_{1,3}\hat{\boldsymbol{W}}_{1,3}+\varepsilon_1^2\phi_{1,3}(\boldsymbol{Z}_{1,3}) \tag{4-70}$$

$$\dot{\hat{\mu}}_{1,3}=-m_1\hat{\mu}_{1,3}+\varepsilon_1^2 \tag{4-71}$$

式中：$\Gamma_{1,1}>0,\Gamma_{1,2}>0,\Gamma_{1,3}>0,m_1>0$，均为设计参数。

将式(4-67)代入式(4-66)，得到

$$\dot{V}_{\varepsilon_1}=-k_1\varepsilon_1^2-r_1\varepsilon_1\boldsymbol{g}_1(x_1)\tilde{\boldsymbol{W}}_{1,1}^{\mathrm{T}}\phi_{1,1}(\boldsymbol{Z}_{1,1})-n_{1,1}r_1^2\boldsymbol{g}_1^2(x_1)\varepsilon_1^2/4+r_1\varepsilon_1\boldsymbol{g}_1(x_1)w_{1,1}-$$
$$v_1\varepsilon_1\boldsymbol{g}_1(x_1)\tilde{\boldsymbol{W}}_{1,2}^{\mathrm{T}}\phi_{1,2}(\boldsymbol{Z}_{1,2})-n_{1,2}v_1^2\boldsymbol{g}_1^2(x_1)\varepsilon_1^2/4+v_1\varepsilon_1\boldsymbol{g}_1(x_1)w_{1,2}-$$
$$\varepsilon_1^2\tilde{\boldsymbol{W}}_{1,3}^{\mathrm{T}}\phi_{1,3}(\boldsymbol{Z}_{1,3})-\varepsilon_1^2\hat{\mu}_{1,3}+\varepsilon_1^2w_{1,3}-n_{1,3}r_1^2\boldsymbol{g}_1^2(x_1)\varepsilon_1^2/4+r_1\boldsymbol{g}_1(x_1)\varepsilon_1z_2$$

进一步整理得到

$$\dot{V}_{\varepsilon_1}=-k_1\varepsilon_1^2-r_1\varepsilon_1\boldsymbol{g}_1(x_1)\tilde{\boldsymbol{W}}_{1,1}^{\mathrm{T}}\phi_{1,1}(\boldsymbol{Z}_{1,1})-v_1\varepsilon_1\boldsymbol{g}_1(x_1)\tilde{\boldsymbol{W}}_{1,2}^{\mathrm{T}}\phi_{1,2}(\boldsymbol{Z}_{1,2})-$$
$$\varepsilon_1^2\tilde{\boldsymbol{W}}_{1,3}^{\mathrm{T}}\phi_{1,3}(\boldsymbol{Z}_{1,3})-[n_{1,1}r_1\boldsymbol{g}_1(x_1)\varepsilon_1/2-w_{1,1}]^2/n_{1,1}+w_{1,1}^2/n_{1,1}-$$
$$[n_{1,2}v_1\boldsymbol{g}_1(x_1)\varepsilon_1/2-w_{1,2}]^2/n_{1,2}+w_{1,2}^2/n_{1,2}-$$
$$[n_{1,3}r_1\boldsymbol{g}_1(x_1)\varepsilon_1/2-z_2]^2/n_{1,3}+z_2^2/n_{1,3}-\varepsilon_1^2\hat{\mu}_{1,3}+\varepsilon_1^2w_{1,3}\tag{4-72}$$

第 2 步，误差变换过程和 Lyapunov 函数选取过程与式(4-16)～式(4-20)完全相同，不同之处在于将 Lyapunov 函数的导数式(4-21)整理为下面的形式：

$$\dot{V}_{\varepsilon_2}=\dot{V}_{\varepsilon_1}+\varepsilon_2[r_2\boldsymbol{g}_2(\bar{\boldsymbol{x}}_2)x_{3,d}+r_2\boldsymbol{g}_2(\bar{\boldsymbol{x}}_2)z_3+r_2\boldsymbol{g}_2(\bar{\boldsymbol{x}}_2)h_{2,1}(\boldsymbol{Z}_{2,1})+$$
$$v_2\boldsymbol{g}_2(\bar{\boldsymbol{x}}_2)h_{2,2}(\boldsymbol{Z}_{2,2})]+\varepsilon_2^2h_{2,3}(\boldsymbol{Z}_{2,3})+\varepsilon_2^2\Delta_2\tag{4-73}$$

式中：

$$h_{2,1}(\boldsymbol{Z}_{2,1})=f_2(\bar{\boldsymbol{x}}_2)/g_2(\bar{\boldsymbol{x}}_2)$$
$$h_{2,2}(\boldsymbol{Z}_{2,2})=1/g_2(\bar{\boldsymbol{x}}_2)$$
$$h_{2,3}(\boldsymbol{Z}_{2,3})=\varepsilon_2\int_0^1\theta\dot{x}_1\cdot\partial\beta_2/\partial x_1\mathrm{d}\theta+\varepsilon_2\int_0^1\theta\cdot\partial\beta_2/\partial x_{2,d}[\hat{\dot{x}}_{2,d}+F_{\mathrm{tran},2}\varpi_2+$$
$$\varpi_2\dot{\iota}_{\mathrm{down},2}\cdot\partial F_{\mathrm{tran},2}/\partial\iota_{\mathrm{down},2}+\varpi_2\dot{\iota}_{\mathrm{up},2}\cdot\partial F_{\mathrm{tran},2}/\partial\iota_{\mathrm{up},2}]\mathrm{d}\theta$$
$$\Delta_2=\int_0^1\theta\partial\beta_2/\partial x_{2,d}(\dot{x}_{2,d}-\hat{\dot{x}}_{2,d})\mathrm{d}\theta$$

为简便起见，将$\partial\beta_2[x_1,\varpi_2F_{\mathrm{tran},2}(\theta\varepsilon_2,\iota_{\mathrm{down},2},\iota_{\mathrm{up},2})+x_{2,d}]/\partial x_1$，$\partial\beta_2[x_1,\varpi_2F_{\mathrm{tran},2}(\theta\varepsilon_2,\iota_{\mathrm{down},2},\iota_{\mathrm{up},2})+x_{2,d}]/\partial x_{2,d}$，$F_{\mathrm{tran},2}(\theta\varepsilon_2,\iota_{\mathrm{down},2},\iota_{\mathrm{up},2})$，$\partial F_{\mathrm{tran},2}(\theta\varepsilon_2,\iota_{\mathrm{down},2},\iota_{\mathrm{up},2})/\partial\iota_{\mathrm{down},2}$，$\partial F_{\mathrm{tran},2}(\theta\varepsilon_2,\iota_{\mathrm{down},2},\iota_{\mathrm{up},2})/\partial\iota_{\mathrm{up},2}$ 分别记为$\partial\beta_2/\partial x_1$，$\partial\beta_2/\partial x_{2,d}$，$F_{\mathrm{tran},2}$，$\partial F_{\mathrm{tran},2}/\partial\iota_{\mathrm{down},2}$，$\partial F_{\mathrm{tran},2}/\partial\iota_{\mathrm{up},2}$。

利用 3 个 RBF 神经网络

$$g_{2,1}^{nn}(\boldsymbol{Z}_{2,1})=\hat{\boldsymbol{W}}_{2,1}^{\mathrm{T}}\phi_{2,1}(\boldsymbol{Z}_{2,1})$$
$$g_{2,2}^{nn}(\boldsymbol{Z}_{2,2})=\hat{\boldsymbol{W}}_{2,2}^{\mathrm{T}}\phi_{2,2}(\boldsymbol{Z}_{2,2})$$
$$g_{2,3}^{nn}(\boldsymbol{Z}_{2,3})=\hat{\boldsymbol{W}}_{2,3}^{\mathrm{T}}\phi_{2,3}(\boldsymbol{Z}_{2,3})$$

分别逼近未知函数 $h_{2,1}(\boldsymbol{Z}_{2,1})$，$h_{2,2}(\boldsymbol{Z}_{2,2})$和 $h_{2,3}(\boldsymbol{Z}_{2,3})$，其中 $\hat{\boldsymbol{W}}_{2,1}$，$\hat{\boldsymbol{W}}_{2,2}$ 和 $\hat{\boldsymbol{W}}_{2,3}$ 为权值向量，$\phi_{2,1}(\cdot)$，$\phi_{2,2}(\cdot)$和 $\phi_{2,3}(\cdot)$为高斯基函数，$\boldsymbol{Z}_{2,1}=\boldsymbol{Z}_{2,2}=[x_1\quad x_2]^{\mathrm{T}}\in\mathbf{R}^2$，

$\boldsymbol{Z}_{2,3}=[x_1 \quad x_2 \quad x_{2,d} \quad \boldsymbol{\varpi}_2 \quad \iota_{\text{down},2} \quad \iota_{\text{up},2} \quad \dot{x}_{2,d} \quad \boldsymbol{\varpi}_2 \quad \dot{\iota}_{\text{down},2}, \dot{\iota}_{\text{up},2}]^{\mathrm{T}}\in\mathbf{R}^{10}$，逼近误差可表示为

$$\psi_{2,1}=\widetilde{\boldsymbol{W}}_{2,1}^{\mathrm{T}}\phi_{2,1}(\boldsymbol{Z}_{2,1})-w_{2,1}$$

$$\psi_{2,2}=\widetilde{\boldsymbol{W}}_{2,2}^{\mathrm{T}}\phi_{2,2}(\boldsymbol{Z}_{2,2})-w_{2,2}$$

$$\psi_{2,3}=\widetilde{\boldsymbol{W}}_{2,3}^{\mathrm{T}}\phi_{2,3}(\boldsymbol{Z}_{2,3})-w_{2,3}$$

式中：$\widetilde{\boldsymbol{W}}_{1,1}=\hat{\boldsymbol{W}}_{1,1}-\boldsymbol{W}_{1,1}^{*}$，$\widetilde{\boldsymbol{W}}_{1,2}=\hat{W}_{1,2}-W_{1,2}^{*}$，$\widetilde{\boldsymbol{W}}_{1,3}=\hat{\boldsymbol{W}}_{1,3}-\boldsymbol{W}_{1,3}^{*}$，其中 $\boldsymbol{W}_{1,1}^{*},\boldsymbol{W}_{1,2}^{*},\boldsymbol{W}_{1,3}^{*}$ 为最优的权值向量。式(4-73)进一步表示为

$$\begin{aligned}\dot{V}_{\varepsilon_2}=\dot{V}_{\varepsilon_1}&+\varepsilon_2[r_2\boldsymbol{g}_2(\bar{\boldsymbol{x}}_2)x_{3,d}+r_2\boldsymbol{g}_2(\bar{\boldsymbol{x}}_2)z_3+r_2\boldsymbol{g}_2(\bar{\boldsymbol{x}}_2)\boldsymbol{W}_{2,1}^{*\mathrm{T}}\phi_{2,1}(\boldsymbol{Z}_{2,1})+\\&r_2\boldsymbol{g}_2(\bar{\boldsymbol{x}}_2)w_{2,1}+v_2\boldsymbol{g}_2(\bar{\boldsymbol{x}}_2)\boldsymbol{W}_{2,2}^{*\mathrm{T}}\phi_{2,2}(\boldsymbol{Z}_{2,2})+v_2\boldsymbol{g}_2(\bar{\boldsymbol{x}}_2)w_{2,2}]+\\&\varepsilon_2^2\boldsymbol{W}_{2,3}^{*\mathrm{T}}\phi_{2,3}(\boldsymbol{Z}_{2,3})+\varepsilon_2^2w_{2,3}+\varepsilon_2^2\Delta_2\end{aligned}\tag{4-74}$$

由假设 4.1 得到 $w_{2,1},w_{2,2},w_{2,3}$ 有界，满足 $|w_{2,1}|\leqslant\mu_{2,1}$，$|w_{2,2}|\leqslant\mu_{2,2}$，$|w_{2,3}|\leqslant\mu_{2,3}$，其中 $\mu_{2,1},\mu_{2,2},\mu_{2,3}$ 为未知正常数，由函数 $\beta_2(\cdot)$ 的性质并结合假设 4.4 可得 Δ_2 有界；另外，考虑到 $w_{2,3}$ 和 Δ_2 具有相同的系数 ε_2^2，可以将两项并为一项，此时式 $|w_{2,3}|\leqslant\mu_{2,3}$ 改为 $|w_{2,3}+\Delta_2|\leqslant\mu_{2,3}$，利用自适应参数 $\hat{\mu}_{2,3}$ 对 $\mu_{2,3}$ 进行估计。

选取虚拟控制量 $x_{3,d}$ 为

$$\begin{aligned}x_{3,d}=&-\frac{k_2\varepsilon_2}{r_2\boldsymbol{g}_2(\bar{\boldsymbol{x}}_2)}-\hat{\boldsymbol{W}}_{2,1}^{\mathrm{T}}\phi_{2,1}(\boldsymbol{Z}_{2,1})-\frac{v_2\hat{\boldsymbol{W}}_{2,2}^{\mathrm{T}}\phi_{2,2}(\boldsymbol{Z}_{2,2})}{r_2}-\\&\frac{\varepsilon_2\hat{\boldsymbol{W}}_{2,3}^{\mathrm{T}}\phi_{2,3}(\boldsymbol{Z}_{2,3})}{r_2\boldsymbol{g}_2(\bar{\boldsymbol{x}}_2)}-\frac{n_{2,1}r_2\boldsymbol{g}_2(\bar{\boldsymbol{x}}_2)\varepsilon_2}{4}-\frac{n_{2,2}v_2^2\boldsymbol{g}_2(\bar{\boldsymbol{x}}_2)\varepsilon_2}{4r_2}-\\&\frac{\hat{\mu}_{2,3}\varepsilon_2}{r_2\boldsymbol{g}_2(\bar{\boldsymbol{x}}_2)}-\frac{n_{2,3}r_2\boldsymbol{g}_2(\bar{\boldsymbol{x}}_2)\varepsilon_2}{4}-\frac{\varepsilon_2\boldsymbol{\varpi}_2^2\eta_2^2}{n_{1,3}\boldsymbol{g}_2(\bar{\boldsymbol{x}}_2)r_2}\end{aligned}\tag{4-75}$$

式中：$k_2>0,n_{2,1}>0,n_{2,2}>0,n_{2,3}>0$，均为设计参数；第 5 项和第 6 项用于处理神经网络 $g_{2,1}^{nn}(\boldsymbol{Z}_{2,1})$ 和 $g_{2,2}^{nn}(\boldsymbol{Z}_{2,2})$ 的逼近误差；最后两项用于处理系统之间的耦合项，具体证明过程见 4.4.2 小节。

选取权值调节律和自适应律为

$$\dot{\hat{\boldsymbol{W}}}_{2,1}=-\Gamma_{2,1}\hat{\boldsymbol{W}}_{2,1}+r_2\varepsilon_2\boldsymbol{g}_2(\bar{\boldsymbol{x}}_2)\phi_{2,1}(\boldsymbol{Z}_{2,1})\tag{4-76}$$

$$\dot{\hat{\boldsymbol{W}}}_{2,2}=-\Gamma_{2,2}\hat{\boldsymbol{W}}_{2,2}+v_2\varepsilon_2\boldsymbol{g}_2(\bar{\boldsymbol{x}}_2)\phi_{2,2}(\boldsymbol{Z}_{2,2})\tag{4-77}$$

$$\dot{\hat{\boldsymbol{W}}}_{2,3}=-\Gamma_{2,3}\hat{\boldsymbol{W}}_{2,3}+\varepsilon_2^2\phi_{2,3}(\boldsymbol{Z}_{2,3})\tag{4-78}$$

$$\dot{\hat{\mu}}_{2,3}=-m_2\hat{\mu}_{2,3}+\varepsilon_2^2\tag{4-79}$$

式中：$\Gamma_{2,1}>0,\Gamma_{2,2}>0,\Gamma_{2,3}>0,m_2>0$，均为设计参数。

将式(4-75)代入式(4-74)，得到

$$\begin{aligned}\dot{V}_{\varepsilon_2}=&-\sum_{j=1}^{2}k_j\varepsilon_j^2-\sum_{j=1}^{2}r_j\varepsilon_j\boldsymbol{g}_j(\bar{\boldsymbol{x}}_j)\tilde{\boldsymbol{W}}_{j,1}^{\mathrm{T}}\phi_{j,1}(\boldsymbol{Z}_{j,1})-\sum_{j=1}^{2}v_j\varepsilon_j\boldsymbol{g}_j(\bar{\boldsymbol{x}}_j)\tilde{\boldsymbol{W}}_{j,2}^{\mathrm{T}}\phi_{j,2}(\boldsymbol{Z}_{j,2})-\\&\sum_{j=1}^{2}\varepsilon_j^2\tilde{\boldsymbol{W}}_{j,3}^{\mathrm{T}}\phi_{j,3}(\boldsymbol{Z}_{j,3})-\sum_{j=1}^{2}[n_{j,1}r_j\boldsymbol{g}_j(\bar{\boldsymbol{x}}_j)\varepsilon_j/2-w_{j,1}]^2/n_{j,1}-\\&\sum_{j=1}^{2}[n_{j,2}v_j\boldsymbol{g}_j(\bar{\boldsymbol{x}}_j)\varepsilon_j/2-w_{j,2}]^2/n_{j,2}+\sum_{j=1}^{2}w_{j,1}^2/n_{j,1}+\sum_{j=1}^{n}w_{j,2}^2/n_{j,2}-\\&\sum_{j=1}^{2}[n_{j,3}r_j\boldsymbol{g}_j(\bar{\boldsymbol{x}}_j)\varepsilon_j/2-z_{j+1}]^2/n_{j,3}-\sum_{j=1}^{2}\varepsilon_j^2\hat{\mu}_{j,3}+\\&\sum_{j=1}^{2}\varepsilon_j^2w_{j,3}-\varepsilon_2^2\varpi_2^2\eta_2^2/n_{1,3}+\sum_{j=1}^{2}z_{j+1}^2/n_{j,3}\end{aligned}\tag{4-80}$$

第 $\boldsymbol{i}$($3\leqslant i\leqslant n-1$)步，误差变换过程和 Lyapunov 函数选取过程与式(4-27)～式(4-31)完全相同，不同之处在于将 Lyapunov 函数的导数式(4-32)整理为下面的形式：

$$\begin{aligned}\dot{V}_{\varepsilon_i}=&\dot{V}_{\varepsilon_{i-1}}+\varepsilon_i[r_i\boldsymbol{g}_i(\bar{\boldsymbol{x}}_i)x_{i+1,d}+r_i\boldsymbol{g}_i(\bar{\boldsymbol{x}}_i)z_{i+1}+r_i\boldsymbol{g}_i(\bar{\boldsymbol{x}}_i)h_{i,1}(\boldsymbol{Z}_{i,1})+\\&v_i\boldsymbol{g}_i(\bar{\boldsymbol{x}}_i)h_{i,2}(\boldsymbol{Z}_{i,2})]+\varepsilon_i^2h_{i,3}(\boldsymbol{Z}_{i,3})+\varepsilon_i^2\Delta_i\end{aligned}\tag{4-81}$$

式中：

$$h_{i,1}(\boldsymbol{Z}_{i,1})=f_i(\bar{\boldsymbol{x}}_i)/g_i(\bar{\boldsymbol{x}}_i)$$

$$h_{i,2}(\boldsymbol{Z}_{i,2})=1/g_i(\bar{\boldsymbol{x}}_i)$$

$$\begin{aligned}h_{i,3}(\boldsymbol{Z}_{i,3})=&\varepsilon_i\int_0^1\theta\dot{\bar{\boldsymbol{x}}}_{i-1}\cdot\partial\beta_i/\partial\bar{\boldsymbol{x}}_{i-1}\mathrm{d}\theta+\varepsilon_i\int_0^1\theta\cdot\partial\beta_i/\partial x_{i,d}(\hat{\dot{x}}_{i,d}+F_{\mathrm{tran},i}\varpi_i+\\&\varpi_i\dot{\iota}_{\mathrm{down},i}\cdot\partial F_{\mathrm{tran},i}/\partial\iota_{\mathrm{down},i}+\varpi_i\dot{\iota}_{\mathrm{up},i}\cdot\partial F_{\mathrm{tran},i}/\partial\iota_{\mathrm{up},i})\mathrm{d}\theta\end{aligned}$$

$$\Delta_i=\int_0^1\theta\cdot\partial\beta_i/\partial x_{i,d}(\dot{x}_{i,d}-\hat{\dot{x}}_{i,d})\mathrm{d}\theta$$

为简便起见，将$\partial\beta_i[\bar{\boldsymbol{x}}_{i-1},\varpi_iF_{\mathrm{tran},i}(\theta\varepsilon_i,\iota_{\mathrm{down},i},\iota_{\mathrm{up},i})+x_{i,d}]/\partial\bar{\boldsymbol{x}}_{i-1}$，$\partial\beta_i[\bar{\boldsymbol{x}}_{i-1},\varpi_iF_{\mathrm{tran},i}(\theta\varepsilon_i,\iota_{\mathrm{down},i},\iota_{\mathrm{up},i})+x_{i,d}]/\partial x_{i,d}$，$\partial F_{\mathrm{tran},i}(\theta\varepsilon_i,\iota_{\mathrm{down},i},\iota_{\mathrm{up},i})/\partial\iota_{\mathrm{down},i}$，$F_{\mathrm{tran},i}(\theta\varepsilon_i,\iota_{\mathrm{down},i},\iota_{\mathrm{up},i})$，$\partial F_{\mathrm{tran},i}(\theta\varepsilon_i,\iota_{\mathrm{down},i},\iota_{\mathrm{up},i})/\partial\iota_{\mathrm{up},i}$ 分别记为$\partial\beta_i/\partial\bar{\boldsymbol{x}}_{i-1}$，$\partial\beta_i/\partial x_{i,d}$，$\partial F_{\mathrm{tran},i}/\partial\iota_{\mathrm{down},i}$，$F_{\mathrm{tran},i}$，$\partial F_{\mathrm{tran},i}/\partial\iota_{\mathrm{up},i}$。

利用 3 个 RBF 神经网络

$$g_{i,1}^{nn}(\boldsymbol{Z}_{i,1})=\hat{\boldsymbol{W}}_{i,1}^{\mathrm{T}}\phi_{i,1}(\boldsymbol{Z}_{i,1})$$

$$g_{i,2}^{nn}(\boldsymbol{Z}_{i,2})=\hat{\boldsymbol{W}}_{i,2}^{\mathrm{T}}\phi_{i,2}(\boldsymbol{Z}_{i,2})$$

$$g_{i,3}^{nn}(\boldsymbol{Z}_{i,3})=\hat{\boldsymbol{W}}_{i,3}^{\mathrm{T}}\phi_{i,3}(\boldsymbol{Z}_{i,3})$$

分别逼近未知函数 $h_{i,1}(\boldsymbol{Z}_{i,1})$，$h_{i,2}(\boldsymbol{Z}_{i,2})$和 $h_{i,3}(\boldsymbol{Z}_{i,3})$，其中 $\hat{\boldsymbol{W}}_{i,1}$，$\hat{\boldsymbol{W}}_{i,2}$ 和 $\hat{\boldsymbol{W}}_{i,3}$ 为权值

向量，$\phi_{i,1}(\cdot)$，$\phi_{i,2}(\cdot)$ 和 $\phi_{i,3}(\cdot)$ 为高斯基函数，$\boldsymbol{Z}_{i,1}=\boldsymbol{Z}_{i,2}=[x_1 \quad \cdots \quad x_i]^{\mathrm{T}}\in\mathbf{R}^i$，$\boldsymbol{Z}_{i,3}=[x_1 \quad \cdots \quad x_i \quad x_{i,d} \quad \varpi_i \quad \iota_{\mathrm{down},i} \quad \iota_{\mathrm{up},i} \quad \dot{x}_{i,d} \quad \dot{\varpi}_i \quad \dot{\iota}_{\mathrm{down},i} \quad \dot{\iota}_{\mathrm{up},i}]^{\mathrm{T}}\in\mathbf{R}^{i+8}$，逼近误差可表示为

$$\psi_{i,1}=\widetilde{\boldsymbol{W}}_{i,1}^{\mathrm{T}}\phi_{i,1}(\boldsymbol{Z}_{i,1})-w_{i,1}$$

$$\psi_{i,2}=\widetilde{\boldsymbol{W}}_{i,2}^{\mathrm{T}}\phi_{i,2}(\boldsymbol{Z}_{i,2})-w_{i,2}$$

$$\psi_{i,3}=\widetilde{\boldsymbol{W}}_{i,3}^{\mathrm{T}}\phi_{i,3}(\boldsymbol{Z}_{i,3})-w_{i,3}$$

式中：$\widetilde{\boldsymbol{W}}_{i,1}=\hat{\boldsymbol{W}}_{i,1}-\boldsymbol{W}_{i,1}^{*}$，$\widetilde{\boldsymbol{W}}_{i,2}=\hat{\boldsymbol{W}}_{i,2}-\boldsymbol{W}_{i,2}^{*}$，$\widetilde{\boldsymbol{W}}_{i,3}=\hat{\boldsymbol{W}}_{i,3}-\boldsymbol{W}_{i,3}^{*}$，其中 $\boldsymbol{W}_{i,1}^{*}$，$\boldsymbol{W}_{i,2}^{*}$，$\boldsymbol{W}_{i,3}^{*}$ 为最优的权值向量。式(4－73)进一步表示为

$$\begin{aligned}\dot{V}_{\varepsilon_i}=\dot{V}_{\varepsilon_{i-1}}&+\varepsilon_i[r_i\boldsymbol{g}_i(\bar{\boldsymbol{x}}_i)x_{i+1,d}+r_i\boldsymbol{g}_i(\bar{\boldsymbol{x}}_i)z_{i+1}+r_i\boldsymbol{g}_i(\bar{\boldsymbol{x}}_i)\boldsymbol{W}_{i,1}^{*\mathrm{T}}\phi_{i,1}(\boldsymbol{Z}_{i,1})+\\&r_i\boldsymbol{g}_i(\bar{\boldsymbol{x}}_i)w_{i,1}+v_i\boldsymbol{g}_i(\bar{\boldsymbol{x}}_i)\boldsymbol{W}_{i,2}^{*\mathrm{T}}\phi_{i,2}(\boldsymbol{Z}_{i,2})+v_i\boldsymbol{g}_i(\bar{\boldsymbol{x}}_i)w_{i,2}]+\\&\varepsilon_i^2\boldsymbol{W}_{i,3}^{*\mathrm{T}}\phi_{i,3}(\boldsymbol{Z}_{i,3})+\varepsilon_i^2w_{i,3}+\varepsilon_i^2\Delta_i\end{aligned}\tag{4-82}$$

由假设 4.1 得到 $w_{i,1}$，$w_{i,2}$，$w_{i,3}$ 有界，满足 $|w_{i,1}|\leqslant\mu_{i,1}$，$|w_{i,2}|\leqslant\mu_{i,2}$，$|w_{i,3}|\leqslant\mu_{i,3}$，其中，$\mu_{i,1}$，$\mu_{i,2}$，$\mu_{i,3}$ 为未知正常数，由函数 $\beta_i(\cdot)$ 的性质并结合假设 4.4 可得 Δ_i 有界；另外，考虑到 $w_{i,3}$ 和 Δ_i 具有相同的系数 ε_i^2，可以将两项并为一项，此时式 $|w_{i,3}|\leqslant\mu_{i,3}$ 改为 $|w_{i,3}+\Delta_i|\leqslant\mu_{i,3}$，利用自适应参数 $\hat{\mu}_{i,3}$ 对 $\mu_{i,3}$ 进行估计。

选取虚拟控制量 $x_{i+1,d}$ 为

$$\begin{aligned}x_{i+1,d}=&-\frac{k_i\varepsilon_i}{r_i\boldsymbol{g}_i(\bar{\boldsymbol{x}}_i)}-\hat{\boldsymbol{W}}_{i,1}^{\mathrm{T}}\phi_{i,1}(\boldsymbol{Z}_{i,1})-\frac{v_i\hat{\boldsymbol{W}}_{i,2}^{\mathrm{T}}\phi_{i,2}(\boldsymbol{Z}_{i,2})}{r_i}-\\&\frac{\varepsilon_i\hat{\boldsymbol{W}}_{i,3}^{\mathrm{T}}\phi_{i,3}(\boldsymbol{Z}_{i,3})}{r_i\boldsymbol{g}_i(\bar{\boldsymbol{x}}_i)}-\frac{n_{i,1}r_i\boldsymbol{g}_i(\bar{\boldsymbol{x}}_i)\varepsilon_i}{4}-\frac{n_{i,2}v_i^2\boldsymbol{g}_i(\bar{\boldsymbol{x}}_i)\varepsilon_i}{4r_i}-\\&\frac{\hat{\mu}_{i,3}\varepsilon_i}{r_i\boldsymbol{g}_i(\bar{\boldsymbol{x}}_i)}-\frac{n_{i,3}r_i\boldsymbol{g}_i(\bar{\boldsymbol{x}}_i)\varepsilon_i}{4}-\frac{\varepsilon_i\varpi_i^2\eta_i^2}{n_{i-1,3}\boldsymbol{g}_i(\bar{\boldsymbol{x}}_i)r_i}\end{aligned}\tag{4-83}$$

式中：$k_i>0$，$n_{i,1}>0$，$n_{i,2}>0$，$n_{i,3}>0$，均为设计参数；第 5 项和第 6 项用于处理神经网络 $g_{i,1}^{nn}(\boldsymbol{Z}_{i,1})$ 和 $g_{i,2}^{nn}(\boldsymbol{Z}_{i,2})$ 的逼近误差；最后两项用于处理系统之间的耦合项，具体证明过程见 4.4.2 小节。

选取权值调节律和自适应律为

$$\dot{\hat{\boldsymbol{W}}}_{i,1}=-\Gamma_{i,1}\hat{\boldsymbol{W}}_{i,1}+r_i\varepsilon_i\boldsymbol{g}_i(\bar{\boldsymbol{x}}_i)\phi_{i,1}(\boldsymbol{Z}_{i,1})\tag{4-84}$$

$$\dot{\hat{\boldsymbol{W}}}_{i,2}=-\Gamma_{i,2}\hat{\boldsymbol{W}}_{i,2}+v_i\varepsilon_i\boldsymbol{g}_i(\bar{\boldsymbol{x}}_i)\phi_{i,2}(\boldsymbol{Z}_{i,2})\tag{4-85}$$

$$\dot{\hat{\boldsymbol{W}}}_{i,3}=-\Gamma_{i,3}\hat{\boldsymbol{W}}_{i,3}+\varepsilon_i^2\phi_{i,3}(\boldsymbol{Z}_{i,3})\tag{4-86}$$

$$\dot{\hat{\mu}}_{i,3}=-m_i\hat{\mu}_{i,3}+\varepsilon_i^2\tag{4-87}$$

式中：$\Gamma_{i,1}>0,\Gamma_{i,2}>0,\Gamma_{i,3}>0,m_i>0$，均为设计参数。

将式(4-83)代入式(4-82)，得到

$$\begin{aligned}\dot{V}_{\varepsilon_i}=&-\sum_{j=1}^{i}k_j\varepsilon_j^2-\sum_{j=1}^{i}r_j\varepsilon_j\boldsymbol{g}_j(\bar{\boldsymbol{x}}_j)\tilde{\boldsymbol{W}}_{j,1}^{\mathrm{T}}\boldsymbol{\phi}_{j,1}(\boldsymbol{Z}_{j,1})-\sum_{j=1}^{i}v_j\varepsilon_j\boldsymbol{g}_j(\bar{\boldsymbol{x}}_j)\tilde{\boldsymbol{W}}_{j,2}^{\mathrm{T}}\boldsymbol{\phi}_{j,2}(\boldsymbol{Z}_{j,2})-\\&\sum_{j=1}^{i}\varepsilon_j^2\tilde{\boldsymbol{W}}_{j,3}^{\mathrm{T}}\boldsymbol{\phi}_{j,3}(\boldsymbol{Z}_{j,3})-\sum_{j=1}^{i}[n_{j,1}r_j\boldsymbol{g}_j(\bar{\boldsymbol{x}}_j)\varepsilon_j/2-w_{j,1}]^2/n_{j,1}-\\&\sum_{j=1}^{i}[n_{j,2}v_j\boldsymbol{g}_j(\bar{\boldsymbol{x}}_j)\varepsilon_j/2-w_{j,2}]^2/n_{j,2}+\sum_{j=1}^{i}w_{j,1}^2/n_{j,1}+\sum_{j=1}^{i}w_{j,2}^2/n_{j,2}-\\&\sum_{j=1}^{i}[n_{j,3}r_j\boldsymbol{g}_j(\bar{\boldsymbol{x}}_j)\varepsilon_j/2-z_{j+1}]^2/n_{j,3}-\sum_{j=1}^{i}\varepsilon_j^2\hat{\mu}_{j,3}+\\&\sum_{j=1}^{i}\varepsilon_j^2w_{j,3}-\sum_{j=1}^{i-1}\varepsilon_j^2\ \varpi_j^2\eta_j^2/n_{j,3}+\sum_{j=1}^{i}z_{j+1}^2/n_{j,3}\end{aligned}\tag{4-88}$$

第 n 步，误差变换过程和 Lyapunov 函数选取过程与式(4-38)～式(4-42)完全相同，不同之处在于将 Lyapunov 函数的导数式(4-43)整理为下面的形式：

$$\begin{aligned}\dot{V}_{\varepsilon_n}=\dot{V}_{\varepsilon_{n-1}}+\varepsilon_n[&r_n\boldsymbol{g}_n(\boldsymbol{x})u+r_n\boldsymbol{g}_n(\boldsymbol{x})h_{n,1}(\boldsymbol{Z}_{n,1})+\\&v_n\boldsymbol{g}_n(\boldsymbol{x})h_{n,2}(\boldsymbol{Z}_{n,2})]+\varepsilon_n^2h_{n,3}(\boldsymbol{Z}_{n,3})+\varepsilon_n^2\Delta_n\end{aligned}\tag{4-89}$$

式中：

$$h_{n,1}(\boldsymbol{Z}_{n,1})=f_n(\boldsymbol{x})/g_n(\boldsymbol{x})$$

$$h_{n,2}(\boldsymbol{Z}_{n,2})=1/g_n(\boldsymbol{x})$$

$$\begin{aligned}h_{n,3}(\boldsymbol{Z}_{n,3})=&\varepsilon_n\int_0^1\theta\dot{\bar{\boldsymbol{x}}}_{n-1}\cdot\partial\beta_n/\partial\bar{\boldsymbol{x}}_{n-1}\ \mathrm{d}\theta+\varepsilon_n\int_0^1\theta\cdot\partial\beta_n/\partial x_{n,d}[\dot{\hat{x}}_{n,d}+\\&F_{\mathrm{tran},n}\varpi_n+\varpi_n\iota_{\mathrm{down},n}\cdot\partial F_{\mathrm{tran},n}/\partial\iota_{\mathrm{down},n}+\varpi_n\iota_{\mathrm{up},n}\cdot\partial F_{\mathrm{tran},n}/\partial\iota_{\mathrm{up},n}]\mathrm{d}\theta\end{aligned}$$

$$\Delta_n=\int_0^1\theta\partial\beta_n/\partial x_{n,d}(\dot{x}_{n,d}-\dot{\hat{x}}_{n,d})\ \mathrm{d}\theta$$

为简便起见，将 $\partial\beta_n[\bar{\boldsymbol{x}}_{n-1},\varpi_nF_{\mathrm{tran},n}(\theta\varepsilon_n,\iota_{\mathrm{down},n},\iota_{\mathrm{up},n})+x_{n,d}]/\partial\bar{\boldsymbol{x}}_{n-1}$，$\partial\beta_n[\bar{\boldsymbol{x}}_{n-1},\varpi_nF_{\mathrm{tran},n}(\theta\varepsilon_n,\iota_{\mathrm{down},n},\iota_{\mathrm{up},n})+x_{n,d}]/\partial x_{n,d}$，$\partial F_{\mathrm{tran},n}(\theta\varepsilon_n,\iota_{\mathrm{down},n},\iota_{\mathrm{up},n})/\partial\iota_{\mathrm{down},n}$，$F_{\mathrm{tran},n}(\theta\varepsilon_n,\iota_{\mathrm{down},n},\iota_{\mathrm{up},n})$，$\partial F_{\mathrm{tran},n}(\theta\varepsilon_n,\iota_{\mathrm{down},n},\iota_{\mathrm{up},n})/\partial\iota_{\mathrm{up},n}$ 分别记为 $\partial\beta_n/\partial\bar{\boldsymbol{x}}_{n-1}$，$\partial\beta_n/\partial x_{n,d}$，$\partial F_{\mathrm{tran},n}/\partial\iota_{\mathrm{down},n}$，$F_{\mathrm{tran},n}$，$\partial F_{\mathrm{tran},n}/\partial\iota_{\mathrm{up},n}$。

利用 3 个 RBF 神经网络

$$g_{n,1}^{nn}(\boldsymbol{Z}_{n,1})=\hat{\boldsymbol{W}}_{n,1}^{\mathrm{T}}\boldsymbol{\phi}_{n,1}(\boldsymbol{Z}_{n,1})$$

$$g_{n,2}^{nn}(\boldsymbol{Z}_{n,2})=\hat{\boldsymbol{W}}_{n,2}^{\mathrm{T}}\boldsymbol{\phi}_{n,2}(\boldsymbol{Z}_{n,2})$$

$$g_{n,3}^{nn}(\boldsymbol{Z}_{n,3})=\hat{\boldsymbol{W}}_{n,3}^{\mathrm{T}}\boldsymbol{\phi}_{n,3}(\boldsymbol{Z}_{n,3})$$

分别逼近未知函数 $h_{n,1}(\boldsymbol{Z}_{n,1})$，$h_{n,2}(\boldsymbol{Z}_{n,2})$ 和 $h_{n,3}(\boldsymbol{Z}_{n,3})$，其中 $\hat{\boldsymbol{W}}_{n,1}$，$\hat{\boldsymbol{W}}_{n,2}$ 和 $\hat{\boldsymbol{W}}_{n,3}$ 为权值向量，$\boldsymbol{\phi}_{n,1}(\cdot)$，$\boldsymbol{\phi}_{n,2}(\cdot)$ 和 $\boldsymbol{\phi}_{n,3}(\cdot)$ 为高斯基函数，$\boldsymbol{Z}_{n,1}=\boldsymbol{Z}_{n,2}=[x_1\ \ \cdots\ \ x_n]^{\mathrm{T}}\in\mathbf{R}^n$，

$\boldsymbol{Z}_{n,3}=[x_1\ \cdots\ x_n\ x_{n,d}\ \varpi_n\ \iota_{\mathrm{down},n}\ \iota_{\mathrm{up},n}\ \dot{\hat{x}}_{n,d}\ \varpi_n\ \dot{\iota}_{\mathrm{down},n}\ \dot{\iota}_{\mathrm{up},n}]^{\mathrm{T}}\in\mathbf{R}^{n+8}$，逼近误差可表示为

$$\psi_{n,1}=\widetilde{\boldsymbol{W}}_{n,1}^{\mathrm{T}}\phi_{n,1}(\boldsymbol{Z}_{n,1})-w_{n,1}$$

$$\psi_{n,2}=\widetilde{\boldsymbol{W}}_{n,2}^{\mathrm{T}}\phi_{n,2}(\boldsymbol{Z}_{n,2})-w_{n,2}$$

$$\psi_{n,3}=\widetilde{\boldsymbol{W}}_{n,3}^{\mathrm{T}}\phi_{n,3}(\boldsymbol{Z}_{n,3})-w_{n,3}$$

式中：$\widetilde{\boldsymbol{W}}_{n,1}=\hat{\boldsymbol{W}}_{n,1}-W_{n,1}^*$，$\widetilde{\boldsymbol{W}}_{n,2}=\hat{\boldsymbol{W}}_{n,2}-\boldsymbol{W}_{n,2}^*$，$\widetilde{\boldsymbol{W}}_{n,3}=\hat{\boldsymbol{W}}_{n,3}-\boldsymbol{W}_{n,3}^*$，其中 $\boldsymbol{W}_{n,1}^*$，$\boldsymbol{W}_{n,2}^*$，$\boldsymbol{W}_{n,3}^*$ 为最优的权值向量。式(4－89)进一步表示为

$$\begin{aligned}\dot{V}_{\varepsilon_n}=&\dot{V}_{\varepsilon_{n-1}}+\varepsilon_n[r_n\boldsymbol{g}_n(\boldsymbol{x})u+r_n\boldsymbol{g}_n(\boldsymbol{x})\boldsymbol{W}_{n,1}^{*\mathrm{T}}\phi_{n,1}(\boldsymbol{Z}_{n,1})+r_n\boldsymbol{g}_n(\boldsymbol{x})w_{n,1}+\\&v_n\boldsymbol{g}_n(\boldsymbol{x})\boldsymbol{W}_{n,2}^{*\mathrm{T}}\phi_{n,2}(\boldsymbol{Z}_{n,2})+v_n\boldsymbol{g}_n(\boldsymbol{x})w_{n,2}]+\varepsilon_n^2\boldsymbol{W}_{n,3}^{*\mathrm{T}}\phi_{n,3}(\boldsymbol{Z}_{n,3})+\varepsilon_n^2w_{n,3}+\varepsilon_n^2\Delta_n\end{aligned}\tag{4－90}$$

由假设 4.1 得到 $w_{n,1}$，$w_{n,2}$，$w_{n,3}$ 有界，满足 $|w_{n,1}|\leqslant\mu_{n,1}$，$|w_{n,2}|\leqslant\mu_{n,2}$，$|w_{n,3}|\leqslant\mu_{n,3}$，其中，$\mu_{n,1}$，$\mu_{n,2}$，$\mu_{n,3}$ 为未知正常数，由函数 $\beta_n(\cdot)$ 的性质并结合假设 4.4 可得 Δ_n 有界，另外，考虑到 $w_{n,3}$ 和 Δ_n 具有相同的系数 ε_n^2，可以将两项并为一项，此时式 $|w_{n,3}|\leqslant\mu_{n,3}$ 改为 $|w_{n,3}+\Delta_n|\leqslant\mu_{n,3}$，利用自适应参数 $\hat{\mu}_{n,3}$ 对 $\mu_{n,3}$ 进行估计。

选取控制量 u 为

$$\begin{aligned}u=&-\frac{k_n\varepsilon_n}{r_n\boldsymbol{g}_n(\boldsymbol{x})}-\hat{\boldsymbol{W}}_{n,1}^{\mathrm{T}}\phi_{n,1}(\boldsymbol{Z}_{n,1})-\frac{v_n\hat{\boldsymbol{W}}_{n,2}^{\mathrm{T}}\phi_{n,2}(\boldsymbol{Z}_{n,2})}{r_n}-\\&\frac{\varepsilon_n\hat{\boldsymbol{W}}_{n,3}^{\mathrm{T}}\phi_{n,3}(\boldsymbol{Z}_{n,3})}{r_n\boldsymbol{g}_n(\boldsymbol{x})}-\frac{n_{n,1}r_n\boldsymbol{g}_n(\boldsymbol{x})\varepsilon_n}{4}-\frac{n_{n,2}v_n^2\boldsymbol{g}_n(\boldsymbol{x})\varepsilon_n}{4r_n}-\\&\frac{\hat{\mu}_{n,3}\varepsilon_n}{r_n\boldsymbol{g}_n(\boldsymbol{x})}-\frac{\varepsilon_n\varpi_n^2\eta_n^2}{n_{n-1,3}\boldsymbol{g}_n(\boldsymbol{x})r_n}\end{aligned}\tag{4－91}$$

式中：$k_n>0$，$n_{n,1}>0$，$n_{n,2}>0$，$n_{n,3}>0$，均为设计参数；第 5 项和第 6 项用于处理神经网络 $g_{n,1}^{nn}(\boldsymbol{Z}_{n,1})$ 和 $g_{n,2}^{nn}(\boldsymbol{Z}_{n,2})$ 的逼近误差；最后一项用于处理系统之间的耦合项，具体证明过程见 4.4.2 小节。

选取权值调节律和自适应律为

$$\dot{\hat{\boldsymbol{W}}}_{n,1}=-\Gamma_{n,1}\hat{\boldsymbol{W}}_{n,1}+r_n\varepsilon_n\boldsymbol{g}_n(\boldsymbol{x})\phi_{n,1}(\boldsymbol{Z}_{n,1})\tag{4－92}$$

$$\dot{\hat{\boldsymbol{W}}}_{n,2}=-\Gamma_{n,2}\hat{\boldsymbol{W}}_{n,2}+v_n\varepsilon_n\boldsymbol{g}_n(\boldsymbol{x})\phi_{n,2}(\boldsymbol{Z}_{n,2})\tag{4－93}$$

$$\dot{\hat{\boldsymbol{W}}}_{n,3}=-\Gamma_{n,3}\hat{\boldsymbol{W}}_{n,3}+\varepsilon_n^2\phi_{n,3}(\boldsymbol{Z}_{n,3})\tag{4－94}$$

$$\dot{\hat{\mu}}_{n,3}=-m_n\hat{\mu}_{n,3}+\varepsilon_n^2\tag{4－95}$$

式中：$\Gamma_{n,1}>0$，$\Gamma_{n,2}>0$，$\Gamma_{n,3}>0$，$m_n>0$，均为设计参数。

将式(4-91)代入式(4-90)，得到

$$\begin{aligned}\dot{V}_{\varepsilon_n}=&-\sum_{j=1}^{n}k_j\varepsilon_j^2-\sum_{j=1}^{n}r_j\varepsilon_j\boldsymbol{g}_j(\bar{\boldsymbol{x}}_j)\widetilde{\boldsymbol{W}}_{j,1}^{\mathrm{T}}\boldsymbol{\phi}_{j,1}(\boldsymbol{Z}_{j,1})-\sum_{j=1}^{n}v_j\varepsilon_j\boldsymbol{g}_j(\bar{\boldsymbol{x}}_j)\widetilde{\boldsymbol{W}}_{j,2}^{\mathrm{T}}\boldsymbol{\phi}_{j,2}(\boldsymbol{Z}_{j,2})-\\&\sum_{j=1}^{n}\varepsilon_j^2\widetilde{\boldsymbol{W}}_{j,3}^{\mathrm{T}}\boldsymbol{\phi}_{j,3}(\boldsymbol{Z}_{j,3})-\sum_{j=1}^{n}\left[n_{j,1}r_j\boldsymbol{g}_j(\bar{\boldsymbol{x}}_j)\varepsilon_j/2-w_{j,1}\right]^2/n_{j,1}-\\&\sum_{j=1}^{n}\left[n_{j,2}v_j\boldsymbol{g}_j(\bar{\boldsymbol{x}}_j)\varepsilon_j/2-w_{j,2}\right]^2/n_{j,2}+\sum_{j=1}^{n}w_{j,1}^2/n_{j,1}+\sum_{j=1}^{n}w_{j,2}^2/n_{j,2}-\\&\sum_{j=1}^{n-1}\left[n_{j,3}r_j\boldsymbol{g}_j(\bar{\boldsymbol{x}}_j)\varepsilon_j/2-z_{j+1}\right]^2/n_{j,3}-\sum_{j=1}^{n}\varepsilon_j^2\hat{\mu}_{j,3}+\\&\sum_{j=1}^{n}\varepsilon_j^2w_{j,3}-\sum_{j=1}^{n-1}\varepsilon_{j+1}^2\,\varpi_{j+1}^2\eta_{j+1}^2/n_{j,3}+\sum_{j=1}^{n-1}z_{j+1}^2/n_{j,3}\end{aligned}\tag{4-96}$$

4.4.2 稳定性分析

4.3.2小节证明了函数 $V_i=\int_0^{\varepsilon_i}\sigma\beta_i\left[\bar{\boldsymbol{x}}_{i-1},F_{\mathrm{tran},i}(\sigma,\iota_{\mathrm{down},i},\iota_{\mathrm{up},i})+x_{i,d}\right]\mathrm{d}\sigma$ 的正定性和径向无界性，这里不再赘述，闭环系统的稳定性和控制性能可表述如下：

定理4.2 考虑式(4-1)所描述的不确定非线性系统，在假设4.1～4.4成立的前提下，设计虚拟控制器(4-67)、(4-83)和控制器(4-91)，采用神经网络权值调节律(4-84)～(4-86)以及自适应律(4-87)，可以得到如下结论：

① 输出误差 $e=y-y_d$ 及子系统误差 $z_i=x_i-x_{i,d}(2\leqslant i\leqslant n)$ 满足预先设定的瞬态和稳态性能要求；

② 闭环系统内所有信号有界。

选取总的Lyapunov函数为

$$V=V_{\varepsilon,n}+\frac{1}{2}\sum_{j=1}^{n}\widetilde{\boldsymbol{W}}_{i,1}^{\mathrm{T}}\widetilde{\boldsymbol{W}}_{i,1}+\frac{1}{2}\sum_{j=1}^{n}\widetilde{\boldsymbol{W}}_{i,2}^{\mathrm{T}}\widetilde{\boldsymbol{W}}_{i,2}+\frac{1}{2}\sum_{j=1}^{n}\widetilde{\boldsymbol{W}}_{j,3}^{\mathrm{T}}\widetilde{\boldsymbol{W}}_{j,3}+\frac{1}{2}\sum_{j=1}^{n}\tilde{\mu}_{j,3}^2\tag{4-97}$$

式(4-98)两边对时间求导，得到

$$\dot{V}=\dot{V}_{\varepsilon,n}+\sum_{j=1}^{n}\widetilde{\boldsymbol{W}}_{j,1}^{\mathrm{T}}\dot{\widetilde{\boldsymbol{W}}}_{j,1}+\sum_{j=1}^{n}\widetilde{\boldsymbol{W}}_{j,2}^{\mathrm{T}}\dot{\widetilde{\boldsymbol{W}}}_{j,2}+\sum_{j=1}^{n}\widetilde{\boldsymbol{W}}_{j,3}^{\mathrm{T}}\dot{\widetilde{\boldsymbol{W}}}_{j,3}+\sum_{j=1}^{n}\tilde{\mu}_{j,3}\dot{\tilde{\mu}}_{j,3}\tag{4-98}$$

将式(4-96)代入式(4-98)，得到

$$\begin{aligned}\dot{V}=&-\sum_{j=1}^{n}k_j\varepsilon_j^2-\sum_{j=1}^{n}r_j\varepsilon_j\boldsymbol{g}_j(\bar{\boldsymbol{x}}_j)\widetilde{\boldsymbol{W}}_{j,1}^{\mathrm{T}}\boldsymbol{\phi}_{j,1}(\boldsymbol{Z}_{j,1})-\sum_{j=1}^{n}v_j\varepsilon_j\boldsymbol{g}_j(\bar{\boldsymbol{x}}_j)\widetilde{\boldsymbol{W}}_{j,2}^{\mathrm{T}}\boldsymbol{\phi}_{j,2}(\boldsymbol{Z}_{j,2})-\\&\sum_{j=1}^{n}\varepsilon_j^2\widetilde{\boldsymbol{W}}_{j,3}^{\mathrm{T}}\boldsymbol{\phi}_{j,3}(\boldsymbol{Z}_{j,3})-\sum_{j=1}^{n}\left[n_{j,1}r_j\boldsymbol{g}_j(\bar{\boldsymbol{x}}_j)\varepsilon_j/2-w_{j,1}\right]^2/n_{j,1}-\\&\sum_{j=1}^{n}\left[n_{j,2}v_j\boldsymbol{g}_j(\bar{\boldsymbol{x}}_j)\varepsilon_j/2-w_{j,2}\right]^2/n_{j,2}+\sum_{j=1}^{n}w_{j,1}^2/n_{j,1}+\sum_{j=1}^{n}w_{j,2}^2/n_{j,2}-\end{aligned}$$

$$\sum_{j=1}^{n-1}[n_{j,3}r_j\boldsymbol{g}_j(\bar{\boldsymbol{x}}_j)\varepsilon_j/2-z_{j+1}]^2/n_{j,3}-\sum_{j=1}^{n}\varepsilon_j^2\hat{\mu}_{j,3}+\sum_{j=1}^{n}\varepsilon_j^2 w_{j,3}-$$
$$\sum_{j=1}^{n-1}\varepsilon_{j+1}^2\varpi_{j+1}^2\eta_{j+1}^2/n_{j,3}+\sum_{j=1}^{n-1}z_{j+1}^2/n_{j,3}+\sum_{j=1}^{n}\widetilde{\boldsymbol{W}}_{j,1}^{\mathrm{T}}\dot{\hat{\boldsymbol{W}}}_{j,1}+$$
$$\sum_{j=1}^{n}\widetilde{\boldsymbol{W}}_{j,2}^{\mathrm{T}}\dot{\hat{\boldsymbol{W}}}_{j,2}+\sum_{j=1}^{n}\widetilde{\boldsymbol{W}}_{j,3}^{\mathrm{T}}\dot{\hat{\boldsymbol{W}}}_{j,3}+\sum_{j=1}^{n}\tilde{\mu}_{j,3}\dot{\hat{\mu}}_{j,3} \tag{4-99}$$

将式(4-84)～式(4-86)代入式(4-99)，得到

$$\dot{V}=-\sum_{j=1}^{n}k_j\varepsilon_j^2-\sum_{j=1}^{n}\Gamma_{j,1}\widetilde{\boldsymbol{W}}_{j,1}^{\mathrm{T}}\hat{\boldsymbol{W}}_{j,1}-\sum_{j=1}^{n}\Gamma_{j,2}\widetilde{\boldsymbol{W}}_{j,2}^{\mathrm{T}}\hat{\boldsymbol{W}}_{j,2}-\sum_{j=1}^{n}\Gamma_{j,3}\widetilde{\boldsymbol{W}}_{j,3}^{\mathrm{T}}\hat{\boldsymbol{W}}_{j,3}-$$
$$\sum_{j=1}^{n}\frac{[n_{j,1}r_j\boldsymbol{g}_j(\bar{\boldsymbol{x}}_j)\varepsilon_j/2-w_{j,1}]^2}{n_{j,1}}-\sum_{j=1}^{n}\frac{[n_{j,2}v_j\boldsymbol{g}_j(\bar{\boldsymbol{x}}_j)\varepsilon_j/2-w_{j,2}]^2}{n_{j,2}}-$$
$$\sum_{j=1}^{n-1}\frac{[n_{j,3}r_j\boldsymbol{g}_j(\bar{\boldsymbol{x}}_j)\varepsilon_j/2-z_{j+1}]^2}{n_{j,3}}+\sum_{j=1}^{n}\tilde{\mu}_{j,3}\dot{\hat{\mu}}_{j,3}-\sum_{j=1}^{n}\varepsilon_j^2\hat{\mu}_{j,3}+$$
$$\sum_{j=1}^{n}\varepsilon_j^2 w_{j,3}-\sum_{j=1}^{n-1}\frac{\varepsilon_{j+1}^2\varpi_{j+1}^2\eta_{j+1}^2}{n_{j,3}}+\sum_{j=1}^{n-1}\frac{z_{j+1}^2}{n_{j,3}}+\sum_{j=1}^{n}\frac{w_{j,1}^2}{n_{j,1}}+\sum_{j=1}^{n}\frac{w_{j,2}^2}{n_{j,2}} \tag{4-100}$$

结合 $\tilde{\mu}_{j,3}=\hat{\mu}_{j,3}-\mu_{j,3}^*$，并将式(4-87)代入式(4-100)，得到

$$\dot{V}=-\sum_{j=1}^{n}k_j\varepsilon_j^2-\sum_{j=1}^{n}\Gamma_{j,1}\widetilde{W}_{j,1}^{\mathrm{T}}\hat{W}_{j,1}-\sum_{j=1}^{n}\Gamma_{j,2}\widetilde{W}_{j,2}^{\mathrm{T}}\hat{W}_{j,2}-\sum_{j=1}^{n}\Gamma_{j,3}\widetilde{W}_{j,3}^{\mathrm{T}}\hat{W}_{j,3}-$$
$$\sum_{j=1}^{n}[n_{j,1}r_j\boldsymbol{g}_j(\bar{\boldsymbol{x}}_j)\varepsilon_j/2-w_{j,1}]^2/n_{j,1}-\sum_{j=1}^{n}[n_{j,2}v_j\boldsymbol{g}_j(\bar{\boldsymbol{x}}_j)\varepsilon_j/2-w_{j,2}]^2/n_{j,2}-$$
$$\sum_{j=1}^{n-1}[n_{j,3}r_j\boldsymbol{g}_j(\bar{\boldsymbol{x}}_j)\varepsilon_j/2-z_{j+1}]^2/n_{j,3}-\sum_{j=1}^{n}m_j\tilde{\mu}_{j,3}\hat{\mu}_{j,3}-$$
$$\sum_{j=1}^{n}\varepsilon_j^2(\mu_{j,3}-w_{j,3})-\sum_{j=1}^{n-1}(\varepsilon_{j+1}^2\varpi_{j+1}^2\eta_{j+1}^2/n_{j,3}-z_{j+1}^2/n_{j,3})+$$
$$\sum_{j=1}^{n}w_{j,1}^2/n_{j,1}+\sum_{j=1}^{n}w_{j,2}^2/n_{j,2} \tag{4-101}$$

由误差变换函数的定义可得

$$z_j(t)=\varpi_j(t)F_{\mathrm{tran},j}[\varepsilon_j,\iota_{\mathrm{down},j}(t),\iota_{\mathrm{up},j}(t)] \tag{4-102}$$

由于 $F_{\mathrm{tran},j}(\cdot)$在其定义域上为光滑连续函数，由拉格朗日中值定理得到

$$F_{\mathrm{tran},j}(\varepsilon_j)=\partial F_{\mathrm{tran},j}(\varepsilon_j',\iota_{\mathrm{down},j},\iota_{\mathrm{up},j})/\partial\varepsilon_j\cdot\varepsilon_j \tag{4-103}$$

式中：ε_j'处于 0 和 ε_j 构成的闭区间上。式(4-103)可进一步表示为

$$z_j(t)=\varepsilon_j\varpi_j(t)\partial F_{\mathrm{tran},j}(\varepsilon_j',\iota_{\mathrm{down},j},\iota_{\mathrm{up},j})/\partial\varepsilon_j \tag{4-104}$$

结合 $\eta_i=\max\limits_{\varepsilon_i}\{|\partial F_{\mathrm{tran},i}(\varepsilon_i,\iota_{\mathrm{down},i},\iota_{\mathrm{up},i})/\partial\varepsilon_i|\}$，易得

$$z_j^2(t)=\varpi_j^2(t)[\partial F_{\mathrm{tran},j}(\varepsilon_j',\iota_{\mathrm{down},j},\iota_{\mathrm{up},j})/\partial\varepsilon_j]^2\varepsilon_j^2\leqslant\varpi_j^2(t)\eta_j^2\varepsilon_j^2 \tag{4-105}$$

进一步有

$$\sum_{j=1}^{n-1}(\varepsilon_{j+1}^{2}\varpi_{j+1}^{2}\eta_{j+1}^{2}/n_{j,3}-z_{j+1}^{2}/n_{j,3})\geqslant 0 \tag{4-106}$$

另外，$\mu_{j,3}$ 为未知项$|w_{j,3}|$的上界，有

$$\mu_{j,3}-w_{j,3}\geqslant 0 \tag{4-107}$$

将式(4－106)、式(4－107)代入式(4－101)，得到

$$\dot{V}\leqslant-\sum_{j=1}^{n}k_{j}\varepsilon_{j}^{2}-\sum_{j=1}^{n}\Gamma_{j,1}\tilde{\boldsymbol{W}}_{j,1}^{\mathrm{T}}\hat{\boldsymbol{W}}_{j,1}-\sum_{j=1}^{n}\Gamma_{j,2}\tilde{\boldsymbol{W}}_{j,2}^{\mathrm{T}}\hat{\boldsymbol{W}}_{j,2}-\sum_{j=1}^{n}\Gamma_{j,3}\tilde{\boldsymbol{W}}_{j,3}^{\mathrm{T}}\hat{\boldsymbol{W}}_{j,3}-\sum_{j=1}^{n}m_{j}\tilde{\mu}_{j,3}\hat{\mu}_{j,3}+\sum_{j=1}^{n}w_{j,1}^{2}/n_{j,1}+\sum_{j=1}^{n}w_{j,2}^{2}/n_{j,2} \tag{4-108}$$

又有

$$\tilde{\boldsymbol{W}}^{\mathrm{T}}\hat{\boldsymbol{W}}=\frac{1}{2}\hat{\boldsymbol{W}}^{\mathrm{T}}\hat{\boldsymbol{W}}+\frac{1}{2}\tilde{\boldsymbol{W}}^{\mathrm{T}}\tilde{\boldsymbol{W}}-\frac{1}{2}\boldsymbol{W}^{*\mathrm{T}}\boldsymbol{W}^{*}$$

$$\tilde{\mu}\hat{\mu}=\frac{1}{2}\hat{\mu}^{2}+\frac{1}{2}\tilde{\mu}^{2}-\frac{1}{2}\mu^{2}$$

则式(4－108)可表示为

$$\begin{aligned}\dot{V}\leqslant&-\sum_{j=1}^{n}k_{j}\varepsilon_{j}^{2}-0.5\sum_{j=1}^{n}\Gamma_{j,1}\tilde{\boldsymbol{W}}_{j,1}^{\mathrm{T}}\tilde{\boldsymbol{W}}_{j,1}-0.5\sum_{j=1}^{n}\Gamma_{j,2}\tilde{\boldsymbol{W}}_{j,2}^{\mathrm{T}}\tilde{\boldsymbol{W}}_{j,2}-\\&0.5\sum_{j=1}^{n}\Gamma_{j,3}\tilde{\boldsymbol{W}}_{j,3}^{\mathrm{T}}\tilde{\boldsymbol{W}}_{j,3}-0.5\sum_{j=1}^{n}m_{j}\tilde{\mu}_{j,3}^{2}+0.5\sum_{j=1}^{n}\Gamma_{j,1}\boldsymbol{W}_{j,1}^{*\mathrm{T}}\boldsymbol{W}_{j,1}^{*}+\\&0.5\sum_{j=1}^{n}\Gamma_{j,2}\boldsymbol{W}_{j,2}^{*\mathrm{T}}\boldsymbol{W}_{j,2}^{*}+0.5\sum_{j=1}^{n}\Gamma_{j,3}\boldsymbol{W}_{j,3}^{*\mathrm{T}}\boldsymbol{W}_{j,3}^{*}+0.5\sum_{j=1}^{n}m_{j}\mu_{j,3}^{2}+\\&\sum_{j=1}^{n}w_{j,1}^{2}/n_{j,1}+\sum_{j=1}^{n}w_{j,2}^{2}/n_{j,2}\end{aligned} \tag{4-109}$$

由假设 4.1 得到$|w_{j,1}|\leqslant\mu_{j,1}$，$|w_{j,2}|\leqslant\mu_{j,2}$，则式(4－109)进一步整理为

$$\begin{aligned}\dot{V}\leqslant&-\sum_{j=1}^{n}k_{j}\varepsilon_{j}^{2}-0.5\sum_{j=1}^{n}\Gamma_{j,1}\tilde{\boldsymbol{W}}_{j,1}^{\mathrm{T}}\tilde{\boldsymbol{W}}_{j,1}-0.5\sum_{j=1}^{n}\Gamma_{j,2}\tilde{\boldsymbol{W}}_{j,2}^{\mathrm{T}}\tilde{\boldsymbol{W}}_{j,2}-\\&0.5\sum_{j=1}^{n}\Gamma_{j,3}\tilde{\boldsymbol{W}}_{j,3}^{\mathrm{T}}\tilde{\boldsymbol{W}}_{j,3}-0.5\sum_{j=1}^{n}m_{j}\tilde{\mu}_{j,3}^{2}+C_{0}\end{aligned} \tag{4-110}$$

式中：

$$\begin{aligned}C_{0}=&0.5\sum_{j=1}^{n}\Gamma_{j,1}\boldsymbol{W}_{j,1}^{*\mathrm{T}}\boldsymbol{W}_{j,1}^{*}+0.5\sum_{j=1}^{n}\Gamma_{j,2}\boldsymbol{W}_{j,2}^{*\mathrm{T}}\boldsymbol{W}_{j,2}^{*}+0.5\sum_{j=1}^{n}\Gamma_{j,3}\boldsymbol{W}_{j,3}^{*\mathrm{T}}\boldsymbol{W}_{j,3}^{*}+\\&\sum_{j=1}^{n}\mu_{j,1}^{2}/n_{j,1}+\sum_{j=1}^{n}\mu_{j,2}^{2}/n_{j,2}+0.5\sum_{j=1}^{n}m_{j}\mu_{j,3}^{2}\end{aligned}$$

由 Lyapunov 稳定性定理可知，V，$\tilde{\boldsymbol{W}}_{i,1}$，$\tilde{\boldsymbol{W}}_{i,2}$，$\tilde{\boldsymbol{W}}_{i,3}$，$\tilde{\mu}_{i,3}(i=1,\cdots,n)$有界，下面对每个子系统的情况进行分析。

对于第 1 个子系统，由于 $\varepsilon_1 \in \ell_\infty$，由误差变换函数的性质可得误差状态量 z_1 满足预设的瞬态和稳态性能要求，并且 $z_1 = x_1 - y_d \in \ell_\infty$，又由假设 4.2 可知 y_d 为连续有界函数，进一步可知 $x_1 \in \ell_\infty$；神经网络最优权值向量显然满足 $\boldsymbol{W}_1^* \in \ell_\infty$，结合 $\tilde{\boldsymbol{W}}_1 = \hat{\boldsymbol{W}}_1 - \boldsymbol{W}_1^* \in \ell_\infty$，得到 $\hat{\boldsymbol{W}}_1 \in \ell_\infty$。虚拟控制量 $x_{2,d}$ 的表达式(4-67)中每一项都是有界的，因此得到 $x_{2,d} \in \ell_\infty$。需要特别注意的是跟踪误差 $e = z_1$。

按照相同的分析思路，对于第 i $(2 \leqslant i \leqslant n-1)$ 个子系统，由于 $\varepsilon_i \in \ell_\infty$，因此误差状态量 z_i 满足预设的瞬态和稳态性能要求，并且 $z_i = x_i - x_{i,d} \in \ell_\infty$。由上一步可以得到 $x_{i,d} \in \ell_\infty$，进而得到 $x_i \in \ell_\infty$，神经网络最优权值向量显然满足 $\boldsymbol{W}_i^* \in \ell_\infty$，结合 $\tilde{\boldsymbol{W}}_i = \hat{\boldsymbol{W}}_i - \boldsymbol{W}_i^* \in \ell_\infty$，得到 $\hat{\boldsymbol{W}}_i \in \ell_\infty$。虚拟控制量 $x_{i+1,d}$ 的表达式(4-83)中每一项都是有界的，因此得到 $x_{i+1,d} \in \ell_\infty$。

对于第 n 个子系统，由于 $\varepsilon_n \in \ell_\infty$，因此误差状态量 z_n 满足预设的瞬态和稳态性能要求，且 $z_n = x_n - x_{n,d} \in \ell_\infty$，由上一步可以得到 $x_{n,d} \in \ell_\infty$，进而得到 $x_n \in \ell_\infty$，神经网络最优权值向量显然满足 $\boldsymbol{W}_n^* \in \ell_\infty$，结合 $\tilde{\boldsymbol{W}}_n = \hat{\boldsymbol{W}}_n - \boldsymbol{W}_n^* \in \ell_\infty$，得到 $\hat{\boldsymbol{W}}_n \in \ell_\infty$。控制量 u 的表达式(4-91)中每一项都是有界的，因此得到 $u \in \ell_\infty$。

综上可得，误差状态量 $z_i (i=1,\cdots,n)$ 满足预设的瞬态和稳态性能要求，且闭环系统中所有信号有界。定理 4.2 得证。

4.5 仿真分析

本节将对 4.3 节和 4.4 节设计的控制器进行仿真验证，仿真对象的数学模型均选择以下形式：

$$\begin{cases} \dot{x}_1 = x_1^2 + (3 + \cos x_1) x_2 \\ \dot{x}_2 = \sin(x_1) x_2^2 + [2 + \sin(x_1 x_2)] u \\ y = x_1 \end{cases}$$

期望输出信号均选为

$$y_d(t) = \sin t + \sin(2t)$$

初始状态均为

$$x_1(0) = 0.8, \quad x_2(0) = 0$$

性能函数均选取为

$$\varpi_1(t) = \varpi_2(t) = (1 - 10^{-3}) \mathrm{e}^{-t} + 10^{-3}$$

误差变换函数均选择为

$$F_{\mathrm{tran},1}^{-1}(x) = F_{\mathrm{tran},2}^{-1}(x) = \frac{1}{2} \ln \frac{\iota_{\mathrm{down}} + x}{\iota_{\mathrm{up}} - x}$$

ι_{up} 及 ι_{down} 均选取为

$$\begin{cases}\dot{\iota}_{\mathrm{down}}(t)=-2.0\iota_{\mathrm{down}}(t)+2.0\\ \dot{\iota}_{\mathrm{up}}(t)=-2.0\iota_{\mathrm{up}}(t)+2.0\\ \iota_{\mathrm{up}}(0)=3.0,\iota_{\mathrm{down}}(0)=3.0\end{cases}$$

采用 4.3 节的控制器设计方法，选取控制器为

$$x_{2,d}=\frac{-2\varepsilon_1-\hat{\boldsymbol{W}}_1^{\mathrm{T}}\phi_1(\boldsymbol{Z}_1)}{r_1\boldsymbol{g}_1(x_1)}-\frac{r_1\boldsymbol{g}_1(x_1)\varepsilon_1}{2}$$

$$u=\frac{-2\varepsilon_2-\hat{\boldsymbol{W}}_2^{\mathrm{T}}\phi_2(\boldsymbol{Z}_2)}{r_2\boldsymbol{g}_2(\boldsymbol{x})}-\frac{\varepsilon_2\varpi_2^2\eta_2^2}{2\boldsymbol{g}_2(\boldsymbol{x})r_2}$$

利用 2 个 RBF 神经网络对系统中的不确定函数 $h_1(\boldsymbol{Z}_1)$和 $h_2(\boldsymbol{Z}_2)$进行逼近，两个神经网络均取 20 个节点，神经网络权值调节律设计为

$$\dot{\hat{\boldsymbol{W}}}_1=-5\hat{\boldsymbol{W}}_1+\varepsilon_1\phi_1(\boldsymbol{Z}_1)$$

$$\dot{\hat{\boldsymbol{W}}}_2=-5\hat{\boldsymbol{W}}_2+\varepsilon_2\phi_2(\boldsymbol{Z}_2)$$

式中：

$$\boldsymbol{Z}_1=[x_1\quad y_d\quad \dot{y}_d\quad \varpi_1\quad \iota_{\mathrm{up},1}\quad \iota_{\mathrm{down},1}\quad \varpi_1\quad \dot{\iota}_{\mathrm{up},1}\quad \dot{\iota}_{\mathrm{down},1}]^{\mathrm{T}}$$

$$\boldsymbol{Z}_2=[\bar{\boldsymbol{x}}_2\quad x_{2,d}\quad \frac{\partial x_{2,d}}{\partial x_1}\quad \omega_1\quad \varpi_2\quad \iota_{\mathrm{up},2}\quad \iota_{\mathrm{down},2}\quad \varpi_2\quad \dot{\iota}_{\mathrm{up},2}\quad \dot{\iota}_{\mathrm{down},2}]^{\mathrm{T}}$$

采用 4.3 节的控制器设计方法，选取控制器为

$$x_{2,d}=-\frac{2\varepsilon_1}{r_1\boldsymbol{g}_1(x_1)}-\hat{\boldsymbol{W}}_{1,1}^{\mathrm{T}}\phi_{1,1}(\boldsymbol{Z}_{1,1})-\frac{v_1\hat{\boldsymbol{W}}_{1,2}^{\mathrm{T}}\phi_{1,2}(\boldsymbol{Z}_{1,2})}{r_1}-\frac{\varepsilon_1\hat{\boldsymbol{W}}_{1,3}^{\mathrm{T}}\phi_{1,3}(\boldsymbol{Z}_{1,3})}{r_1\boldsymbol{g}_1(x_1)}-$$
$$\frac{r_1\boldsymbol{g}_1(x_1)\varepsilon_1}{4}-\frac{v_1^2\boldsymbol{g}_1(x_1)\varepsilon_1}{4r_1}-\frac{\hat{\mu}_{1,3}\varepsilon_1}{r_1\boldsymbol{g}_1(x_1)}-\frac{r_1\boldsymbol{g}_1(x_1)\varepsilon_1}{4}$$

$$u=-\frac{2\varepsilon_2}{r_2\boldsymbol{g}_2(\boldsymbol{x})}-\hat{\boldsymbol{W}}_{2,1}^{\mathrm{T}}\phi_{2,1}(\boldsymbol{Z}_{2,1})-\frac{v_2\hat{\boldsymbol{W}}_{2,2}^{\mathrm{T}}\phi_{2,2}(\boldsymbol{Z}_{2,2})}{r_2}-\frac{\varepsilon_2\hat{\boldsymbol{W}}_{2,3}^{\mathrm{T}}\phi_{2,3}(\boldsymbol{Z}_{2,3})}{r_2\boldsymbol{g}_2(\boldsymbol{x})}-$$
$$\frac{r_2\boldsymbol{g}_2(\boldsymbol{x})\varepsilon_2}{4}-\frac{v_2^2\boldsymbol{g}_2(\boldsymbol{x})\varepsilon_2}{4r_2}-\frac{\hat{\mu}_{2,3}\varepsilon_2}{r_2\boldsymbol{g}_2(\boldsymbol{x})}-\frac{\varepsilon_2\varpi_2^2\eta_2^2}{\boldsymbol{g}_2(\boldsymbol{x})r_2}$$

利用 6 个 RBF 神经网络对系统中的未知函数 $h_{1,1}(\boldsymbol{Z}_{1,1})$，$h_{1,2}(\boldsymbol{Z}_{1,2})$，$h_{1,3}(\boldsymbol{Z}_{1,3})$，$h_{2,1}(\boldsymbol{Z}_{2,1})$，$h_{2,2}(\boldsymbol{Z}_{2,2})$，$h_{2,3}(\boldsymbol{Z}_{2,3})$进行逼近，神经网络均取 10 个节点，设计权值调节律和自适应律为

$$\dot{\hat{\boldsymbol{W}}}_{1,1}=-5\hat{\boldsymbol{W}}_{1,1}+r_1\varepsilon_1\boldsymbol{g}_1(x_1)\phi_{1,1}(\boldsymbol{Z}_{1,1})$$

$$\dot{\hat{\boldsymbol{W}}}_{1,2}=-5\hat{\boldsymbol{W}}_{1,2}+v_1\varepsilon_1\boldsymbol{g}_1(x_1)\phi_{1,2}(\boldsymbol{Z}_{1,2})$$

$$\dot{\hat{\boldsymbol{W}}}_{1,3}=-5\hat{\boldsymbol{W}}_{1,3}+\varepsilon_1^2\phi_{1,3}(\boldsymbol{Z}_{1,3})$$

$$\dot{\hat{\mu}}_{1,3}=-7\hat{\mu}_{1,3}+\varepsilon_1^2$$

$$\dot{\hat{\boldsymbol{W}}}_{2,1}=-5\hat{\boldsymbol{W}}_{2,1}+r_2\varepsilon_2\boldsymbol{g}_2(\boldsymbol{x}_2)\phi_{2,1}(\boldsymbol{Z}_{2,1})$$

$$\dot{\hat{\boldsymbol{W}}}_{2,2}=-5\hat{\boldsymbol{W}}_{2,2}+v_2\varepsilon_2\boldsymbol{g}_2(\boldsymbol{x}_2)\phi_{2,2}(\boldsymbol{Z}_{2,2})$$

$$\dot{\hat{\boldsymbol{W}}}_{2,3}=-5\hat{\boldsymbol{W}}_{2,3}+\varepsilon_2^2\phi_{2,3}(\boldsymbol{Z}_{2,3})$$

$$\dot{\hat{\mu}}_{2,3}=-7\hat{\mu}_{2,3}+\varepsilon_2^2$$

仿真结果如图 4－1～图 4－7 所示，其中(a)和(b)分别对应 4.3 节和 4.4 节提出的设计方法。

图 4－1 和图 4－2 所示为输出信号 y 跟踪期望轨迹 y_d 和状态量 x_2 跟踪虚拟控制量 $x_{2,d}$ 的情况，从仿真结果可以看出跟踪速度快且能实现稳定跟踪，跟踪效果良好。

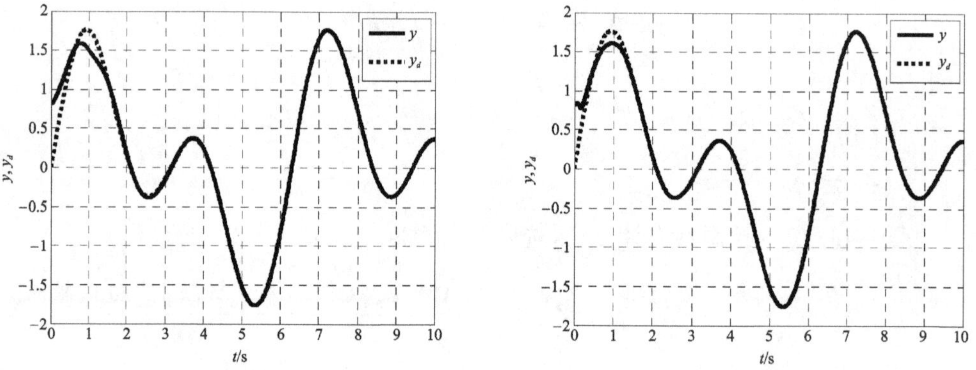

(a) 直接法　　(b) 间接法

图 4－1　y 跟踪期望轨迹 y_d 的情况

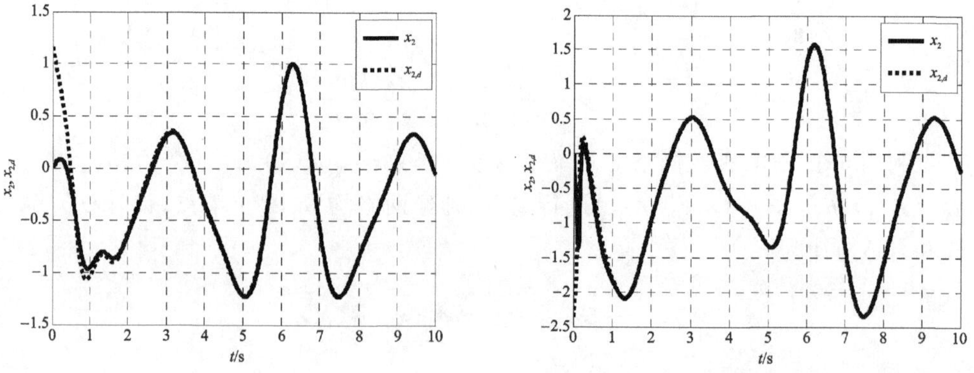

(a) 直接法　　(b) 间接法

图 4－2　x_2 跟踪期望轨迹 $x_{2,d}$ 的情况

图 4 - 3 和图 4 - 4 所示为跟踪误差 z_1 和 z_2 随时间变化的情况，点画线为预先设定的跟踪误差的上下界，跟踪误差始终在这个预设的可行域内运动，满足预设的瞬态和稳态性能要求。

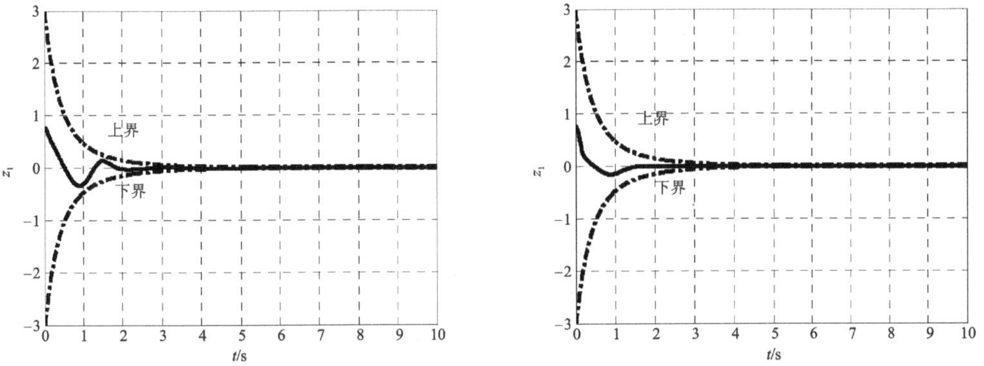

(a) 直接法　　(b) 间接法

图 4 - 3　跟踪误差 z_1 随时间变化的情况

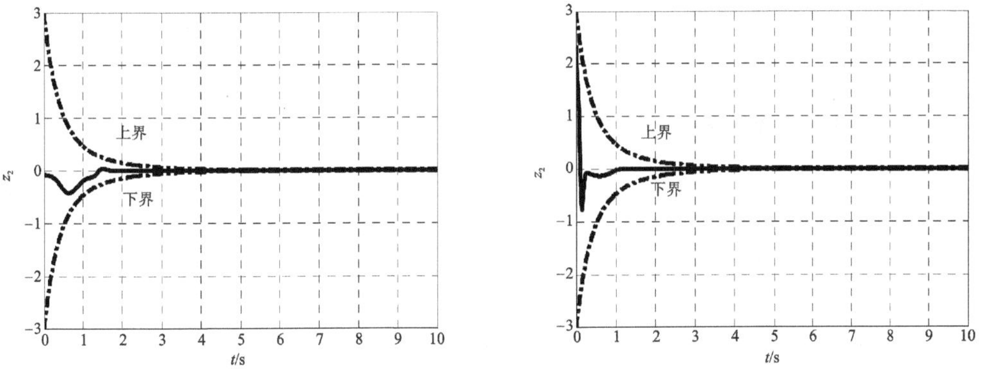

(a) 直接法　　(b) 间接法

图 4 - 4　跟踪误差 z_2 随时间变化的情况

图 4 - 5 所示为部分自适应参数的变化情况，考虑到系统中自适应参数数量较多，而且变化情况基本类似，这里仅代表性地列出其中三个参数的变化情况，从仿真结果可以看出，图(a)中参数的收敛速度明显慢于图(b)，这主要是由于直接法过分依赖于神经网络的逼近能力，导致未知函数结构更加复杂，输入变量的维数更高，而间接法充分利用系统的已知信息，整理出的未知函数的结构相对简单，维数也较低，因此自适应参数的收敛速度较快，但整体来说，不管是直接法还是间接法，自适应参数都是收敛的，而且收敛速度均能满足设计的要求。

图 4 - 6 所示为神经网络逼近误差的变化情况，这里仍然代表性地给出其中某一个神经网络的逼近误差，从图中可以明显看出图(b)的逼近效果明显好于图(a)，具体原因同上，虽然间接法中神经网络的逼近效果更好，但是控制器设计过程也更为复

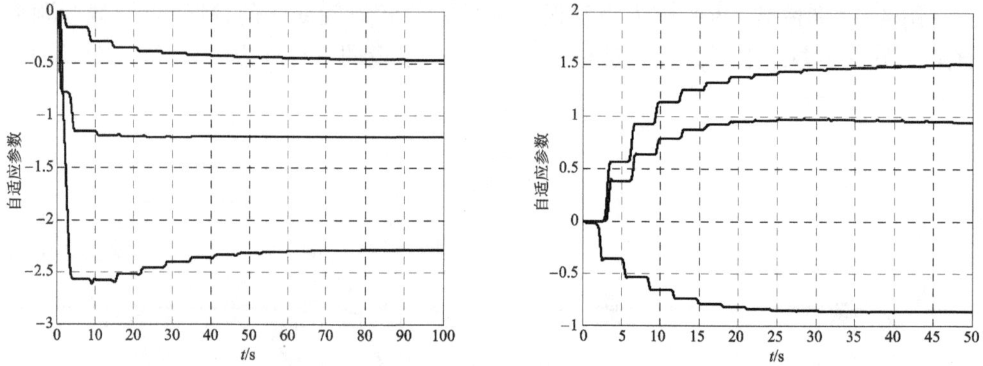

(a) 直接法　　(b) 间接法

图 4－5　部分自适应参数的变化情况

杂，因此不能笼统地说哪种方法更好，至于选取哪种方式也要视具体情况而定。

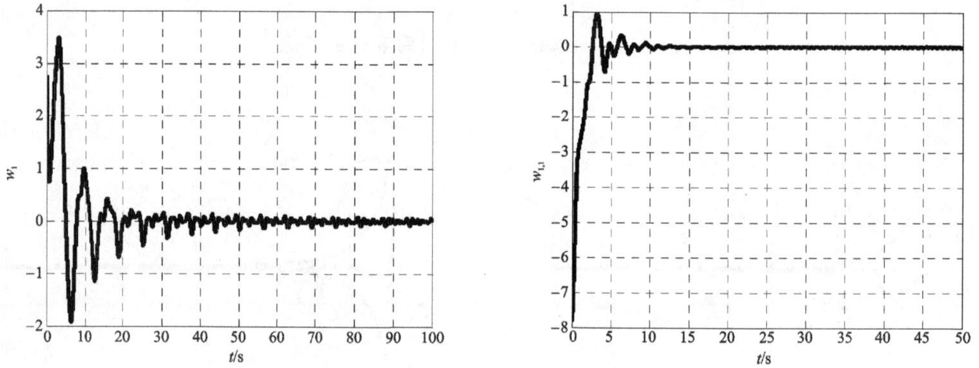

(a) 直接法　　(b) 间接法

图 4－6　神经网络逼近误差的变化情况

图 4－7 所示为控制输入的变化情况，控制曲线光滑连续，满足控制要求。

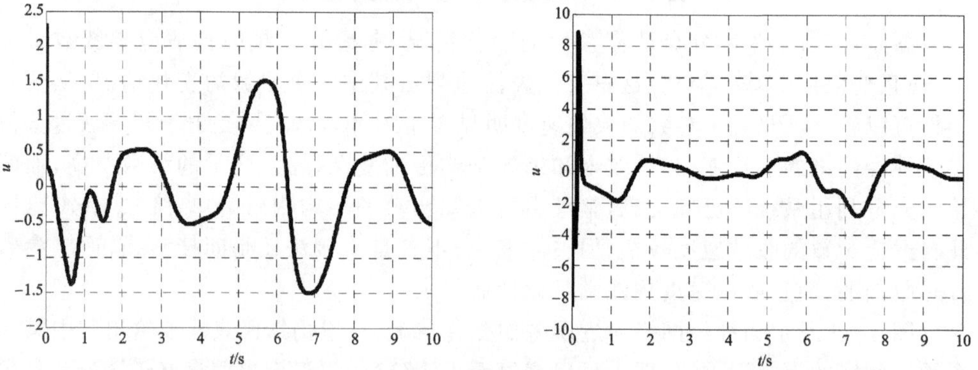

(a) 直接法　　(b) 间接法

图 4－7　控制量 u 输入的变化情况

另外，系统中所有信号都有界，限于篇幅，没有一一列出。

4.6　本章小结

本章针对一类控制增益为未知函数的不确定系统的预设性能控制问题展开研究，分别提出了一种直接自适应神经网络和间接自适应神经网路控制器设计方法，利用 RBF 神经网络对系统中的未知函数进行逼近，并构造了一种新的积分型 Lyapunov 函数，有效避免了在参数估计过程中可能出现的“不可控”现象，两种方法各有优缺点，但均能满足预设的瞬态和稳态性能要求，成功解决了本章研究对象的预设性能控制问题。

第 5 章　控制方向未知的不确定系统预设性能自适应反演控制

第 4 章对控制增益为未知函数的不确定系统的预设性能控制问题进行了研究，本章进一步研究控制方向未知的情况，且系统中含有非匹配干扰项。对于控制方向未知的严格反馈非线性系统的预设性能控制问题是当前研究的热点和难点。

对于控制方向未知的系统，目前有两种方法能够实现其控制问题：一是 Nussbaum 增益法，该方法最早由 Nussbaum 于 1983 年提出，随后被应用于各种不同形式的系统中，例如自适应系统、严格反馈非线性系统等；另一种方法是直接对方向未知参数进行估计，该方法具有很大局限性，需要在严格的假设条件下才能成立。

本章将 Nussbaum 增益法与第 2 章提出的控制框架进行有机结合，针对因考虑系统的预设性能而造成的设计复杂性问题，提出一种子系统独立设计思想，将上一个子系统的预设性能满足问题转化为当前子系统的有界性问题，使设计过程简单化、合理化。另外，针对系统中的非匹配干扰项，应用反演技术和鲁棒设计技巧，有效避免了其影响；利用跟踪-微分器对虚拟控制量的微分进行逼近，并对整个闭环系统的稳定性进行了证明。

5.1　Nussbaum 增益法

为解决增益函数及其符号未知的问题，引入 Nussbaum 增益法[87]。Nussbaum 函数的基本定义如下：

定义 5.1　任意的连续函数 $N(\zeta)$ 称为 Nussbaum 函数，如果满足

$$\lim_{s\to\infty}\sup\frac{1}{s}\int_0^s N(\zeta)\mathrm{d}\zeta=\infty \tag{5-1}$$

$$\lim_{s\to\infty}\inf\frac{1}{s}\int_0^s N(\zeta)\mathrm{d}\zeta=-\infty \tag{5-2}$$

常见的 Nussbaum 型函数有 $\zeta^2\cos\zeta$，$\zeta^2\sin\zeta$ 等。下面以 $N(\zeta)=\zeta^2\cos\zeta$ 为例，说明 Nussbaum 型函数的基本性质。

显然，$N(\zeta)$ 在 $(2n\pi-\pi/2, 2n\pi+\pi/2)$ 为正，在 $(2n\pi+\pi/2, 2n\pi+3\pi/2)$ 为负，可以证明：

$$\lim_{n\to\infty}\frac{1}{2n\pi+\frac{\pi}{2}}\int_0^{2n\pi+\frac{\pi}{2}} v(\zeta)\,\mathrm{d}\zeta=\infty \tag{5-3}$$

$$\lim_{n\to\infty}\frac{1}{2n\pi+\frac{3\pi}{2}}\int_0^{2n\pi+\frac{3\pi}{2}}v(\zeta)\,\mathrm{d}\zeta=-\infty \tag{5-4}$$

其中,式(5-4)证明过程如下:

$$\lim_{n\to\infty}\frac{1}{2n\pi+\frac{\pi}{2}}\int_0^{2n\pi+\frac{\pi}{2}}\zeta^2\cos\zeta\mathrm{d}\zeta$$

$$=\lim_{n\to\infty}\frac{1}{2n\pi+\frac{\pi}{2}}\int_0^{2n\pi+\frac{\pi}{2}}\zeta^2\mathrm{d}(\sin\zeta)$$

$$=\lim_{n\to\infty}\frac{1}{2n\pi+\frac{\pi}{2}}\left[\zeta^2\sin\zeta\Big|_0^{2n\pi+\frac{\pi}{2}}-2\int_0^{2n\pi+\frac{\pi}{2}}\zeta\sin\zeta\mathrm{d}(\zeta)\right]$$

$$=\lim_{n\to\infty}\left(2n\pi+\frac{\pi}{2}\right)-\lim_{n\to\infty}\frac{1}{n\pi+\frac{\pi}{4}}=\infty \tag{5-5}$$

式(5-5)的证明过程类似,不再赘述。在控制器设计过程中,我们用到了如下引理:

引理 5.1　设 $V(\cdot)$ 和 $N(\cdot)$ 为定义在 $[0,t_f)$ 内的连续函数,$V(t)\geqslant 0$,$\forall t\in[0,t_f)$;$N(\cdot)$ 为 Nussbaum 函数,如果[93]

$$V(t)\leqslant c_0+\int_0^t g[x(\tau)]N(\zeta)\dot{\zeta}\mathrm{e}^{c_1(\tau-t)}\mathrm{d}\tau+\int_0^t\dot{\zeta}\mathrm{e}^{c_1(\tau-t)}\mathrm{d}\tau \tag{5-6}$$

式中:$c_1,c_0>0$ 为适当的常数;$g[x(\tau)]$ 严格正或严格负,则 $V(t)$ 及 $\zeta(t)$ 在 $[0,t_f)$ 内有界。

5.2　系统描述

考虑如下形式的含有非匹配不确定项的严格反馈不确定系统:

$$\begin{cases}\dot{x}_1=f_1(x_1)+g_1(x_1)x_2+\Delta_1(t,x_1)\\ \qquad\vdots\\ \dot{x}_i=f_i(\bar{\boldsymbol{x}}_i)+g_i(\bar{\boldsymbol{x}}_i)x_{i+1}+\Delta_i(t,\bar{\boldsymbol{x}}_i)\\ \qquad\vdots\\ \dot{x}_n=f_n(\boldsymbol{x})+g_n(\boldsymbol{x})u+\Delta_n(t,\boldsymbol{x})\\ y(t)=x_1(t)\end{cases} \tag{5-7}$$

式中:$\boldsymbol{x}=[x_1\ \cdots\ x_n]^{\mathrm{T}}\in\mathbf{R}^n$,$u\in\mathbf{R}$ 和 $y\in\mathbf{R}$ 分别为系统的状态量、输入量和输出量;定义 $\bar{\boldsymbol{x}}_i=[x_1\ \cdots\ x_i]^{\mathrm{T}}\in\mathbf{R}^i$,$f_i(\cdot)$ 和 $g_i(\cdot)$ 为未知连续光滑函数且 $g_i(\cdot)$ 的符号未知;$\Delta_i(t,\bar{\boldsymbol{x}}_i)$ 为非匹配干扰项;y_d 为期望轨迹。

控制目标如下:

① 设计反演控制器 u，保证输出误差 $e(t)=y(t)-y_d(t)$ 满足预先设定的瞬态和稳态性能；

② 闭环系统中的所有信号都有界。

对系统的基本假设如下：

假设 5.1 期望轨迹 y_d 及其高阶导数 $y_d^{(i)}(t)(i=1,2,\cdots,n-1)$ 连续有界，且满足 $\bar{\boldsymbol{x}}_{i,d}\in\Omega_{i,d}\subset\mathbf{R}^i$，其中，$\bar{\boldsymbol{x}}_{i,d}=[y_d \quad \dot{y}_d \quad \cdots \quad y_d^{(i-1)}]^{\mathrm{T}}$，$\Omega_{i,d}$ 为已知紧集。

假设 5.2 函数 $g_i(\bar{\boldsymbol{x}}_i)$ 及其符号未知，且存在未知正常数 $\underline{g}_i$ 和 $\bar{g}_i$，使得 $0<\underline{g}_i<|g_i(\bar{\boldsymbol{x}}_i)|<\bar{g}_i$，$\forall\,\boldsymbol{x}\in\Omega$，$\Omega$ 为紧集。

假设 5.2 表明光滑函数 $g_i(\bar{\boldsymbol{x}}_i)$ 为严格正或严格负的。

假设 5.3 存在未知正常数 $\bar{p}_i$ 和已知非负函数 $B_i(\bar{\boldsymbol{x}}_i)$，使得

$$|\Delta_i(t,\bar{\boldsymbol{x}}_i)|\leqslant\bar{p}_iB_i(\bar{\boldsymbol{x}}_i) \quad \forall\,(t,\boldsymbol{x})\in\mathbf{R}_+\times\Omega$$

利用 RBF 神经网络对未知函数 $f_i(\bar{\boldsymbol{x}}_i)$ 进行逼近，由引理 4.1 可知，任意未知函数 $f_i(\bar{\boldsymbol{x}}_i)$ 可表示为

$$f_i(\bar{\boldsymbol{x}}_i)=\boldsymbol{W}_{f,i}^{*\mathrm{T}}\boldsymbol{\phi}_{f,i}(\bar{\boldsymbol{x}}_i)+w_{f,i}(\bar{\boldsymbol{x}}_i) \tag{5-8}$$

式中：$\boldsymbol{\phi}_{f,i}(\bar{\boldsymbol{x}}_i)\in\mathbf{R}^{l_i}$ 为高斯基函数矢量；$\boldsymbol{W}_{f,i}^*\in\mathbf{R}^{l_i}$ 为使重构误差 $w_{f,i}(\bar{\boldsymbol{x}}_i)$ 最小的未知参数；定义 $\hat{\boldsymbol{W}}_{f,i}$ 为 $\boldsymbol{W}_{f,i}^*$ 的估计值，估计误差可表示为 $\tilde{\boldsymbol{W}}_{f,i}=\hat{\boldsymbol{W}}_{f,i}-\boldsymbol{W}_{f,i}^*$。根据神经网络的逼近特性，可以做出如下假设：

假设 5.4 最优神经网络权值向量 $\boldsymbol{W}_{f,i}^*$ 及神经网络重构误差 $w_{f,i}$ 均有界，即

$$\|\boldsymbol{W}_{f,i}^*\|\leqslant\mu_{W,i}, \qquad |w_{f,i}|\leqslant\mu_{f,i}$$

式中：$\mu_{W,i}$，$\mu_{f,i}$ 为未知正常数。

另外，由于虚拟控制量 $x_{i,d}$ 的微分 $\dot{x}_{i,d}$ 非常难以计算，本节利用二阶非线性跟踪-微分器对其进行光滑逼近。对于跟踪-微分器的性能，由引理 4.2 可作如下假设：

假设 5.5 合理设计跟踪-微分器参数，可以使跟踪-微分器的输出信号 $\hat{\dot{x}}_{i,d}$ 与其输入信号 $x_{i,d}$ 的微分 $\dot{x}_{i,d}$ 之间的误差一致有界，即存在未知常量 $\mu_{x_{i,d}}>0$，使得 $|\dot{x}_{i,d}-\hat{\dot{x}}_{i,d}|\leqslant\mu_{x_{i,d}}(i=2,\cdots,n)$ 成立。

5.3 基于 Nussbaum 增益法的预设性能反演控制器设计及稳定性分析

5.3.1 反演控制器设计

第 1 步，考虑系统(5-1)中的第 1 个子系统，定义误差状态量 $z_1=x_1-y_d$，对其进行误差变换，得到

$$\varepsilon_1 = F_{\mathrm{tran},1}^{-1}\left[z_1(t)/\varpi_1(t), \iota_{\mathrm{down},1}(t), \iota_{\mathrm{up},1}(t)\right] \tag{5-9}$$

式中：$\varpi_1(t)$为性能函数；$F_{\mathrm{tran},1}^{-1}(\cdot)$为误差变换函数。

式(5-9)两边对时间求导，得到

$$\dot{\varepsilon}_1 = \frac{\partial F_{\mathrm{tran},1}^{-1}}{\partial(z_1/\varpi_1)}\frac{1}{\varpi_1}\dot{z}_1 - \frac{\partial F_{\mathrm{tran},1}^{-1}}{\partial(z_1/\varpi_1)}\frac{\varpi_1}{\varpi_1^2}z_1 + \frac{\partial F_{\mathrm{tran},1}^{-1}}{\partial \iota_{\mathrm{down},1}}\dot{\iota}_{\mathrm{down},1} + \frac{\partial F_{\mathrm{tran},1}^{-1}}{\partial \iota_{\mathrm{up},1}}\dot{\iota}_{\mathrm{up},1} \tag{5-10}$$

结合 $\dot{z}_1 = \dot{x}_1 - \dot{y}_d$ 和系统式(5-1)的第 1 个子系统，得到

$$\dot{z}_1 = f_1(x_1) + g_1(x_1)x_2 + \Delta_1 - \dot{y}_d \tag{5-11}$$

将式(5-11)代入式(5-10)，得到

$$\begin{aligned}\dot{\varepsilon}_1 &= r_1\left[f_1(x_1) + g_1(x_1)x_2 - \dot{y}_d + \Delta_1\right] + v_1 \\ &= r_1\left[f_1(x_1) + g_1(x_1)x_{2,d} + g_1(x_1)z_2 - \dot{y}_d + \Delta_1\right] + v_1\end{aligned} \tag{5-12}$$

式中：v_1 为关于状态和时间的函数，

$$v_1 = -\frac{\partial F_{\mathrm{tran},1}^{-1}}{\partial(z_1/\varpi_1)}\frac{\varpi_1}{\varpi_1^2}z_1 + \frac{\partial F_{\mathrm{tran},1}^{-1}}{\partial \iota_{\mathrm{down},1}}\dot{\iota}_{\mathrm{down},1} + \frac{\partial F_{\mathrm{tran},1}^{-1}}{\partial \iota_{\mathrm{up},1}}\dot{\iota}_{\mathrm{up},1}$$

$$r_1 = \frac{\partial F_{\mathrm{tran},1}^{-1}}{\partial(z_1/\varpi_1)}\frac{1}{\varpi_1} > 0$$

$x_{2,d}$ 为虚拟控制量；误差状态量 $z_2 = x_2 - x_{2,d}$。

选取虚拟控制量 $x_{2,d}$ 为

$$x_{2,d} = N(\zeta_1)\eta_1 \tag{5-13}$$

式中：$\dot{\zeta}_1 = r_1\varepsilon_1\eta_1$，$\eta_1$ 为待设计的光滑函数，设计 η_1 为

$$\eta_1 = \frac{k_1}{2r_1}\varepsilon_1 + \frac{v_1}{r_1} + \boldsymbol{\phi}_{f,1}^{\mathrm{T}}\hat{\boldsymbol{W}}_{f,1} - \dot{y}_d + n_{f,1}\varepsilon_1 r_1 + n_{\phi,1}\varepsilon_1 r_1 B_1^2(x_1) + n_{g,1}\varepsilon_1 r_1 \tag{5-14}$$

式中：$k_1>0$，$n_{f,1}>0$，$n_{\phi,1}>0$，$n_{g,1}>0$，均为设计常数；$\boldsymbol{\phi}_{f,1}^{\mathrm{T}}\hat{\boldsymbol{W}}_{f,1}$ 为未知函数 $f_1(x_1)$ 的估计值；$n_{f,1}\varepsilon_1 r_1$ 和 $n_{\phi,1}\varepsilon_1 r_1 B_1^2(x_1)$作为鲁棒项，分别消除神经网络逼近误差和非匹配不确定项的影响；$n_{g,1}\varepsilon_1 r_1$ 将当前系统的稳定性问题转化为状态 z_2 的有界性问题，具体证明过程将在 5.3.2 小节稳定性分析中给出。

设计神经网络权值自适应调节律$\dot{\hat{\boldsymbol{W}}}_{f,1}$ 为

$$\dot{\hat{\boldsymbol{W}}}_{f,1} = \varepsilon_1 r_1\boldsymbol{\phi}_{f,1}^{\mathrm{T}} - \sigma_1\hat{\boldsymbol{W}}_{f,1} \tag{5-15}$$

式中：σ_1 为设计参数，$\sigma_1>0$。

第 2 步，考虑系统(5-1)中的第 2 个子系统，误差状态量 $z_2 = x_2 - x_{2,d}$，对其进行误差变换，得到

$$\varepsilon_2 = F_{\mathrm{tran},2}^{-1}\left[z_2(t)/\varpi_2(t), \iota_{\mathrm{down},2}(t), \iota_{\mathrm{up},2}(t)\right] \tag{5-16}$$

式中：$\varpi_2(t)$为性能函数；$F_{\mathrm{tran},2}^{-1}(\cdot)$为误差变换函数。

式(5-16)两边对时间求导，得到

$$\dot{\varepsilon}_2=\frac{\partial F_{\mathrm{tran},2}^{-1}}{\partial(z_2/\varpi_2)}\frac{1}{\varpi_2}\dot{z}_2-\frac{\partial F_{\mathrm{tran},2}^{-1}}{\partial(z_2/\varpi_2)}\frac{\dot{\varpi}_2}{\varpi_2^2}z_2+\frac{\partial F_{\mathrm{tran},2}^{-1}}{\partial \iota_{\mathrm{down},2}}\dot{\iota}_{\mathrm{down},2}+\frac{\partial F_{\mathrm{tran},2}^{-1}}{\partial \iota_{\mathrm{up},2}}\dot{\iota}_{\mathrm{up},2} \tag{5-17}$$

结合 $\dot{z}_2=\dot{x}_2-\dot{x}_{2,d}$ 和系统式(5-1)的第 2 个子系统，得到

$$\dot{z}_2=f_2(\bar{\boldsymbol{x}}_2)+g_2(\bar{\boldsymbol{x}}_2)x_3+\Delta_2-\dot{x}_{2,d} \tag{5-18}$$

将式(5-18)代入式(5-17)，得到

$$\dot{\varepsilon}_2=r_2[f_2(\bar{\boldsymbol{x}}_2)+g_2(\bar{\boldsymbol{x}}_2)x_{3,d}+g_2(\bar{\boldsymbol{x}}_2)z_3+\Delta_2-\dot{x}_{2,d}]+v_2 \tag{5-19}$$

式中：v_2 为关于状态和时间的函数，

$$v_2=-\frac{\partial F_{\mathrm{tran},2}^{-1}}{\partial(z_2/\varpi_2)}\frac{\dot{\varpi}_2}{\varpi_2^2}z_2+\frac{\partial F_{\mathrm{tran},2}^{-1}}{\partial \iota_{\mathrm{down},2}}\dot{\iota}_{\mathrm{down},2}+\frac{\partial F_{\mathrm{tran},2}^{-1}}{\partial \iota_{\mathrm{up},2}}\dot{\iota}_{\mathrm{up},2}$$

$$r_2=\frac{\partial F_{\mathrm{tran},2}^{-1}}{\partial(z_2/\varpi_2)}\frac{1}{\varpi_2}>0$$

$x_{3,d}$ 为虚拟控制量；误差状态量 $z_3=x_3-x_{3,d}$。

选取虚拟控制量 $x_{3,d}$ 为

$$x_{3,d}=N(\zeta_2)\eta_2 \tag{5-20}$$

式中：$\dot{\zeta}_2=r_2\varepsilon_2\eta_2$，$\eta_2$ 为待设计的光滑函数。设计 η_2 为

$$\begin{aligned}\eta_2=&\frac{k_2}{2r_2}\varepsilon_2+\frac{v_2}{r_2}+\boldsymbol{\phi}_{f,2}^{\mathrm{T}}\hat{\boldsymbol{W}}_{f,2}-\hat{\dot{x}}_{2,d}+n_{f,2}\varepsilon_2 r_2+\\&n_{\phi,2}\varepsilon_2 r_2 B_2^2(\bar{\boldsymbol{x}}_2)+n_{g,2}\varepsilon_2 r_2+n_{x_{2,d}}\varepsilon_2 r_2\end{aligned} \tag{5-21}$$

式中：$k_2>0$，$n_{f,2}>0$，$n_{\phi,2}>0$，$n_{g,2}>0$，$n_{x_{2,d}}>0$，均为设计参数；$\boldsymbol{\phi}_{f,2}^{\mathrm{T}}\hat{\boldsymbol{W}}_{f,2}$ 为对未知函数 $f_2(\bar{\boldsymbol{x}}_2)$ 的估计值；$\hat{\dot{x}}_{2,d}$ 为对虚拟控制量 $x_{2,d}$ 的导数的估计值；$n_{f,2}\varepsilon_2 r_2$，$n_{\phi,2}\varepsilon_2 r_2 B_2^2(\bar{\boldsymbol{x}}_2)$和 $n_{x_{2,d}}\varepsilon_2 r_2$ 作为鲁棒项，分别消除神经网络逼近误差、非匹配不确定项和跟踪-微分器跟踪误差的影响；$n_{g,2}\varepsilon_2 r_2$ 将当前系统的稳定性问题转化为状态 z_3 的有界性问题，具体证明过程将在 5.3.2 小节稳定性分析中给出。

设计神经网络权值的自适应调节律$\dot{\hat{\boldsymbol{W}}}_{f,2}$ 为

$$\dot{\hat{\boldsymbol{W}}}_{f,2}=\varepsilon_2 r_2\boldsymbol{\phi}_{f,2}^{\mathrm{T}}-\sigma_2\hat{\boldsymbol{W}}_{f,2} \tag{5-22}$$

式中：σ_2 为设计参数，$\sigma_2>0$。

第 i(3≤i≤$n-1$)步，考虑系统(5-1)中的第 i 个子系统：

$$\dot{x}_i=f_i(\bar{\boldsymbol{x}}_i)+g_i(\bar{\boldsymbol{x}}_i)x_{i+1}+\Delta_i \tag{5-23}$$

误差状态量 $z_i=x_i-x_{i,d}$，对其进行误差变换，得到

$$\varepsilon_i=F_{\mathrm{tran},i}^{-1}[z_i(t)/\varpi_i(t),\iota_{\mathrm{down},i}(t),\iota_{\mathrm{up},i}(t)] \tag{5-24}$$

式(5-24)两边对时间求导，得到

$$\dot{\varepsilon}_i=\frac{\partial F_{\mathrm{tran},i}^{-1}}{\partial(z_i/\varpi_i)}\frac{1}{\varpi_i}\dot{z}_i-\frac{\partial F_{\mathrm{tran},i}^{-1}}{\partial(z_i/\varpi_i)}\frac{\dot{\varpi}_i}{\varpi_i^2}z_i+\frac{\partial F_{\mathrm{tran},i}^{-1}}{\partial \iota_{\mathrm{down},i}}\dot{\iota}_{\mathrm{down},i}+\frac{\partial F_{\mathrm{tran},i}^{-1}}{\partial \iota_{\mathrm{up},i}}\dot{\iota}_{\mathrm{up},i} \tag{5-25}$$

结合 $\dot{z}_i=\dot{x}_i-\dot{x}_{i,d}$，并将式(5-23)代入式(5-25)，得到

$$\dot{\varepsilon}_i = r_i\left[f_i(\bar{\boldsymbol{x}}_i) + g_i(\bar{\boldsymbol{x}}_i)x_{i+1,d} + g_i z_{i+1} + \Delta_i - \dot{x}_{i,d}\right] + v_i \tag{5-26}$$

式中：v_i 为关于状态和时间的函数，

$$v_i = -\frac{\partial F_{\mathrm{tran},i}^{-1}}{\partial(z_i/\varpi_i)}\frac{\varpi_i}{\varpi_i^2}z_i + \frac{\partial F_{\mathrm{tran},i}^{-1}}{\partial\iota_{\mathrm{down},i}}\dot{\iota}_{\mathrm{down},i} + \frac{\partial F_{\mathrm{tran},i}^{-1}}{\partial\iota_{\mathrm{up},i}}\dot{\iota}_{\mathrm{up},i}$$

$$r_i = \frac{\partial F_{\mathrm{tran},i}^{-1}}{\partial(z_i/\varpi_i)}\frac{1}{\varpi_i} > 0$$

$x_{i+1,d}$ 为虚拟控制量；误差状态量 $z_{i+1} = x_{i+1} - x_{i+1,d}$。

选取虚拟控制量 $x_{i+1,d}$ 为

$$x_{i+1,d} = N(\zeta_i)\eta_i \tag{5-27}$$

式中：$\dot{\zeta}_i = r_i\varepsilon_i\eta_i$，$\eta_i$ 为待设计的光滑函数。设计 η_i 为

$$\eta_i = \frac{k_i}{2r_i}\varepsilon_i + \frac{v_i}{r_i} + \boldsymbol{\phi}_{f,i}^{\mathrm{T}}\hat{\boldsymbol{W}}_{f,i}\hat{\theta}_{f,i} - \hat{\dot{x}}_{i,d} + n_{f,i}\varepsilon_i r_i + n_{\phi,i}\varepsilon_i r_i B_i^2(\bar{\boldsymbol{x}}_i) + n_{g,i}\varepsilon_i r_i + n_{x_{i,d}}\varepsilon_i r_i \tag{5-28}$$

式中：$k_i > 0$，$n_{f,i} > 0$，$n_{\phi,i} > 0$，$n_{g,i} > 0$，$n_{x_{i,d}} > 0$，均为设计参数；$\boldsymbol{\phi}_{f,i}^{\mathrm{T}}\hat{\boldsymbol{W}}_{f,i}$ 为对未知函数 $f_i(\bar{\boldsymbol{x}}_i)$的估计值；$\hat{\dot{x}}_{i,d}$ 为对虚拟控制量 $x_{i,d}$ 的导数的估计值；$n_{f,i}\varepsilon_i r_i$，$n_{\phi,i}\varepsilon_i r_i B_i^2(\bar{\boldsymbol{x}}_i)$ 和 $n_{x_{i,d}}\varepsilon_i r_i$ 作为鲁棒项，分别消除神经网络逼近误差、非匹配不确定项和跟踪-微分器跟踪误差的影响；$n_{g,i}\varepsilon_i r_i$ 将当前系统的稳定性问题转化为状态 z_{i+1} 的有界性问题，具体证明过程将在 5.3.2 小节稳定性分析中给出。

设计神经网络权值自适应调节律$\dot{\hat{\boldsymbol{W}}}_{f,i}$ 为

$$\dot{\hat{\boldsymbol{W}}}_{f,i} = \varepsilon_i r_i\boldsymbol{\phi}_{f,i}^{\mathrm{T}} - \sigma_i\hat{\boldsymbol{W}}_{f,i} \tag{5-29}$$

式中：σ_i 为设计参数，$\sigma_i > 0$。

第 n 步，考虑系统(5-1)中的第 n 个子系统：

$$\dot{x}_n = f_n(\bar{\boldsymbol{x}}_n) + g_n(\bar{\boldsymbol{x}}_n)u + \Delta_n \tag{5-30}$$

误差状态量 $z_n = x_n - x_{n,d}$，对其进行误差变换，得到

$$\varepsilon_n = F_{\mathrm{tran},n}^{-1}\left[z_n(t)/\varpi_n(t), \iota_{\mathrm{down},n}(t), \iota_{\mathrm{up},n}(t)\right] \tag{5-31}$$

式(5-31)两边对时间求导，得到

$$\dot{\varepsilon}_n = \frac{\partial F_{\mathrm{tran},n}^{-1}}{\partial(z_n/\varpi_n)}\frac{1}{\varpi_n}\dot{z}_n - \frac{\partial F_{\mathrm{tran},n}^{-1}}{\partial(z_n/\varpi_n)}\frac{\varpi_n}{\varpi_n^2}z_n + \frac{\partial F_{\mathrm{tran},n}^{-1}}{\partial\iota_{\mathrm{down},n}}\dot{\iota}_{\mathrm{down},n} + \frac{\partial F_{\mathrm{tran},n}^{-1}}{\partial\iota_{\mathrm{up},n}}\dot{\iota}_{\mathrm{up},n} \tag{5-32}$$

结合 $\dot{z}_n = \dot{x}_n - \dot{x}_{n,d}$，并将式(5-30)代入式(5-32)，得到

$$\dot{\varepsilon}_n = r_n\left[f_n(\bar{\boldsymbol{x}}_n) + g_n(\bar{\boldsymbol{x}}_n)u + \Delta_n - \dot{x}_{n,d}\right] + v_n \tag{5-33}$$

式中：v_n 为关于状态和时间的函数，

$$v_n = -\frac{\partial F_{\mathrm{tran},n}^{-1}}{\partial(z_n/\varpi_n)}\frac{\varpi_n}{\varpi_n^2}z_n + \frac{\partial F_{\mathrm{tran},n}^{-1}}{\partial\iota_{\mathrm{down},n}}\dot{\iota}_{\mathrm{down},n} + \frac{\partial F_{\mathrm{tran},n}^{-1}}{\partial\iota_{\mathrm{up},n}}\dot{\iota}_{\mathrm{up},n}$$

$$r_n=\frac{\partial F_{\text{tran},n}^{-1}}{\partial(z_n/\varpi_n)}\frac{1}{\varpi_n}>0$$

选取控制量 u 为

$$u=N(\zeta_n)\eta_n \tag{5-34}$$

式中：$\dot{\zeta}_n=r_n\varepsilon_n\eta_n$，$\eta_n$ 为待设计的光滑函数。设计 η_n 为

$$\eta_n=\frac{k_n}{2r_n}\varepsilon_n+\frac{v_n}{r_n}+\boldsymbol{\phi}_{f,n}^{\mathrm{T}}\hat{\boldsymbol{W}}_{f,n}\hat{\theta}_{f,n}-\hat{\dot{x}}_{n,d}+n_{f,n}\varepsilon_n r_n+$$

$$n_{\phi,n}\varepsilon_n r_n B_n^2(\boldsymbol{x})+n_{g,n}\varepsilon_{g,n}r_{g,n}+n_{x_{n,d}}\varepsilon_n r_n \tag{5-35}$$

式中：$k_n>0$，$n_{f,n}>0$，$n_{\phi,n}>0$，$n_{g,n}>0$，$n_{x_{n,d}}>0$，均为设计参数；$\boldsymbol{\phi}_{f,n}^{\mathrm{T}}\hat{\boldsymbol{W}}_{f,n}$ 为对未知函数 $f_n(\bar{\boldsymbol{x}}_n)$ 的估计值；$\hat{\dot{x}}_{n,d}$ 为对虚拟控制量 $x_{n,d}$ 的导数的估计值；$n_{f,n}\varepsilon_n r_n$，$n_{\phi,n}\varepsilon_n r_n B_n^2(\boldsymbol{x})$ 和 $n_{x_{n,d}}\varepsilon_n r_n$ 作为鲁棒项，分别消除神经网络逼近误差、非匹配不确定项和跟踪-微分器跟踪误差的影响，具体证明过程将在 5.3.2 小节稳定性分析中给出。

设计神经网络权值自适应调节律 $\dot{\hat{\boldsymbol{W}}}_{f,n}$ 为

$$\dot{\hat{\boldsymbol{W}}}_{f,n}=\varepsilon_n r_n\boldsymbol{\phi}_{f,n}^{\mathrm{T}}-\sigma_n\hat{\boldsymbol{W}}_{f,n} \tag{5-36}$$

式中：σ_n 为设计参数，$\sigma_n>0$。

5.3.2 稳定性分析

定理 5.1 考虑式(5-1)所描述的含有非匹配不确定项的不确定非线性系统，在假设 5.1～5.5 成立的前提下，设计虚拟控制器{(5-13)，(5-14)}、{(5-27)，(5-28)}和控制器{(5-34)，(5-35)}，采用神经网络权值自适应调节律(5-15)、(5-29)和(5-36)，可以得到如下结论：

① 输出误差 $e=y-y_d$ 及子系统误差 $z_i=x_i-x_{i,d}(2\leqslant i\leqslant n)$ 满足预先设定的瞬态和稳态性能要求；

② 闭环系统内所有信号都有界。

证明 本小节在稳定性分析过程中采用对每个子系统进行单独分析的思路，将上一个子系统的稳定性问题转化为下一个状态量的有界性问题，具有思路清晰，分析简便的优点。首先分析第 1 个子系统的情况：

第 1 步，选取 Lyapunov 函数为

$$V_1=\frac{1}{2}\varepsilon_1^2+\frac{1}{2}\tilde{\boldsymbol{W}}_{f,1}^{\mathrm{T}}\tilde{\boldsymbol{W}}_{f,1} \tag{5-37}$$

式中：$\tilde{\boldsymbol{W}}_{f,1}=\hat{\boldsymbol{W}}_{f,1}-\boldsymbol{W}_{f,1}^*$ 为估计误差，其中 $\hat{\boldsymbol{W}}_{f,1}$ 为对未知参数 $\boldsymbol{W}_{f,1}^*$ 的估计值。

式(5-37)两边对时间求导，得到

$$\dot{V}_1=\varepsilon_1\dot{\varepsilon}_1+\tilde{\boldsymbol{W}}_{f,1}^{\mathrm{T}}\dot{\hat{\boldsymbol{W}}}_{f,1} \tag{5-38}$$

将式(5-12)代入式(5-38),得到

$$\dot{V}_1=\varepsilon_1\{r_1[f_1+g_1x_2+\Delta_1(t,x_1)-\dot{y}_d]+v_1\}+\tilde{\boldsymbol{W}}_{f,1}^{\mathrm{T}}\dot{\hat{\boldsymbol{W}}}_{f,1} \tag{5-39}$$

将式(5-13)代入式(5-39),得到

$$\begin{aligned}\dot{V}_1=&\varepsilon_1\{r_1[f_1+\Delta_1(t,x_1)-\dot{y}_d]+v_1\}-\varepsilon_1r_1\eta_1+\\&g_1N(\zeta_1)\dot{\zeta}_1+\dot{\zeta}_1+\tilde{\boldsymbol{W}}_{f,1}^{\mathrm{T}}\dot{\hat{\boldsymbol{W}}}_{f,1}+\varepsilon_1r_1g_1z_2\end{aligned} \tag{5-40}$$

由式(5-8)易得

$$f_1(x_1)=\boldsymbol{W}_{f,1}^{*\mathrm{T}}\boldsymbol{\phi}_{f,1}(x_1)+w_{f,1}(x_1) \tag{5-41}$$

将式(5-41)代入式(5-40),得到

$$\begin{aligned}\dot{V}_1=&\varepsilon_1(v_1+r_1\boldsymbol{\phi}_{f,1}^{\mathrm{T}}\boldsymbol{W}_{f,1}^{*}-r_1\dot{y}_d)+\varepsilon_1r_1w_{f,1}+\varepsilon_1r_1\Delta_1(t,x_1)-\\&\varepsilon_1r_1\eta_1+g_1N(\zeta_1)\dot{\zeta}_1+\dot{\zeta}_1+\tilde{\boldsymbol{W}}_{f,1}^{\mathrm{T}}\dot{\hat{\boldsymbol{W}}}_{f,1}+\varepsilon_1r_1g_1z_2\end{aligned} \tag{5-42}$$

结合 $\tilde{\boldsymbol{W}}_{f,1}=\hat{\boldsymbol{W}}_{f,1}-\boldsymbol{W}_{f,1}^{*}$,则式(5-42)进一步整理为

$$\begin{aligned}\dot{V}_1=&\varepsilon_1(v_1+r_1\boldsymbol{\phi}_{f,1}^{\mathrm{T}}\hat{\boldsymbol{W}}_{f,1}-r_1\dot{y}_d)+\varepsilon_1r_1w_{f,1}+\varepsilon_1r_1\Delta_1(t,x_1)-\varepsilon_1r_1\eta_1+\\&g_1N(\zeta_1)\dot{\zeta}_1+\dot{\zeta}_1+\tilde{\boldsymbol{W}}_{f,1}^{\mathrm{T}}(\dot{\hat{\boldsymbol{W}}}_{f,1}-\varepsilon_1r_1\boldsymbol{\phi}_{f,1}^{\mathrm{T}})+\varepsilon_1r_1g_1z_2\end{aligned} \tag{5-43}$$

由假设5.3可得$|\Delta_1(t,x_1)|\leqslant\bar{p}_1B_1(x_1)$,式(5-43)可表示为

$$\begin{aligned}\dot{V}_1\leqslant&\varepsilon_1(v_1+r_1\boldsymbol{\phi}_{f,1}^{\mathrm{T}}\hat{\boldsymbol{W}}_{f,1}-r_1\dot{y}_d)+\varepsilon_1r_1w_{f,1}+r_1|\varepsilon_1|\bar{p}_1B_1(x_1)-\varepsilon_1r_1\eta_1+\\&g_1N(\zeta_1)\dot{\zeta}_1+\dot{\zeta}_1+\tilde{\boldsymbol{W}}_{f,1}^{\mathrm{T}}(\dot{\hat{\boldsymbol{W}}}_{f,1}-\varepsilon_1r_1\boldsymbol{\phi}_{f,1}^{\mathrm{T}})+\varepsilon_1r_1g_1z_2\end{aligned} \tag{5-44}$$

由假设5.4得到$|w_{f,1}|\leqslant\mu_{f,1}$,式(5-44)可表示为

$$\begin{aligned}\dot{V}_1\leqslant&\varepsilon_1(v_1+r_1\boldsymbol{\phi}_{f,1}^{\mathrm{T}}\hat{\boldsymbol{W}}_{f,1}-r_1\dot{y}_d)+r_1|\varepsilon_1|\mu_{f,1}+r_1|\varepsilon_1|\bar{p}_1B_1(x_1)-\varepsilon_1r_1\eta_1+\\&g_1N(\zeta_1)\dot{\zeta}_1+\dot{\zeta}_1+\tilde{\boldsymbol{W}}_{f,1}^{\mathrm{T}}(\dot{\hat{\boldsymbol{W}}}_{f,1}-\varepsilon_1r_1\boldsymbol{\phi}_{f1}^{\mathrm{T}})+\varepsilon_1r_1g_1z_2\end{aligned} \tag{5-45}$$

将式(5-14)代入式(5-45),得到

$$\begin{aligned}\dot{V}_1\leqslant&-\frac{k_1}{2}\varepsilon_1^2-n_{f,1}r_1^2\varepsilon_1^2-n_{\phi,1}r_1^2\varepsilon_1^2B_1^2(x_1)-n_{g,1}r_1^2\varepsilon_1^2+r_1|\varepsilon_1|\bar{p}_1B_1(x_1)+\\&r_1|\varepsilon_1|\mu_{f,1}+g_1N(\zeta_1)\dot{\zeta}_1+\dot{\zeta}_1+\tilde{\boldsymbol{W}}_{f,1}^{\mathrm{T}}(\dot{\hat{\boldsymbol{W}}}_{f,1}-\varepsilon_1r_1\boldsymbol{\phi}_{f,1}^{\mathrm{T}})+\varepsilon_1r_1g_1z_2\end{aligned} \tag{5-46}$$

将式(5-15)代入式(5-46),得到

$$\begin{aligned}\dot{V}_1\leqslant&-\frac{k_1}{2}\varepsilon_1^2-n_{f,1}r_1^2\varepsilon_1^2+r_1|\varepsilon_1|\mu_{f,1}-n_{\phi,1}r_1^2\varepsilon_1^2B_1^2(x_1)+r_1|\varepsilon_1|\bar{p}_1B_1(x_1)-\\&n_{g,1}r_1^2\varepsilon_1^2+\varepsilon_1r_1g_1z_2+g_1N(\zeta_1)\dot{\zeta}_1+\dot{\zeta}_1-\sigma_1\tilde{\boldsymbol{W}}_{f,1}^{\mathrm{T}}\hat{\boldsymbol{W}}_{f,1}\end{aligned} \tag{5-47}$$

又有

$$\tilde{\boldsymbol{W}}_{f,1}^{\mathrm{T}}\hat{\boldsymbol{W}}_{f,1}=\frac{1}{2}\tilde{\boldsymbol{W}}_{f,1}^{\mathrm{T}}\tilde{\boldsymbol{W}}_{f,1}+\frac{1}{2}\hat{\boldsymbol{W}}_{f,1}^{\mathrm{T}}\hat{\boldsymbol{W}}_{f,1}-\frac{1}{2}\boldsymbol{W}_{f,1}^{*\mathrm{T}}\boldsymbol{W}_{f,1}^{*} \tag{5-48}$$

将式(5-48)代入式(5-47),得到

$$\begin{aligned}\dot{V}_1\leqslant&-\frac{k_1}{2}\varepsilon_1^2-\frac{\sigma_1}{2}\tilde{\boldsymbol{W}}_{f,1}^{\mathrm{T}}\tilde{\boldsymbol{W}}_{f,1}-\frac{\sigma_1}{2}\hat{\boldsymbol{W}}_{f,1}^{\mathrm{T}}\hat{\boldsymbol{W}}_{f,1}+\frac{\sigma_1}{2}\boldsymbol{W}_{f,1}^{*\mathrm{T}}\boldsymbol{W}_{f,1}^{*}-n_{f,1}r_1^2\varepsilon_1^2+r_1\mid\varepsilon_1\mid\mu_{f,1}-\\&n_{\phi,1}r_1^2\varepsilon_1^2B_1^2(x_1)+r_1\mid\varepsilon_1\mid\bar{p}_1B_1(x_1)-n_{g,1}r_1^2\varepsilon_1^2+\varepsilon_1r_1g_1z_2+\\&g_1N(\zeta_1)\dot{\zeta}_1+\dot{\zeta}_1\leqslant-\frac{k_1}{2}\varepsilon_1^2-\frac{\sigma_1}{2}\tilde{\boldsymbol{W}}_{f,1}^{\mathrm{T}}\tilde{\boldsymbol{W}}_{f,1}+\frac{\sigma_1}{2}\boldsymbol{W}_{f,1}^{*\mathrm{T}}\boldsymbol{W}_{f,1}^{*}-n_{f,1}r_1^2\varepsilon_1^2+\\&r_1\mid\varepsilon_1\mid\mu_{f,1}-n_{\phi,1}r_1^2\varepsilon_1^2B_1^2(x_1)+r_1\mid\varepsilon_1\mid\bar{p}_1B_1(x_1)-n_{g,1}r_1^2\varepsilon_1^2+\\&\varepsilon_1r_1g_1z_2+g_1N(\zeta_1)\dot{\zeta}_1+\dot{\zeta}_1\end{aligned} \tag{5-49}$$

结合

$$-n_{f1}r_1^2\varepsilon_1^2+r_1\mid\varepsilon_1\mid\mu_{f,1}=-\frac{(n_{f,1}r_1\varepsilon_1-\mu_{f,1}/2)^2}{n_{f,1}}+\frac{\mu_{f,1}^2}{4n_{f,1}} \tag{5-50}$$

$$-n_{\phi,1}r_1^2\varepsilon_1^2B_1^2(x_1)+r_1\mid\varepsilon_1\mid\bar{p}_1B_1(x_1)=-\frac{[n_{\phi,1}r_1\varepsilon_1B_1(x_1)-\bar{p}_1/2]^2}{n_{\phi,1}}+\frac{\bar{p}_1^2}{4n_{\phi,1}} \tag{5-51}$$

$$-n_{g,1}r_1^2\varepsilon_1^2+\varepsilon_1r_1g_1z_2=-\frac{(n_{g,1}r_1\varepsilon_1-g_1z_2/2)^2}{n_{g,1}}+\frac{g_1^2z_2^2}{4n_{g,1}} \tag{5-52}$$

得到

$$\begin{aligned}\dot{V}_1\leqslant&-\frac{k_1}{2}\varepsilon_1^2-\frac{\sigma_1}{2}\tilde{\boldsymbol{W}}_{f,1}^{\mathrm{T}}\tilde{\boldsymbol{W}}_{f,1}+\frac{\sigma_1}{2}\boldsymbol{W}_{f,1}^{*\mathrm{T}}\boldsymbol{W}_{f,1}^{*}-\frac{(n_{f,1}r_1\varepsilon_1-\mu_{f,1}/2)^2}{n_{f,1}}-\\&\frac{[n_{\phi,1}r_1\varepsilon_1B_1(x_1)-\bar{p}_1/2]^2}{n_{\phi,1}}-\frac{(n_{g,1}r_1\varepsilon_1-g_1z_2/2)^2}{n_{g,1}}+\\&\frac{\mu_{f,1}^2}{4n_{f,1}}+\frac{\bar{p}_1^2}{4n_{\phi,1}}+\frac{g_1^2z_2^2}{4n_{g,1}}+g_1N(\zeta_1)\dot{\zeta}_1+\dot{\zeta}_1\\\leqslant&-\frac{k_1}{2}\varepsilon_1^2-\frac{\sigma_1}{2}\tilde{\boldsymbol{W}}_{f,1}^{\mathrm{T}}\tilde{\boldsymbol{W}}_{f,1}+\frac{\sigma_1}{2}\boldsymbol{W}_{f,1}^{*\mathrm{T}}\boldsymbol{W}_{f,1}^{*}+\frac{\mu_{f,1}^2}{4n_{f,1}}+\frac{\bar{p}_1^2}{4n_{\phi,1}}+\\&\frac{g_1^2z_2^2}{4n_{g,1}}+g_1N(\zeta_1)\dot{\zeta}_1+\dot{\zeta}_1\end{aligned} \tag{5-53}$$

由假设 5.2 得到$|g_1(x_1)|<\bar{g}_1$,则式(5-53)进一步表示为

$$\dot{V}_1\leqslant-\frac{k_1}{2}\varepsilon_1^2-\frac{\sigma_1}{2}\tilde{\boldsymbol{W}}_{f,1}^{\mathrm{T}}\tilde{\boldsymbol{W}}_{f,1}+\frac{\sigma_1}{2}\boldsymbol{W}_{f,1}^{*\mathrm{T}}\boldsymbol{W}_{f,1}^{*}+\frac{\mu_{f,1}^2}{4n_{f,1}}+\frac{\bar{p}_1^2}{4n_{\phi,1}}+\frac{\bar{g}_1^2z_2^2}{4n_{g,1}}+g_1N(\zeta_1)\dot{\zeta}_1+\dot{\zeta}_1 \tag{5-54}$$

如果 z_2 有界,通过令

$$p_1 = \min\{k_1, \sigma_1\} \tag{5-55}$$

$$q_1 = \frac{\sigma_1}{2}\boldsymbol{W}_{f,1}^{*\mathrm{T}}\boldsymbol{W}_{f,1}^{*} + \frac{\mu_{f,1}^2}{4n_{f,1}} + \frac{\bar{p}_1^2}{4n_{\phi,1}} + \frac{\bar{g}_1^2 z_2^2}{4n_{g,1}} \tag{5-56}$$

得到

$$\dot{V}_1 \leqslant -p_1 V_1 + q_1 + g_1 N(\zeta_1)\dot{\zeta}_1 + \dot{\zeta}_1 \tag{5-57}$$

式(5－57)两侧同时乘以 $\mathrm{e}^{p_1 t}$，得到

$$\mathrm{d}(V_1 \mathrm{e}^{p_1 t}) \leqslant q_1 \mathrm{e}^{p_1 t} + g_1 N(\zeta_1)\dot{\zeta}_1 \mathrm{e}^{p_1 t} + \dot{\zeta}_1 \mathrm{e}^{p_1 t} \tag{5-58}$$

在[0,t)内对式(5－58)积分，得到

$$V_1 \leqslant \frac{q_1}{p_1} + V_1(0) + \int_0^t g_1 N(\zeta_1)\dot{\zeta}_1 \mathrm{e}^{p_1(\tau - t)}\mathrm{d}\tau + \int_0^t \dot{\zeta}_1 \mathrm{e}^{p_1(\tau - t)}\mathrm{d}\tau \tag{5-59}$$

由引理 5.1 可得 V_1，ζ_1 有界，进一步得到 ε_1 和 $\widetilde{\boldsymbol{W}}_{f,1}$ 有界。此时，问题转化为 z_2 的有界问题。

第 $\boldsymbol{i}$(2$\leqslant i \leqslant n-1$)**步**，选取 Lyapunov 函数为

$$V_i = \frac{1}{2}\varepsilon_i^2 + \frac{1}{2}\widetilde{\boldsymbol{W}}_{f,i}^{\mathrm{T}}\widetilde{\boldsymbol{W}}_{f,i} \tag{5-60}$$

式中：$\widetilde{\boldsymbol{W}}_{f,i} = \hat{\boldsymbol{W}}_{f,i} - \boldsymbol{W}_{f,i}^{*}$ 为估计误差，其中 $\hat{\boldsymbol{W}}_{f,i}$ 为对未知参数 $\boldsymbol{W}_{f,i}^{*}$ 的估计值。

式(5－60)两边对时间求导，得到

$$\dot{V}_i = \varepsilon_i \dot{\varepsilon}_i + \widetilde{\boldsymbol{W}}_{f,i}^{\mathrm{T}}\dot{\hat{\boldsymbol{W}}}_{f,i} \tag{5-61}$$

将式(5－26)代入式(5－61)，得到

$$\dot{V}_i = \varepsilon_i\{r_i[f_i + g_i x_{i+1} + \Delta_i(t, \bar{\boldsymbol{x}}_i) - \dot{x}_{i,d}] + v_i\} + \widetilde{\boldsymbol{W}}_{f,i}^{\mathrm{T}}\dot{\hat{\boldsymbol{W}}}_{f,i} \tag{5-62}$$

将式(5－27)代入式(5－62)，得到

$$\begin{aligned}\dot{V}_i = {} & \varepsilon_i\{r_i[f_i + \Delta_i(t, \bar{\boldsymbol{x}}_i) - \dot{x}_{i,d}] + v_i\} - \varepsilon_i r_i \eta_i + g_i N(\zeta_i)\dot{\zeta}_i + \\ & \dot{\zeta}_i + \widetilde{\boldsymbol{W}}_{f,i}^{\mathrm{T}}\dot{\hat{\boldsymbol{W}}}_{f,i} + \varepsilon_i r_i g_i z_{i+1}\end{aligned} \tag{5-63}$$

由式(5－8)易得

$$f_i(\bar{\boldsymbol{x}}_i) = \boldsymbol{W}_{f,i}^{*\mathrm{T}}\boldsymbol{\phi}_{f,i}(\bar{\boldsymbol{x}}_i) + w_{f,i}(\bar{\boldsymbol{x}}_i) \tag{5-64}$$

将式(5－64)代入式(5－63)，得到

$$\begin{aligned}\dot{V}_i = {} & \varepsilon_i(v_i + r_i\boldsymbol{\phi}_{f,i}^{\mathrm{T}}\boldsymbol{W}_{f,i}^{*} - r_i\dot{x}_{i,d}) + \varepsilon_i r_i w_{f,i} + \varepsilon_i r_i \Delta_i(t, \bar{\boldsymbol{x}}_i) - \varepsilon_i r_i \eta_i + \\ & g_i N(\zeta_i)\dot{\zeta}_i + \dot{\zeta}_i + \widetilde{\boldsymbol{W}}_{f,i}^{\mathrm{T}}\dot{\hat{\boldsymbol{W}}}_{f,i} + \varepsilon_i r_i g_i z_{i+1}\end{aligned} \tag{5-65}$$

结合 $\widetilde{\boldsymbol{W}}_{f,i} = \hat{\boldsymbol{W}}_{f,i} - \boldsymbol{W}_{f,i}^{*}$，则式(5－65)进一步整理为

$$\begin{aligned}\dot{V}_i = {} & \varepsilon_i(v_i + r_i\boldsymbol{\phi}_{f,i}^{\mathrm{T}}\hat{\boldsymbol{W}}_{f,i} - r_i\dot{x}_{i,d}) + \varepsilon_i r_i w_{f,i} + \varepsilon_i r_i \Delta_i(t, \bar{\boldsymbol{x}}_i) - \varepsilon_i r_i \eta_i + \\ & g_i N(\zeta_i)\dot{\zeta}_i + \dot{\zeta}_i + \widetilde{\boldsymbol{W}}_{f,i}^{\mathrm{T}}(\dot{\hat{\boldsymbol{W}}}_{f,i} - \varepsilon_i r_i \boldsymbol{\phi}_{f,i}^{\mathrm{T}}) + \varepsilon_i r_i g_i z_{i+1}\end{aligned} \tag{5-66}$$

由假设 5.3 可得$|\Delta_i(t,\bar{\boldsymbol{x}}_i)|\leqslant\bar{p}_iB_i(\bar{\boldsymbol{x}}_i)$，式(5-66)可表示为

$$\dot{V}_i\leqslant\varepsilon_i(v_i+r_i\boldsymbol{\phi}_{f,i}^{\mathrm{T}}\hat{\boldsymbol{W}}_{f,i}-r_i\dot{x}_{i,d})+\varepsilon_ir_iw_{f,i}+r_i|\varepsilon_i|\bar{p}_iB_i(\bar{\boldsymbol{x}}_i)-\varepsilon_ir_i\eta_i+$$
$$g_iN(\zeta_i)\dot{\zeta}_i+\dot{\zeta}_i+\tilde{\boldsymbol{W}}_{f,i}^{\mathrm{T}}(\dot{\hat{\boldsymbol{W}}}_{f,i}-\varepsilon_ir_i\boldsymbol{\phi}_{f,i}^{\mathrm{T}})+\varepsilon_ir_ig_iz_{i+1} \tag{5-67}$$

由假设 5.4 得到$|w_{f,i}|\leqslant\mu_{f,i}$，式(5-67)可表示为

$$\dot{V}_i\leqslant\varepsilon_i(v_i+r_i\boldsymbol{\phi}_{f,i}^{\mathrm{T}}\hat{\boldsymbol{W}}_{f,i}-r_i\dot{x}_{i,d})+r_i|\varepsilon_i|\mu_{f,i}+r_i|\varepsilon_i|\bar{p}_iB_i(\bar{\boldsymbol{x}}_i)-\varepsilon_ir_i\eta_i+$$
$$g_iN(\zeta_i)\dot{\zeta}_i+\dot{\zeta}_i+\tilde{\boldsymbol{W}}_{f,i}^{\mathrm{T}}(\dot{\hat{\boldsymbol{W}}}_{f,i}-\varepsilon_ir_i\boldsymbol{\phi}_{f,i}^{\mathrm{T}})+\varepsilon_ir_ig_iz_{i+1} \tag{5-68}$$

将式(5-28)代入式(5-68)，得到

$$\dot{V}_i\leqslant-\frac{k_i}{2}\varepsilon_i^2-n_{f,i}r_i^2\varepsilon_i^2-n_{\phi,i}r_i^2\varepsilon_i^2B_i^2(\bar{\boldsymbol{x}}_i)-n_{g,i}r_i^2\varepsilon_i^2+r_i|\varepsilon_i|\bar{p}_iB_i(\bar{\boldsymbol{x}}_i)+$$
$$r_i|\varepsilon_i|\mu_{f,i}+g_iN(\zeta_i)\dot{\zeta}_i+\dot{\zeta}_i+\tilde{\boldsymbol{W}}_{f,i}^{\mathrm{T}}(\dot{\hat{\boldsymbol{W}}}_{f,i}-\varepsilon_ir_i\boldsymbol{\phi}_{f,i}^{\mathrm{T}})+\varepsilon_ir_ig_iz_{i+1} \tag{5-69}$$

将式(5-29)代入式(5-69)，得到

$$\dot{V}_i\leqslant-\frac{k_i}{2}\varepsilon_i^2-n_{f,i}r_i^2\varepsilon_i^2+r_i|\varepsilon_i|\mu_{f,i}-n_{\phi,i}r_i^2\varepsilon_i^2B_i^2(\bar{\boldsymbol{x}}_i)+r_i|\varepsilon_i|\bar{p}_iB_i(\bar{\boldsymbol{x}}_i)-$$
$$n_{g,i}r_i^2\varepsilon_i^2+\varepsilon_ir_ig_iz_{i+1}+g_iN(\zeta_i)\dot{\zeta}_i+\dot{\zeta}_i-\sigma_i\tilde{\boldsymbol{W}}_{f,i}^{\mathrm{T}}\hat{\boldsymbol{W}}_{f,i} \tag{5-70}$$

又有

$$\tilde{\boldsymbol{W}}_{f,i}^{\mathrm{T}}\hat{\boldsymbol{W}}_{f,i}=\frac{1}{2}\tilde{\boldsymbol{W}}_{f,i}^{\mathrm{T}}\tilde{\boldsymbol{W}}_{f,i}+\frac{1}{2}\hat{\boldsymbol{W}}_{f,i}^{\mathrm{T}}\hat{\boldsymbol{W}}_{f,i}-\frac{1}{2}\boldsymbol{W}_{f,i}^{*\mathrm{T}}\boldsymbol{W}_{f,i}^{*} \tag{5-71}$$

将式(5-71)代入式(5-70)，得到

$$\dot{V}_i\leqslant-\frac{k_i}{2}\varepsilon_i^2-\frac{\sigma_i}{2}\tilde{\boldsymbol{W}}_{f,i}^{\mathrm{T}}\tilde{\boldsymbol{W}}_{f,i}-\frac{\sigma_i}{2}\hat{\boldsymbol{W}}_{f,i}^{\mathrm{T}}\hat{\boldsymbol{W}}_{f,i}+\frac{\sigma_i}{2}\boldsymbol{W}_{f,i}^{*\mathrm{T}}\boldsymbol{W}_{f,i}^{*}-n_{f,i}r_i^2\varepsilon_i^2+r_i|\varepsilon_i|\mu_{f,i}-$$
$$n_{\phi,i}r_i^2\varepsilon_i^2B_i^2(\bar{\boldsymbol{x}}_i)+r_i|\varepsilon_i|\bar{p}_iB_i(\bar{\boldsymbol{x}}_i)-n_{g,i}r_i^2\varepsilon_i^2+\varepsilon_ir_ig_iz_{i+1}+g_iN(\zeta_i)\dot{\zeta}_i+\dot{\zeta}_i$$
$$\leqslant-\frac{k_i}{2}\varepsilon_i^2-\frac{\sigma_i}{2}\tilde{\boldsymbol{W}}_{f,i}^{\mathrm{T}}\tilde{\boldsymbol{W}}_{f,i}+\frac{\sigma_i}{2}\boldsymbol{W}_{f,i}^{*\mathrm{T}}\boldsymbol{W}_{f,i}^{*}-n_{f,i}r_i^2\varepsilon_i^2+r_i|\varepsilon_i|\mu_{f,i}-$$
$$n_{\phi,i}r_i^2\varepsilon_i^2B_i^2(\bar{\boldsymbol{x}}_i)+r_i|\varepsilon_i|\bar{p}_iB_i(\bar{\boldsymbol{x}}_i)-n_{g,i}r_i^2\varepsilon_i^2+\varepsilon_ir_ig_iz_{i+1}+g_iN(\zeta_i)\dot{\zeta}_i+\dot{\zeta}_i \tag{5-72}$$

结合

$$-n_{f,i}r_i^2\varepsilon_i^2+r_i|\varepsilon_i|\mu_{f,i}=-\frac{(n_{f,i}r_i\varepsilon_i-\mu_{f,i}/2)^2}{n_{f,i}}+\frac{\mu_{f,i}^2}{4n_{f,i}} \tag{5-73}$$

$$-n_{\phi,i}r_i^2\varepsilon_i^2B_i^2(\bar{\boldsymbol{x}}_i)+r_i|\varepsilon_i|\bar{p}_iB_i(\bar{\boldsymbol{x}}_i)=-\frac{[n_{\phi,i}r_i\varepsilon_iB_i(\bar{\boldsymbol{x}}_i)-\bar{p}_i/2]^2}{n_{\phi,i}}+\frac{\bar{p}_i^2}{4n_{\phi,i}} \tag{5-74}$$

$$-n_{g,i}r_i^2\varepsilon_i^2+\varepsilon_i r_i g_i z_{i+1}=-\frac{(n_{g,i}r_i\varepsilon_i-g_i z_{i+1}/2)^2}{n_{g,i}}+\frac{g_i^2 z_{i+1}^2}{4n_{g,i}} \tag{5-75}$$

得到

$$\begin{aligned}\dot{V}_i\leqslant&-\frac{k_i}{2}\varepsilon_i^2-\frac{\sigma_i}{2}\widetilde{\boldsymbol{W}}_{f,i}^{\mathrm{T}}\widetilde{\boldsymbol{W}}_{f,i}+\frac{\sigma_i}{2}\boldsymbol{W}_{f,i}^{*\mathrm{T}}\boldsymbol{W}_{f,i}^{*}-\frac{(n_{f,i}r_i\varepsilon_i-\mu_{f,i}/2)^2}{n_{f,i}}-\\&\frac{[n_{\phi,i}r_i\varepsilon_i B_i(\bar{\boldsymbol{x}}_i)-\bar{p}_i/2]^2}{n_{\phi,i}}-\frac{(n_{g,i}r_i\varepsilon_i-g_i z_{i+1}/2)^2}{n_{g,i}}+\\&\frac{\mu_{f,i}^2}{4n_{f,i}}+\frac{\bar{p}_i^2}{4n_{\phi,i}}+\frac{g_i^2 z_{i+1}^2}{4n_{g,i}}+g_i N(\zeta_i)\dot{\zeta}_i+\dot{\zeta}_i\\\leqslant&-\frac{k_i}{2}\varepsilon_i^2-\frac{\sigma_i}{2}\widetilde{\boldsymbol{W}}_{f,i}^{\mathrm{T}}\widetilde{\boldsymbol{W}}_{f,i}+\frac{\sigma_i}{2}\boldsymbol{W}_{f,i}^{*\mathrm{T}}\boldsymbol{W}_{f,i}^{*}+\\&\frac{\mu_{f,i}^2}{4n_{f,i}}+\frac{\bar{p}_i^2}{4n_{\phi,i}}+\frac{g_i^2 z_{i+1}^2}{4n_{g,i}}+g_i N(\zeta_i)\dot{\zeta}_i+\dot{\zeta}_i\end{aligned} \tag{5-76}$$

由假设5.2得到$|g_i(\bar{\boldsymbol{x}}_i)|<\bar{g}_i$，则式(5-76)进一步表示为

$$\begin{aligned}\dot{V}_i\leqslant&-\frac{k_i}{2}\varepsilon_i^2-\frac{\sigma_i}{2}\widetilde{\boldsymbol{W}}_{f,i}^{\mathrm{T}}\widetilde{\boldsymbol{W}}_{f,i}+\\&\frac{\sigma_i}{2}\boldsymbol{W}_{f,i}^{*\mathrm{T}}\boldsymbol{W}_{f,i}^{*}+\frac{\mu_{f,i}^2}{4n_{f,i}}+\frac{\bar{p}_i^2}{4n_{\phi,i}}+\frac{\bar{g}_i^2 z_{i+1}^2}{4n_{g,i}}+g_i N(\zeta_i)\dot{\zeta}_i+\dot{\zeta}_i\end{aligned} \tag{5-77}$$

如果z_{i+1}有界，通过令

$$p_i=\min\{k_i,\sigma_i\} \tag{5-78}$$

$$q_i=\frac{\sigma_i}{2}\boldsymbol{W}_{f,i}^{*\mathrm{T}}\boldsymbol{W}_{f,i}^{*}+\frac{\mu_{f,i}^2}{4n_{f,i}}+\frac{\bar{p}_i^2}{4n_{\phi,i}}+\frac{\bar{g}_i^{\,2}z_{i+1}^2}{4n_{g,i}} \tag{5-79}$$

得到

$$\dot{V}_i\leqslant-p_i V_i+q_i+g_i N(\zeta_i)\dot{\zeta}_i+\dot{\zeta}_i \tag{5-80}$$

式(5-80)两侧同时乘以$\mathrm{e}^{p_i t}$，得到

$$\mathrm{d}(V_i\mathrm{e}^{p_i t})\leqslant q_i\mathrm{e}^{p_i t}+g_i N(\zeta_i)\dot{\zeta}_i\mathrm{e}^{p_i t}+\dot{\zeta}_i\mathrm{e}^{p_i t} \tag{5-81}$$

在$[0,t)$内对式(5-81)积分，得到

$$V_i\leqslant q_i/p_i+V_i(0)+\int_0^t g_i N(\zeta_i)\dot{\zeta}_i\mathrm{e}^{p_i(\tau-t)}\mathrm{d}\tau+\int_0^t\dot{\zeta}_i\mathrm{e}^{p_i(\tau-t)}\mathrm{d}\tau \tag{5-82}$$

由引理5.1可得V_i，ζ_i有界，进一步得到ε_i和$\widetilde{\boldsymbol{W}}_{f,i}$有界。此时，问题转化为$z_{i+1}$的有界问题。

第 n 步，选取Lyapunov函数为

$$V_n=\frac{1}{2}\varepsilon_n^2+\frac{1}{2}\widetilde{\boldsymbol{W}}_{f,n}^{\mathrm{T}}\widetilde{\boldsymbol{W}}_{f,n} \tag{5-83}$$

式中：$\widetilde{\boldsymbol{W}}_{f,n}=\hat{\boldsymbol{W}}_{f,n}-\boldsymbol{W}_{f,n}^{*}$为估计误差，其中$\hat{\boldsymbol{W}}_{f,n}$为对未知参数$\boldsymbol{W}_{f,n}^{*}$的估计值。

式(5－83)两边对时间求导,得到

$$\dot{V}_n=\varepsilon_n\dot{\varepsilon}_n+\widetilde{\boldsymbol{W}}_{f,n}^{\mathrm{T}}\dot{\hat{\boldsymbol{W}}}_{f,n} \tag{5-84}$$

将式(5－33)代入式(5－84),得到

$$\dot{V}_n=\varepsilon_n\{r_n[f_n+g_nu+\Delta_n(t,\bar{\boldsymbol{x}})-\dot{x}_{n,d}]+v_n\}+\widetilde{\boldsymbol{W}}_{f,n}^{\mathrm{T}}\dot{\hat{\boldsymbol{W}}}_{f,n} \tag{5-85}$$

将式(5－34)代入式(5－85),得到

$$\dot{V}_n=\varepsilon_n\{r_n[f_n+\Delta_n(t,\bar{\boldsymbol{x}})-\dot{x}_{n,d}]+v_n\}-\varepsilon_nr_n\eta_n+g_nN(\zeta_n)\dot{\zeta}_n+\dot{\zeta}_n+\widetilde{\boldsymbol{W}}_{f,n}^{\mathrm{T}}\dot{\hat{\boldsymbol{W}}}_{f,n} \tag{5-86}$$

由式(5－8)易得

$$f_n(\bar{\boldsymbol{x}})=\boldsymbol{W}_{f,n}^{*\mathrm{T}}\boldsymbol{\phi}_{f,n}(\bar{\boldsymbol{x}})+w_{f,n}(\bar{\boldsymbol{x}}) \tag{5-87}$$

将式(5－87)代入式(5－86),得到

$$\begin{aligned}\dot{V}_n=&\varepsilon_n(v_n+r_n\boldsymbol{\phi}_{f,n}^{\mathrm{T}}\boldsymbol{W}_{f,n}^{*}-r_n\dot{x}_{n,d})+\varepsilon_nr_nw_{f,n}+\varepsilon_nr_n\Delta_n(t,\bar{\boldsymbol{x}})-\\&\varepsilon_nr_n\eta_n+g_nN(\zeta_n)\dot{\zeta}_n+\dot{\zeta}_n+\widetilde{\boldsymbol{W}}_{f,n}^{\mathrm{T}}\dot{\hat{\boldsymbol{W}}}_{f,n}\end{aligned} \tag{5-88}$$

结合 $\widetilde{\boldsymbol{W}}_{f,n}=\hat{\boldsymbol{W}}_{f,n}-\boldsymbol{W}_{f,n}^{*}$,则式(5－88)进一步整理为

$$\begin{aligned}\dot{V}_n=&\varepsilon_n(v_n+r_n\boldsymbol{\phi}_{f,n}^{\mathrm{T}}\hat{\boldsymbol{W}}_{f,n}-r_n\dot{x}_{n,d})+\varepsilon_nr_nw_{f,n}+\varepsilon_nr_n\Delta_n(t,\bar{\boldsymbol{x}})-\\&\varepsilon_nr_n\eta_n+g_nN(\zeta_n)\dot{\zeta}_n+\dot{\zeta}_n+\widetilde{\boldsymbol{W}}_{f,n}^{\mathrm{T}}(\dot{\hat{\boldsymbol{W}}}_{f,n}-\varepsilon_nr_n\boldsymbol{\phi}_{f,n}^{\mathrm{T}})\end{aligned} \tag{5-89}$$

由假设 5.3 可得$|\Delta_n(t,\bar{\boldsymbol{x}})|\leqslant\bar{p}_nB_n(\bar{\boldsymbol{x}})$,式(5－89)可表示为

$$\begin{aligned}\dot{V}_n\leqslant&\varepsilon_n(v_n+r_n\boldsymbol{\phi}_{f,n}^{\mathrm{T}}\hat{\boldsymbol{W}}_{f,n}-r_n\dot{x}_{n,d})+\varepsilon_nr_nw_{f,n}+r_n|\varepsilon_n|\bar{p}_nB_n(\bar{\boldsymbol{x}})-\\&\varepsilon_nr_n\eta_n+g_nN(\zeta_n)\dot{\zeta}_n+\dot{\zeta}_n+\widetilde{\boldsymbol{W}}_{f,n}^{\mathrm{T}}(\dot{\hat{\boldsymbol{W}}}_{f,n}-\varepsilon_nr_n\boldsymbol{\phi}_{f,n}^{\mathrm{T}})\end{aligned} \tag{5-90}$$

由假设 5.4 得到$|w_{f,n}|\leqslant\mu_{f,n}$,式(5－90)可表示为

$$\begin{aligned}\dot{V}_n\leqslant&\varepsilon_n(v_n+r_n\boldsymbol{\phi}_{f,n}^{\mathrm{T}}\hat{\boldsymbol{W}}_{f,n}-r_n\dot{x}_{n,d})+r_n|\varepsilon_n|\mu_{f,n}+r_n|\varepsilon_n|\bar{p}_nB_n(\bar{\boldsymbol{x}})-\\&\varepsilon_nr_n\eta_n+g_nN(\zeta_n)\dot{\zeta}_n+\dot{\zeta}_n+\widetilde{\boldsymbol{W}}_{f,n}^{\mathrm{T}}(\dot{\hat{\boldsymbol{W}}}_{f,n}-\varepsilon_nr_n\boldsymbol{\phi}_{f,n}^{\mathrm{T}})\end{aligned} \tag{5-91}$$

将式(5－35)代入式(5－91),得到

$$\begin{aligned}\dot{V}_n\leqslant&-\frac{k_n}{2}\varepsilon_n^2-n_{f,n}r_n^2\varepsilon_n^2-n_{\phi,n}r_n^2\varepsilon_n^2B_n^2(\bar{\boldsymbol{x}})+r_n|\varepsilon_n|\bar{p}_nB_n(\bar{\boldsymbol{x}})+\\&r_n|\varepsilon_n|\mu_{f,n}+g_nN(\zeta_n)\dot{\zeta}_n+\dot{\zeta}_n+\widetilde{\boldsymbol{W}}_{f,n}^{\mathrm{T}}(\dot{\hat{\boldsymbol{W}}}_{f,n}-\varepsilon_nr_n\boldsymbol{\phi}_{f,n}^{\mathrm{T}})\end{aligned} \tag{5-92}$$

将式(5－36)代入式(5－92),得到

$$\begin{aligned}\dot{V}_n\leqslant&-\frac{k_n}{2}\varepsilon_n^2-n_{f,n}r_n^2\varepsilon_n^2+r_n|\varepsilon_n|\mu_{f,n}-n_{\phi,n}r_n^2\varepsilon_n^2B_n^2(\bar{\boldsymbol{x}})+\\&r_n|\varepsilon_n|\bar{p}_nB_n(\bar{\boldsymbol{x}})+g_iN(\zeta_i)\dot{\zeta}_i+\dot{\zeta}_i-\sigma_i\widetilde{\boldsymbol{W}}_{f,i}^{\mathrm{T}}\hat{\boldsymbol{W}}_{f,i}\end{aligned} \tag{5-93}$$

又有

$$\tilde{\boldsymbol{W}}_{f,n}^{\mathrm{T}}\hat{\boldsymbol{W}}_{f,n}=\frac{1}{2}\tilde{\boldsymbol{W}}_{f,n}^{\mathrm{T}}\tilde{\boldsymbol{W}}_{f,n}+\frac{1}{2}\hat{\boldsymbol{W}}_{f,n}^{\mathrm{T}}\hat{\boldsymbol{W}}_{f,n}-\frac{1}{2}\boldsymbol{W}_{f,n}^{*\mathrm{T}}\boldsymbol{W}_{f,n}^{*} \tag{5-94}$$

将式(5－94)代入式(5－93)，得到

$$\begin{aligned}\dot{V}_n\leqslant&-\frac{k_n}{2}\varepsilon_n^2-\frac{\sigma_n}{2}\tilde{\boldsymbol{W}}_{f,n}^{\mathrm{T}}\tilde{\boldsymbol{W}}_{f,n}-\frac{\sigma_n}{2}\hat{\boldsymbol{W}}_{f,n}^{\mathrm{T}}\hat{\boldsymbol{W}}_{f,n}+\frac{\sigma_n}{2}\boldsymbol{W}_{f,n}^{*\mathrm{T}}\boldsymbol{W}_{f,n}^{*}-n_{f,n}r_n^2\varepsilon_n^2+\\&r_n|\varepsilon_n|\mu_{f,n}-n_{\phi,n}r_n^2\varepsilon_n^2B_n^2(\bar{\boldsymbol{x}})+r_n|\varepsilon_n|\bar{p}_nB_n(\bar{\boldsymbol{x}})+g_nN(\zeta_n)\dot{\zeta}_n+\dot{\zeta}_n\\\leqslant&-\frac{k_n}{2}\varepsilon_n^2-\frac{\sigma_n}{2}\tilde{\boldsymbol{W}}_{f,n}^{\mathrm{T}}\tilde{\boldsymbol{W}}_{f,n}+\frac{\sigma_n}{2}\boldsymbol{W}_{f,n}^{*\mathrm{T}}\boldsymbol{W}_{f,n}^{*}-n_{f,n}r_n^2\varepsilon_n^2+r_n|\varepsilon_n|\mu_{f,n}-\\&n_{\phi,n}r_n^2\varepsilon_n^2B_n^2(\bar{\boldsymbol{x}})+r_n|\varepsilon_n|\bar{p}_nB_n(\bar{\boldsymbol{x}})+g_nN(\zeta_n)\dot{\zeta}_n+\dot{\zeta}_n\end{aligned} \tag{5-95}$$

结合

$$-n_{f,n}r_n^2\varepsilon_n^2+r_n|\varepsilon_n|\mu_{f,n}=-\frac{(n_{f,n}r_n\varepsilon_n-\mu_{f,n}/2)^2}{n_{f,n}}+\frac{\mu_{f,n}^2}{4n_{f,n}} \tag{5-96}$$

$$-n_{\phi,n}r_n^2\varepsilon_n^2B_n^2(\bar{\boldsymbol{x}})+r_n|\varepsilon_n|\bar{p}_nB_n(\bar{\boldsymbol{x}})=-\frac{[n_{\phi,n}r_n\varepsilon_nB_n(\bar{\boldsymbol{x}})-\bar{p}_n/2]^2}{n_{\phi,n}}+\frac{\bar{p}_n^2}{4n_{\phi,n}} \tag{5-97}$$

得到

$$\begin{aligned}\dot{V}_n\leqslant&-\frac{k_n}{2}\varepsilon_n^2-\frac{\sigma_n}{2}\tilde{\boldsymbol{W}}_{f,n}^{\mathrm{T}}\tilde{\boldsymbol{W}}_{f,n}+\frac{\sigma_n}{2}\boldsymbol{W}_{f,n}^{*\mathrm{T}}\boldsymbol{W}_{f,n}^{*}-\frac{(n_{f,n}r_n\varepsilon_n-\mu_{f,n}/2)^2}{n_{f,n}}-\\&\frac{[n_{\phi,n}r_n\varepsilon_nB_n(\bar{\boldsymbol{x}})-\bar{p}_n/2]^2}{n_{\phi,n}}+\frac{\mu_{f,n}^2}{4n_{f,n}}+\frac{\bar{p}_n^2}{4n_{\phi,n}}+g_nN(\zeta_n)\dot{\zeta}_n+\dot{\zeta}_n\\\leqslant&-\frac{k_n}{2}\varepsilon_n^2-\frac{\sigma_n}{2}\tilde{\boldsymbol{W}}_{f,n}^{\mathrm{T}}\tilde{\boldsymbol{W}}_{f,n}+\frac{\sigma_n}{2}\boldsymbol{W}_{f,n}^{*\mathrm{T}}\boldsymbol{W}_{f,n}^{*}+\frac{\mu_{f,n}^2}{4n_{f,n}}+\frac{\bar{p}_n^2}{4n_{\phi,n}}+g_nN(\zeta_n)\dot{\zeta}_n+\dot{\zeta}_n\end{aligned} \tag{5-98}$$

令

$$p_n=\min\{k_n,\sigma_n\} \tag{5-99}$$

$$q_n=\frac{\sigma_n}{2}\boldsymbol{W}_{f,n}^{*\mathrm{T}}\boldsymbol{W}_{f,n}^{*}+\frac{\mu_{f,n}^2}{4n_{f,n}}+\frac{\bar{p}_n^2}{4n_{\phi,n}} \tag{5-100}$$

得到

$$\dot{V}_n\leqslant-p_nV_n+q_n+g_nN(\zeta_n)\dot{\zeta}_n+\dot{\zeta}_n \tag{5-101}$$

式(5－101)两侧同时乘以 e^{p_nt}，得到

$$\mathrm{d}(V_n\mathrm{e}^{p_nt})\leqslant q_n\mathrm{e}^{p_nt}+g_nN(\zeta_n)\dot{\zeta}_n\mathrm{e}^{p_nt}+\dot{\zeta}_n\mathrm{e}^{p_nt} \tag{5-102}$$

在$[0,t)$内对式(5－102)积分，得到

$$V_n\leqslant q_n/p_n+V_n(0)+\int_0^t g_nN(\zeta_n)\dot{\zeta}_n\mathrm{e}^{p_n(\tau-t)}\mathrm{d}\tau+\int_0^t\dot{\zeta}_n\mathrm{e}^{p_n(\tau-t)}\mathrm{d}\tau \tag{5-103}$$

由引理 5.1 可得 V_n，ζ_n 有界，进一步得到 ε_n 和 $\widetilde{\boldsymbol{W}}_{f,n}$ 有界。

综上可得，$\varepsilon_1,\cdots,\varepsilon_n\in\ell_\infty$，$\widetilde{\boldsymbol{W}}_{f1},\cdots,\widetilde{\boldsymbol{W}}_{f,n}\in\ell_\infty$。由假设 5.4 可知 $\boldsymbol{W}_{f1}^*,\cdots,\boldsymbol{W}_{f,n}^*\in\ell_\infty$，因此易得 $\hat{\boldsymbol{W}}_{f1},\cdots,\hat{\boldsymbol{W}}_{f,n}\in\ell_\infty$。由变换函数的性质可知，当 $\varepsilon_1,\cdots,\varepsilon_n\in\ell_\infty$ 时，$z_1,\cdots,z_n$ 满足预先设定的瞬态和稳态性能，且 $z_1,\cdots,z_n\in\ell_\infty$。由假设 5.1 可知 $y_d\in\ell_\infty$，结合 $z_1=x_1-y_d$ 易得 $x_1\in\ell_\infty$，结合式(5-14)可得 $\eta_1\in\ell_\infty$，结合式(5-13)可得 $x_{2,d}\in\ell_\infty$，以此类推，可以得到 $\eta_1,\cdots,\eta_n\in\ell_\infty$，$x_1,\cdots,x_n\in\ell_\infty$，$x_{2,d},\cdots,x_{n,d}$，$u\in\ell_\infty$。定理 5.1 得证。

5.4 仿真分析

仿真对象的数学模型描述如下：

$$\begin{cases}\dot{x}_1=f_1(x_1)+g_1(x_1)x_2+\Delta_1(t,x_1)\\ \dot{x}_2=f_2(\bar{\boldsymbol{x}}_2)+g_2(\bar{\boldsymbol{x}}_2)u+\Delta_2(t,\bar{\boldsymbol{x}}_2)\\ y=x_1\end{cases}$$

式中：

$$f_1(x_1)=x_1^2+\sin x_1,g_1(x_1)=2+\cos x_1$$

$$f_2(\bar{\boldsymbol{x}}_2)=(x_2^2-1)x_1,g_2(\bar{\boldsymbol{x}}_2)=3+\sin^2(x_1x_2)$$

是关于状态的未知函数，且 $g_1(x_1)$ 和 $g_2(\bar{\boldsymbol{x}}_2)$ 的符号未知；

$$\Delta_1(t,x_1)=x_1^2\sin(5t),\Delta_2(t,\bar{\boldsymbol{x}}_2)=(x_1^2+x_2^2)\cos(10t)$$

是关于时间和状态的未知函数。

期望轨迹：$y_d(t)=\sin t+\sin(2t)$。

初始状态：$x_1(0)=0.5,x_2(0)=0$。

性能函数：$\varpi_1(t)=\varpi_2(t)=(1-10^{-3})\mathrm{e}^{-t}+10^{-3}$。

误差变换函数：$F_{\mathrm{tran},1}^{-1}(x)=F_{\mathrm{tran},2}^{-1}(x)=\dfrac{1}{2}\ln\dfrac{\iota_{\mathrm{down}}+x}{\iota_{\mathrm{up}}-x}$，$\iota_{\mathrm{down}}$ 及 ι_{up} 的选取如下：

$$\begin{cases}\dot{\iota}_{\mathrm{down}}(t)=-2.0\iota_{\mathrm{down}}(t)+2.0\\ \dot{\iota}_{\mathrm{up}}(t)=-2.0\iota_{\mathrm{up}}(t)+2.0\\ \iota_{\mathrm{down}}(0)=3.0,\iota_{\mathrm{up}}(0)=3.0\end{cases}$$

控制器参数：$k_1=1.0,n_{f,1}=0.5,n_{\phi,1}=2.0,n_{g,1}=0.4,\sigma_1=5$；

$$k_2=1.5,n_{f,2}=1.0,n_{\phi,2}=3.0,n_{x_{2,d}}=5.0,\sigma_2=5。$$

Nussbaum 函数：$N(\zeta)=\zeta^2\cos\zeta$。

引入二阶非线性跟踪-微分器对 $x_{2,d}$ 的导数进行光滑逼近，其数学表达式如下：

$$\dot{\chi}_1=\chi_2$$

$$\dot{\chi}_2 = -R\,\mathrm{sat}\left[\chi_1 - \upsilon(t) + \frac{\chi_2 \mid \chi_2 \mid}{2R}, \delta\right]$$

式中：$\mathrm{sat}(B,\delta)=\begin{cases}\mathrm{sgn}\,B, & |B|>\delta\\ B/\delta, & |B|\leqslant\delta,\delta>0\end{cases}$。

设计跟踪-微分器的参数为 $R=3.0,\delta=0.1$。

利用两个 RBF 神经网络分别对未知函数 $f_1(x_1)$和 $f_2(\bar{x}_2)$进行逼近，两个 RBF 神经网络均取 20 个节点。

图 5-1 所示为系统输出 y 跟踪期望轨迹 y_d 的情况。从仿真结果可以看出，系统输出在很短的时间内便跟上了期望轨迹，且实现了稳定跟踪。

图 5-2 所示为状态 x_2 跟踪期望轨迹 $x_{2,d}$ 的情况，$x_{2,d}$ 为第一个子系统的虚拟控制量。从仿真结果可以看出，设计的虚拟控制量平滑有界，且实际状态 x_2 实现了对虚拟控制量 $x_{2,d}$ 的快速稳定跟踪。

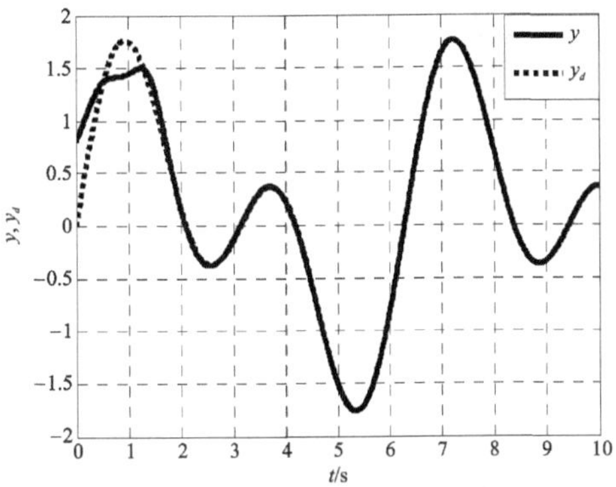

图 5-1　y 跟踪期望轨迹 y_d 的情况

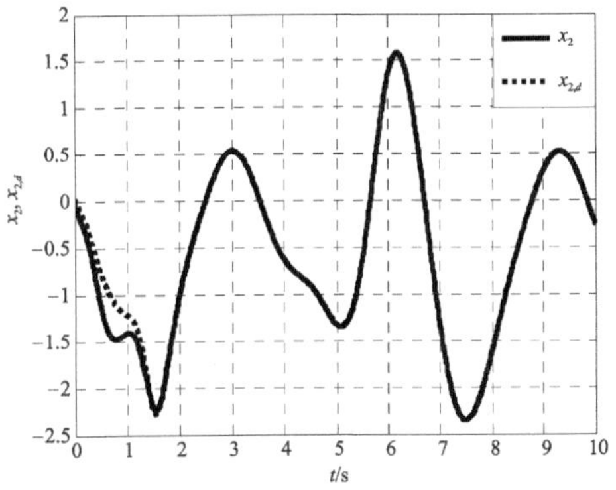

图 5-2　x_2 跟踪期望轨迹 $x_{2,d}$ 的情况

图 5-3 和图 5-4 分别给出了跟踪误差 z_1 和 z_2 随时间变化的情况，其中点画

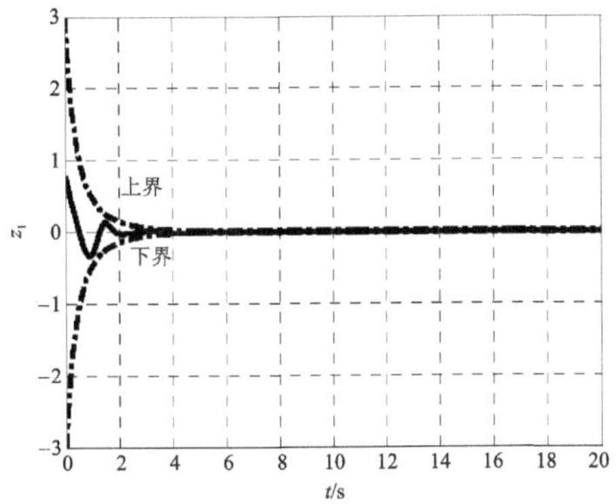

图 5-3　跟踪误差 z_1 随时间变化的情况

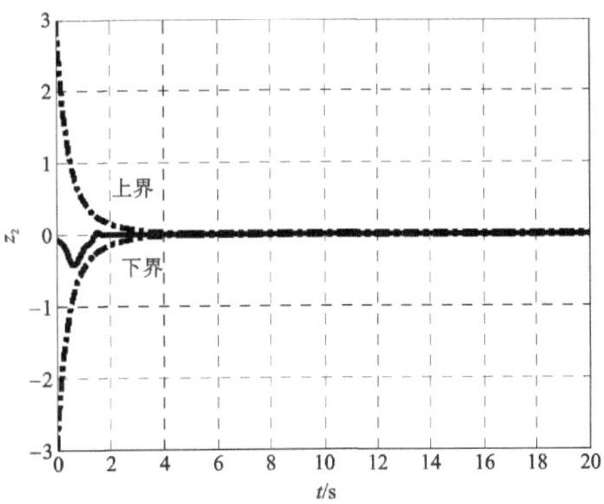

图 5-4　跟踪误差 z_2 随时间变化的情况

线表示预先设定的跟踪误差的上下界。通过文中的推导我们得知,只要跟踪误差不超出由上下界所确定的区域,那么系统就满足预设性能的要求,而实际的跟踪误差始终保持在这个预设的区域内,因此跟踪误差满足预设的瞬态和稳态性能的要求。

图 5-5 所示为实际控制量随时间变化的情况,控制曲线平滑有界,满足控制要求。

另外,系统中其他信号都满足有界条件,限于篇幅,没有一一列出。综上,通过仿真分析,充分验证了本文所设计方法的有效性。

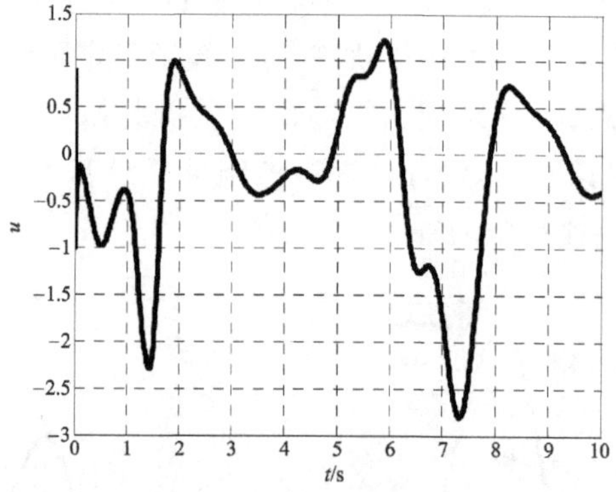

图 5-5 控制量 u 随时间变化的情况

5.5 本章小结

本章对控制方向未知的严格反馈非线性系统的预设性能控制问题进行了研究,系统中含有非匹配干扰项。针对控制器设计的复杂性问题,提出了一种子系统独立设计思想,将上一个子系统的预设性能满足问题转化为当前子系统的有界性问题,使整个设计过程更简单、更合理。利用反演技术在处理非匹配干扰项方面的优势,结合鲁棒设计技巧,消除了系统中干扰项的影响。整个设计过程条理清晰,各个环节紧密衔接,取得了理想的控制效果。

第6章　满足预设性能的导弹过载控制技术研究

第2～5章按照层层递进的研究思路，系统地解决了具有严格反馈形式的非线性系统的预设性能控制问题，从理论上证明了设计方法的正确性和有效性。本章将之前的理论成果与工程实际相结合，对满足预设性能的导弹过载控制技术进行研究，体现本文的工程实际意义。

Paul[103]对导弹飞行控制系统进行了综合描述，按照被测物理量不同将飞行控制系统分为以下三类：①姿态控制系统；②加速度控制系统；③飞行航迹角控制系统。其中，加速度控制系统是一种内外环控制系统，以纵向通道为例，内环测量和控制角速度 ω_z，外环测量和控制加速度 a_y。过载 n_y 是加速度 a_y 的无量纲形式，因此通常将“加速度控制”统一称为“过载控制”。在文献[103]基础上，国内外研究人员还提出了几种具有其他形式的过载控制方法：(ω_z, n_y)过载控制方法、(α, ω_z, n_y)过载控制方法、$(\dot{\omega}_z, n_y)$过载控制方法、$(\dot{\omega}_z, \omega_z, n_y)$过载控制方法。上述方法均有其各自的优缺点和适用对象，但均未考虑控制性能问题，本章以(ω_z, n_y)过载控制方法为例展开研究，将预设性能的概念与过载控制相结合，保证闭环系统满足预设的瞬态和稳态性能要求。

6.1　模型描述

参考文献[104]的建模方法，将各通道之间的交联项整理为干扰的形式，导弹纵向通道的过载系统模型表示为

$$\begin{cases} \dot{\alpha} = \omega_z - \dfrac{1}{m_d V_d}(P\sin\alpha + C_y^{\alpha}\alpha + C_y^{\delta_z}\delta_z) + \dfrac{g}{V_d}\cos\theta + \Delta_1 \\ \dot{\omega}_z = \dfrac{1}{J_z}(M_z^{\alpha}\alpha + M_z^{\omega_z}\omega_z + M_z^{\delta_z}\delta_z + M_z^{\dot{\alpha}}\dot{\alpha}) + \Delta_2 \\ n_y = \dfrac{1}{m_d g}(P\sin\alpha + C_y^{\alpha}\alpha + C_y^{\delta_z}\delta_z) \end{cases} \tag{6-1}$$

式中：α 为攻角；ω_z 为俯仰角速度；θ 为速度倾角；m_d 为导弹质量；V_d 为导弹速度；P 为导弹推力；$C_y^{\alpha}, C_y^{\delta_z}, M_z^{\alpha}, M_z^{\omega_z}, M_z^{\delta_z}, M_z^{\dot{\alpha}}$ 为导弹的气动参数；J_z 为导弹的转动惯量；δ_z 为俯仰舵偏角；n_y 为导弹的纵向过载；Δ_1, Δ_2 为通道之间的交联项。

为简化模型，按照导弹的实际飞行情况，进行以下处理：

① 考虑到 $g\cos\theta/V$ 项比较小，尤其是在导弹速度倾角较大的情况下，因此可以

忽略其影响或将其作为有界的干扰量进行处理；

② 考虑俯仰舵偏角对升力的贡献较小，因此可以忽略 $C_y^{\delta_z}\delta_z$ 项或将其作为有界干扰量进行处理；

③ $M_z^{\dot{\alpha}}/J_z$ 一项比较小且攻角变化率 $\dot{\alpha}$ 也比较小，因此可以忽略 $M_z^{\dot{\alpha}}\dot{\alpha}/J_z$ 项或将其作为有界干扰量进行处理。

为实现模型表示形式上的简练，将简化过程中的小量和通道之间的交联项都整理为干扰的形式，经过简化处理后的模型可以表示为

$$\begin{cases}\dot{\alpha}=\omega_z-\dfrac{1}{m_dV_d}(P\sin\alpha+C_y^{\alpha}\alpha)+\Delta_{\alpha}\\ \dot{\omega}_z=\dfrac{1}{J_z}(M_z^{\alpha}\alpha+M_z^{\omega_z}\omega_z+M_z^{\delta_z}\delta_z)+\Delta_{\omega_z}\\ n_y=\dfrac{1}{m_dg}(P\sin\alpha+C_y^{\alpha}\alpha)\end{cases}\tag{6-2}$$

式中：Δ_{α} 和 Δ_{ω_z} 均为有界干扰。

显然，过载 n_y 是关于攻角 α 的非线性函数，对于导弹而言，攻角 α 的变化范围一般在[−10°，10°]之内，因此 n_y 与 α 之间满足近似的线性关系，且两者的符号一致，利用文献[105]设计的滤波器，在过载指令 n_{yc} 已知的前提下，通过解算可以得到攻角指令 α_d，因此对过载进行控制和对攻角进行控制实质上是等价的，在后面控制器设计过程中直接给出攻角指令 α_d。

另外，在进行预设性能控制器设计过程中，均采用如下形式的误差变换函数 $S(\varepsilon)$和性能函数 $\rho(t)$：

$$S(\varepsilon)=\frac{2}{\pi}\frac{\iota_{\mathrm{up}}\exp(\varepsilon)+\iota_{\mathrm{down}}\exp(-\varepsilon)}{\exp(\varepsilon)+\exp(-\varepsilon)}\arctan(\lambda\varepsilon)\tag{6-3}$$

$$\rho(t)=(\rho_0-\rho_{\infty})\exp(-lt)+\rho_{\infty}\tag{6-4}$$

式中：ι_{up}，ι_{down}，λ，ρ_0，ρ_{∞}，l 为设计正常数。跟踪误差 e 和变换误差 ε 的关系可以表示为

$$e(t)=\rho(t)S(\varepsilon)\tag{6-5}$$

令 $T=S^{-1}$ 表示函数 S 的逆函数，则式(6-5)可以等价表示为

$$\varepsilon=T(e/\rho)\tag{6-6}$$

函数 $S(\varepsilon)$除具有误差变换函数所要求的所有性质外，还具有通过原点这一难能可贵的性质，因为 $S(\varepsilon)$是充分光滑、严格递增且有界的，因此对于 $\forall\varepsilon\in(-\infty,+\infty)$，$\dfrac{\mathrm{d}S(\varepsilon)}{\mathrm{d}\varepsilon}>0$ 是有界的，换言之，$\eta=\max\limits_{\varepsilon}\left\{\dfrac{\mathrm{d}S(\varepsilon)}{\mathrm{d}\varepsilon}\right\}>0$ 是存在的。

又考虑到 $S(\varepsilon)$通过原点，结合拉格朗日中值定理可得

$$S(\varepsilon)=\varepsilon\frac{\mathrm{d}S(\varepsilon_0)}{\mathrm{d}\varepsilon}\tag{6-7}$$

式中：ε_0 处于 0 和 ε 所确定的闭区间上。

显然，$\dfrac{\mathrm{d}S(\varepsilon_0)}{\mathrm{d}\varepsilon}\leqslant\max\limits_{\varepsilon}\left\{\dfrac{\mathrm{d}S(\varepsilon)}{\mathrm{d}\varepsilon}\right\}$，结合式(6－5)得到

$$|e(t)|\leqslant\rho(t)\eta|\varepsilon| \tag{6－8}$$

6.2　不考虑扰动的预设性能过载控制器设计

令干扰项 Δ_α 和 Δ_{ω_z} 为零，且假设模型(6－2)中的气动力参数和舵机参数均已知，则可以得到确定的过载系统模型为

$$\begin{cases}\dot{\alpha}=\omega_z-\dfrac{1}{m_dV_d}(P\sin\alpha+C_y^\alpha\alpha)\\[2ex]\dot{\omega}_z=\dfrac{1}{J_z}(M_z^\alpha\alpha+M_z^{\omega_z}\omega_z+M_z^{\delta_z}\delta_z)\end{cases} \tag{6－9}$$

6.1 节已经指出，对过载进行控制和对攻角进行控制是等价的，因此这里直接给出攻角指令为 α_d，针对模型(6－9)中的第 1 个子系统，跟踪误差 $z_1=\alpha-\alpha_d$，令 ω_z 为第 1 个子系统的虚拟控制量，$\omega_{z,d}$ 为控制输入，定义新的状态误差 $z_2=\omega_z-\omega_{z,d}$，则第 1 个子系统的误差模型为

$$\dot{z}_1=\omega_{z,d}-\frac{1}{m_dV_d}(P\sin\alpha+C_y^\alpha\alpha)-\dot{\alpha}_d+z_2 \tag{6－10}$$

利用误差转化函数

$$S_1(\varepsilon_1)=\frac{2}{\pi}\,\frac{\iota_{\mathrm{up},1}\exp(\varepsilon_1)+\iota_{\mathrm{down},1}\exp(-\varepsilon_1)}{\exp(\varepsilon_1)+\exp(-\varepsilon_1)}\arctan(\lambda_1\varepsilon_1)$$

对 z_1 进行误差转化，令 $T_1=S_1^{-1}$ 为函数 S_1 的逆函数，$\rho_1=(\rho_{10}-\rho_{1\infty})\exp(-l_1t)+\rho_{1\infty}$ 为性能函数，式中，$\iota_{\mathrm{up},1}$，$\iota_{\mathrm{down},1}$，λ_1，ρ_{10}，$\rho_{1\infty}$，l_1 为设计正常数，则转化误差 ε_1 可以表示为

$$\varepsilon_1=T_1\left(\frac{z_1}{\rho_1}\right) \tag{6－11}$$

式(6－11)两边对时间求导，得到

$$\dot{\varepsilon}_1=\frac{\mathrm{d}T_1}{\mathrm{d}(z_1/\rho_1)}\,\frac{\dot{z}_1}{\rho_1}+\frac{\mathrm{d}T_1}{\mathrm{d}(z_1/\rho_1)}\,\frac{\dot{\rho}_1}{\rho_1^2} \tag{6－12}$$

将式(6－10)代入式(6－12)，得到

$$\dot{\varepsilon}_1=\frac{r_1}{\rho_1}\left[\omega_{z,d}-\frac{1}{m_dV_d}(P\sin\alpha+C_y^\alpha\alpha)-\dot{\alpha}_d+z_2\right]+r_1\,\frac{\dot{\rho}_1}{\rho_1^2}z_1 \tag{6－13}$$

式中：$r_1=\dfrac{\mathrm{d}T_1}{\mathrm{d}(z_1/\rho_1)}>0$，$\rho_1>0$。

设计虚拟控制输入 $\omega_{z,d}$ 为

$$\omega_{z,d}=-\frac{k_1\rho_1}{r_1}\varepsilon_1+\frac{1}{m_dV_d}(P\sin\alpha+C_y^{\alpha}\alpha)+\dot{\alpha}_d-\frac{\dot{\rho}_1}{\rho_1}z_1-\varepsilon_1 \tag{6-14}$$

式中：k_1 为设计正常数。

注：在导弹的实际飞行过程中，$\dot{\alpha}_d$ 是无法测量的，通常利用$\frac{s}{\tau_\alpha s+1}\alpha_d$ 进行估计，这里为了设计和分析上的方便，假设 $\dot{\alpha}_d$ 是可测的。

针对模型(6-9)中的第 2 个子系统：

$$\dot{\omega}_z=\frac{1}{J_z}(M_z^{\alpha}\alpha+M_z^{\omega_z}\omega_z+M_z^{\delta_z}\delta_z) \tag{6-15}$$

结合 $z_2=\omega_z-\omega_{z,d}$，得到误差模型为

$$\dot{z}_2=\frac{1}{J_z}(M_z^{\alpha}\alpha+M_z^{\omega_z}\omega_z+M_z^{\delta_z}\delta_z)-\dot{\omega}_{z,d} \tag{6-16}$$

利用误差转化函数

$$S_2(\varepsilon_2)=\frac{2}{\pi}\frac{\iota_{\mathrm{up},2}\exp(\varepsilon_2)+\iota_{\mathrm{down},2}\exp(-\varepsilon_2)}{\exp(\varepsilon_2)+\exp(-\varepsilon_2)}\arctan(\lambda_2\varepsilon_2)$$

对 z_2 进行误差转化，令 $T_2=S_2^{-1}$ 为函数 S_2 的逆函数，$\rho_2=(\rho_{20}-\rho_{2\infty})\exp(-l_2t)+\rho_{2\infty}$ 为性能函数，式中，$\iota_{\mathrm{up},2}$，$\iota_{\mathrm{down},2}$，λ_2，ρ_{20}，$\rho_{2\infty}$，l_2 为设计正常数，则转化误差 ε_2 可以表示为

$$\varepsilon_2=T_2\left(\frac{z_2}{\rho_2}\right) \tag{6-17}$$

式(6-17)两边对时间求导，得到

$$\dot{\varepsilon}_2=\frac{\mathrm{d}T_2}{\mathrm{d}(z_2/\rho_2)}\frac{\dot{z}_2}{\rho_2}+\frac{\mathrm{d}T_2}{\mathrm{d}(z_2/\rho_2)}\frac{\dot{\rho}_2}{\rho_2^2}z_2 \tag{6-18}$$

将式(6-16)代入式(6-18)，得到

$$\dot{\varepsilon}_2=\frac{r_2}{J_z\rho_2}(M_z^{\alpha}\alpha+M_z^{\omega_z}\omega_z+M_z^{\delta_z}\delta_z)-\frac{r_2}{\rho_2}\dot{\omega}_{z,d}+\frac{r_2\dot{\rho}_2}{\rho_2^2}z_2 \tag{6-19}$$

式中：$r_2=\frac{\mathrm{d}T_2}{\mathrm{d}(z_2/\rho_2)}>0$，$\rho_2>0$。

选取控制量 δ_z 为

$$\delta_z=-k_2\frac{J_z\rho_2}{r_2M_z^{\delta_z}}\varepsilon_2-\frac{M_z^{\omega_z}}{M_z^{\delta_z}}\omega_z-\frac{M_z^{\alpha}}{M_z^{\delta_z}}\alpha+\frac{J_z}{M_z^{\delta_z}}\dot{\omega}_{z,d}-\frac{J_z\dot{\rho}_2}{M_z^{\delta_z}\rho_2}z_2-\frac{J_z\rho_2^3r_1\eta^2}{4\rho_1r_2M_z^{\delta_z}}\varepsilon_2 \tag{6-20}$$

式中：k_2 为设计正参数；$\eta=\max\limits_{\varepsilon_2}\left\{\frac{\mathrm{d}S_2}{\mathrm{d}\varepsilon_2}\right\}$。

选取 Lyapunov 函数为

$$L=\frac{1}{2}\varepsilon_1^2+\frac{1}{2}\varepsilon_2^2 \tag{6-21}$$

式(6－21)两边对时间求导,得到

$$\dot{L}=\varepsilon_1\dot{\varepsilon}_1+\varepsilon_2\dot{\varepsilon}_2 \tag{6-22}$$

将式(6－13)和式(6－19)代入式(6－22),得到

$$\begin{aligned}\dot{L}=&\varepsilon_1\frac{r_1}{\rho_1}\left[\omega_{z,d}-\frac{1}{m_dV_d}(P\sin\alpha+C_y^\alpha\alpha)-\dot{\alpha}_d+z_2\right]+r_1\frac{\dot{\rho}_1}{\rho_1^2}\varepsilon_1+\\&\varepsilon_2\frac{r_2}{J_z\rho_2}(M_z^\alpha\alpha+M_z^{\omega_z}\omega_z+M_z^{\delta_z}\delta_z)-\frac{r_2}{\rho_2}\dot{\omega}_{z,d}\varepsilon_2+\frac{r_2\dot{\rho}_2}{\rho_2^2}\varepsilon_2\end{aligned} \tag{6-23}$$

将设计的虚拟控制律(6－14)和控制律(6－20)代入式(6－23),得到

$$\begin{aligned}\dot{L}&=-k_1\varepsilon_1^2-\frac{r_1}{\rho_1}\left(\varepsilon_1^2-\varepsilon_1z_2+\frac{z_2^2}{4}\right)+\frac{r_1z_2^2}{4\rho_1}-k_2\varepsilon_2^2-\frac{r_1\eta^2\varepsilon_2^2}{4\rho_1}\\&=-k_1\varepsilon_1^2-k_2\varepsilon_2^2-\frac{r_1}{\rho_1}\left(\varepsilon_1-\frac{z_2}{2}\right)^2+\frac{r_1(z_2^2-\rho_2^2\eta^2\varepsilon_2^2)}{4\rho_1}\end{aligned} \tag{6-24}$$

通过 6.2 节的分析得到

$$z_2^2\leqslant\rho_2^2\eta^2\varepsilon_2^2 \tag{6-25}$$

式中:$\eta=\max\limits_{\varepsilon_2}\left\{\dfrac{\mathrm{d}S_2}{\mathrm{d}\varepsilon_2}\right\}>0$。

将不等式(6－25)代入式(6－24),并结合 $r_1>0,\rho_1>0$ 得到

$$\dot{L}\leqslant-k_1\varepsilon_1^2-k_2\varepsilon_2^2\leqslant k_0L \tag{6-26}$$

式中:$k_0=\min\{k_1,k_2\}$。

由式(6－26)易得 $\varepsilon_1,\varepsilon_2,L$ 有界,结合误差传递函数的性质,进一步得到 z_1,z_2 有界且满足预设的瞬态和稳态性能的要求,α_d 有界并结合 $z_1=\alpha-\alpha_d$ 可知 α 是有界的,虚拟控制律(6－14)中每一项都是有界的,因此 $\omega_{z,d}$ 有界,结合 $\omega_{z,d}$ 的连续性,进一步得到 $\dot{\omega}_{z,d}$ 有界,结合 $z_2=\omega_z-\omega_{z,d}$ 得到 ω_z 是有界的,控制律(6－20)中每一项都是有界的,因此 δ_z 有界。综上,可知闭环系统中所有信号有界,且跟踪误差 z_1,z_2 满足预设性能的要求。

设定模型参数为 $m_d=1\,000$ kg,$V_d=800$ m/s,$p=6\,000$ N,$C_y^\alpha=15$,$M_z^\alpha=-15$,$M_z^{\omega_z}=-300$,$M_z^{\delta_z}=-10$,$J_z=2\,500$ kg·m^2,控制器参数 $k_1=2,k_2=4$;性能函数 ρ_1 和 ρ_2 的参数为 $\rho_{10}=\rho_{20}=1,l_1=l_2=1,\rho_{1\infty}=\dfrac{1}{6}\times10^{-3},\rho_{2\infty}=1\times10^{-3}$;误差转化函数的参数设定为 $\iota_{\mathrm{up},1}=6,\iota_{\mathrm{down},1}=0.5,\iota_{\mathrm{up},2}=0.5,\iota_{\mathrm{down},2}=1,\lambda_1=\lambda_2=1$。

图 6－1 所示为攻角对攻角指令的跟踪情况。图 6－2 所示为俯仰角速度对俯仰角速度指令的跟踪情况,从仿真结果可以看出,实际信号在很短的时间内便跟上了期望信号,并实现了稳定跟踪。图 6－3 和图 6－4 所示为攻角和俯仰角速度跟踪误差随时间变化的情况,图中的虚线表示预先设定的跟踪误差的上下界,仿真结果表明,攻角和俯仰角速度跟踪误差未超出预先设定的区域,攻角跟踪误差的最大超调量为

0，俯仰角速度跟踪误差的最大超调量为 0.6 左右，稳态误差均控制在 1×10^{-3} 之内，满足预先设定的瞬态和稳态性能要求。图 6-5 所示为导弹过载对过载指令的跟踪情况，跟踪效果良好。图 6-6 所示为俯仰舵偏角随时间变化的情况，控制信号连续有界，满足控制要求。

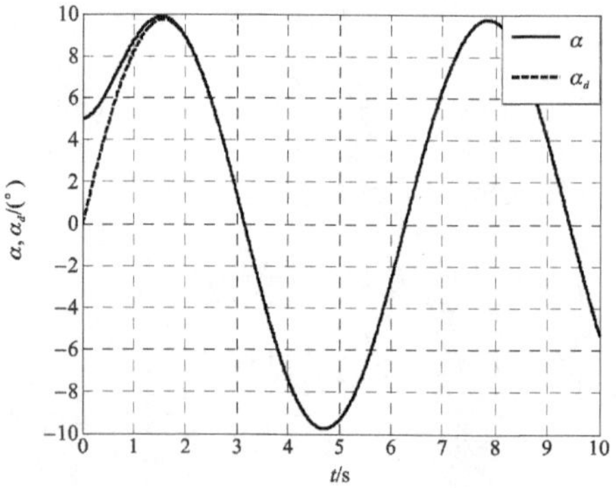

图 6-1　攻角对攻角指令的跟踪情况

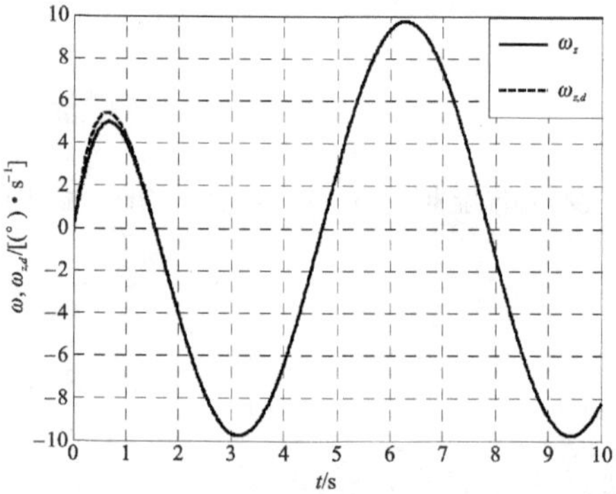

图 6-2　俯仰角速度对俯仰角速度指令的跟踪情况

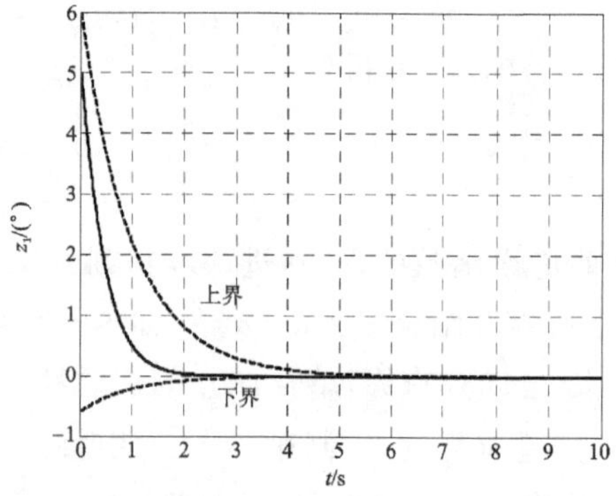

图 6-3　攻角跟踪误差随时间变化的情况

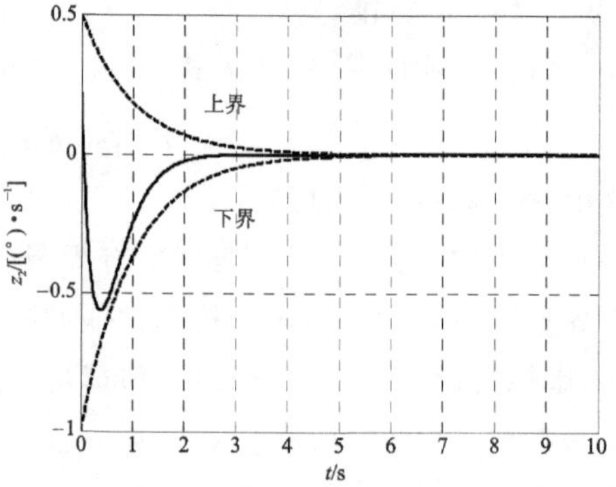

图 6-4　俯仰角速度跟踪误差随时间变化的情况

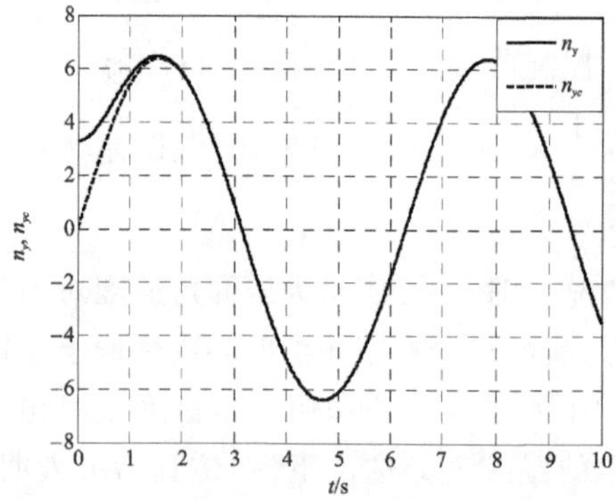

图 6-5　导弹过载对过载指令的跟踪情况

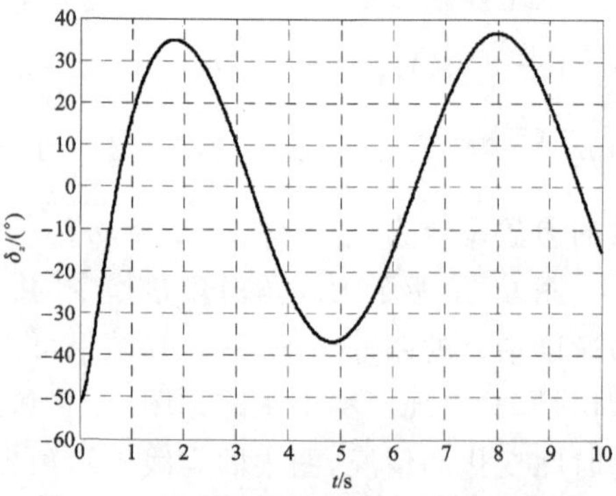

图 6-6　俯仰舵偏角随时间变化的情况

6.3　具有扰动和参数未知的自适应预设性能过载控制器设计

本节的控制对象为形如式(6-2)的不确定系统，Δ_α，Δ_{ω_z} 为具有未知上界的扰动项，模型参数 m_d，V_d，P，C_y^α，J_z，M_z^α，$M_z^{\omega_z}$，$M_z^{\delta_z}$ 的值均未知，但其符号已知且有 $m_d>0$，$V_d>0$，$P>0$，$C_y^\alpha>0$，$J_z>0$，$M_z^\alpha<0$，$M_z^{\omega_z}<0$，$M_z^{\delta_z}<0$。

按照反演的设计思路，将模型(6-2)转化为误差模型：

$$\begin{cases}\dot{z}_1=\omega_{z,d}-\dfrac{1}{m_dV_d}(P\sin\alpha+C_y^\alpha\alpha)+\Delta_\alpha-\dot{\alpha}_d+z_2\\[2ex]\dot{z}_2=\dfrac{1}{J_z}(M_z^\alpha\alpha+M_z^{\omega_z}\omega_z+M_z^{\delta_z}\delta_z)+\Delta_{\omega_z}-\dot{\omega}_{z,d}\end{cases}\tag{6-27}$$

式中：$z_1=\alpha-\alpha_d$，$z_2=\omega_z-\omega_{z,d}$ 为误差状态量；α_d 为攻角指令；$\omega_{z,d}$ 为攻角指令。

利用 6.2 节设计的误差转化函数 T_1 和 T_2 分别对模型(6-27)中的子系统进行误差转化，得到新的误差模型为

$$\begin{cases}\dot{\varepsilon}_1=\dfrac{r_1}{\rho_1}\left(\omega_{z,d}-\dfrac{P}{m_dV_d}\sin\alpha-\dfrac{C_y^\alpha}{m_dV_d}\alpha+\Delta_\alpha-\dot{\alpha}_d+z_2\right)+\dfrac{r_1\dot{\rho}_1}{\rho_1^2}z_1\\[2ex]\dot{\varepsilon}_2=\dfrac{r_2}{J_z\rho_2}(M_z^\alpha\alpha+M_z^{\omega_z}\omega_z+M_z^{\delta_z}\delta_z)+\dfrac{r_2}{\rho_2}\Delta_{\omega_z}-\dfrac{r_2}{\rho_2}\dot{\omega}_{z,d}+\dfrac{r_2\dot{\rho}_2}{\rho_2^2}z_2\end{cases}\tag{6-28}$$

式中：$r_1=\dfrac{\mathrm{d}T_1}{\mathrm{d}(z_1/\rho_1)}>0$；$r_2=\dfrac{\mathrm{d}T_2}{\mathrm{d}(z_2/\rho_2)}>0$；$\rho_1>0$；$\rho_2>0$。

由于模型中参数未知，这里利用自适应参数对未知参数进行逼近，分别用 $\hat{\kappa}_1$，$\hat{\kappa}_2$，$\hat{\kappa}_3$，$\hat{\kappa}_4$，$\hat{\kappa}_5$ 逼近 $\dfrac{P}{m_dV_d}$，$\dfrac{C_y^\alpha}{m_dV_d}$，$\dfrac{M_z^\alpha}{M_z^{\delta_z}}$，$\dfrac{M_z^{\omega_z}}{M_z^{\delta_z}}$，$\dfrac{J_z}{M_z^{\delta_z}}$。

选取虚拟控制量 $\omega_{z,d}$ 和控制量 δ_z 为

$$\omega_{z,d}=-k_1\frac{\rho_1}{r_1}\varepsilon_1-2\varepsilon_1+\hat{\kappa}_1\sin\alpha+\hat{\kappa}_2\alpha+\dot{\alpha}_d-\frac{\dot{\rho}_1}{\rho_1}z_1\tag{6-29}$$

$$\delta_z=k_2\frac{\rho_2}{r_2}\varepsilon_2+\varepsilon_2-\hat{\kappa}_3\alpha-\hat{\kappa}_4\omega_z+\hat{\kappa}_5\left(\dot{\omega}_{z,d}-\frac{\dot{\rho}_2}{\rho_2}z_2\right)+\frac{\rho_2^3r_1\eta^2}{4\rho_1r_2}\varepsilon_2\tag{6-30}$$

式中：k_1，k_2 为设计正参数；$\eta=\max\limits_{\varepsilon_2}\left\{\dfrac{\mathrm{d}S_2}{\mathrm{d}\varepsilon_2}\right\}$，其存在性在 6.2 节已进行了说明。

选择自适应律为

$$\dot{\hat{\kappa}}_1=-\frac{r_1\varepsilon_1\sin\alpha}{\rho_1}-\sigma_1\hat{\kappa}_1\tag{6-31}$$

$$\dot{\hat{\kappa}}_2=-\frac{r_1\varepsilon_1\alpha}{\rho_1}-\sigma_2\hat{\kappa}_2\tag{6-32}$$

$$\dot{\hat{\kappa}}_3 = -\frac{r_2\varepsilon_2\alpha}{\rho_2} - \sigma_3\hat{\kappa}_3 \tag{6-33}$$

$$\dot{\hat{\kappa}}_4 = -\frac{r_2\varepsilon_2\omega_z}{\rho_2} - \sigma_4\hat{\kappa}_4 \tag{6-34}$$

$$\dot{\hat{\kappa}}_5 = \frac{r_2\varepsilon_2\omega_z(\rho_2\dot{\omega}_{z,d} - \dot{\rho}_2 z_2)}{\rho_2^2} - \sigma_5\hat{\kappa}_5 \tag{6-35}$$

式中：$\sigma_1,\sigma_2,\sigma_3,\sigma_4,\sigma_5$ 为设计正常数。

选取 Lyapunov 函数为

$$L = \frac{1}{2}\varepsilon_1^2 + \frac{1}{2}\left|\frac{J_z}{M_z^{\delta_z}}\right|\varepsilon_2^2 + \sum_{i=1}^{5}\tilde{\kappa}_i \tag{6-36}$$

式中：$\tilde{\kappa}_1 = \hat{\kappa}_1 - \frac{P}{m_d V_d}$，$\tilde{\kappa}_2 = \hat{\kappa}_2 - \frac{C_y^\alpha}{m_d V_d}$，$\tilde{\kappa}_3 = \hat{\kappa}_3 - \frac{M_z^\alpha}{M_z^{\delta_z}}$，$\tilde{\kappa}_4 = \hat{\kappa}_4 - \frac{M_z^{\omega_z}}{M_z^{\delta_z}}$，$\tilde{\kappa}_5 = \hat{\kappa}_5 - \frac{J_z}{M_z^{\delta_z}}$，均为估计误差。

由于$\frac{P}{m_d V_d}$，$\frac{C_y^\alpha}{m_d V_d}$，$\frac{M_z^\alpha}{M_z^{\delta_z}}$，$\frac{M_z^{\omega_z}}{M_z^{\delta_z}}$，$\frac{J_z}{M_z^{\delta_z}}$为未知常数，因此有

$$\dot{\tilde{\kappa}}_i = \dot{\hat{\kappa}}_i,\quad i = 1,\cdots,5 \tag{6-37}$$

式(6-36)两边对时间求导，并将式(6-37)代入，得到

$$\dot{L} = \varepsilon_1\dot{\varepsilon}_1 + \left|\frac{J_z}{M_z^{\delta_z}}\right|\varepsilon_2\dot{\varepsilon}_2 + \sum_{i=1}^{5}\tilde{\kappa}_i\dot{\hat{\kappa}}_i \tag{6-38}$$

由于 $M_z^{\delta_z} < 0$，则式(6-38)进一步表示为

$$\dot{L} = \varepsilon_1\dot{\varepsilon}_1 - \frac{J_z}{M_z^{\delta_z}}\varepsilon_2\dot{\varepsilon}_2 + \sum_{i=1}^{5}\tilde{\kappa}_i\dot{\hat{\kappa}}_i \tag{6-39}$$

将式(6-28)代入式(6-39)，得到

$$\begin{aligned}\dot{L} = {}& \varepsilon_1\frac{r_1}{\rho_1}\left(\omega_{z,d} - \frac{P}{m_d V_d}\sin\alpha - \frac{C_y^\alpha}{m_d V_d}\alpha + \Delta_\alpha - \dot{\alpha}_d + z_2 + \frac{\dot{\rho}_1}{\rho_1}z_1\right) - \\ & \varepsilon_2\frac{r_2}{\rho_2}\left[\frac{M_z^\alpha}{M_z^{\delta_z}}\alpha + \frac{M_z^{\omega_z}}{M_z^{\delta_z}}\omega_z + \delta_z + \frac{J_z}{M_z^{\delta_z}}\Delta_{\omega_z} - \frac{J_z}{M_z^{\delta_z}}\left(\dot{\omega}_{z,d} - \frac{\dot{\rho}_2}{\rho_2}z_2\right)\right] + \sum_{i=1}^{5}\tilde{\kappa}_i\dot{\hat{\kappa}}_i\end{aligned} \tag{6-40}$$

将式(6-29)和式(6-30)代入式(6-40)，得到

$$\begin{aligned}\dot{L} = {}& \varepsilon_1\frac{r_1}{\rho_1}\left[-k_1\frac{\rho_1}{r_1}\varepsilon_1 - 2\varepsilon_1 + \left(\hat{\kappa}_1 - \frac{P}{m_d V_d}\right)\sin\alpha + \left(\hat{\kappa}_2 - \frac{C_y^\alpha}{m_d V_d}\right)\alpha + \Delta_\alpha + z_2\right] - \\ & \varepsilon_2\frac{r_2}{\rho_2}\left[k_2\frac{\rho_2}{r_2}\varepsilon_2 - \left(\hat{\kappa}_3 - \frac{M_z^\alpha}{M_z^{\delta_z}}\right)\alpha - \left(\hat{\kappa}_4 - \frac{M_z^{\omega_z}}{M_z^{\delta_z}}\right)\omega_z + \left(\hat{\kappa}_5 - \frac{J_z}{M_z^{\delta_z}}\right)\left(\dot{\omega}_{z,d} - \frac{\dot{\rho}_2}{\rho_2}z_2\right) + \right. \\ & \left.\frac{\rho_2^3 r_1\eta^2}{4\rho_1 r_2}\varepsilon_2 + \varepsilon_2 + \frac{J_z}{M_z^{\delta_z}}\Delta_{\omega_z}\right] + \sum_{i=1}^{5}\tilde{\kappa}_i\dot{\hat{\kappa}}_i\end{aligned} \tag{6-41}$$

结合 $\tilde{\kappa}_1=\hat{\kappa}_1-\dfrac{P}{m_dV_d}$，$\tilde{\kappa}_2=\hat{\kappa}_2-\dfrac{C_y^\alpha}{m_dV_d}$，$\tilde{\kappa}_3=\hat{\kappa}_3-\dfrac{M_z^\alpha}{M_z^{\delta_z}}$，$\tilde{\kappa}_4=\hat{\kappa}_4-\dfrac{M_z^{\omega_z}}{M_z^{\delta_z}}$，$\tilde{\kappa}_5=\hat{\kappa}_5-\dfrac{J_z}{M_z^{\delta_z}}$，式(6-41)进一步表示为

$$\dot{L}=\varepsilon_1\frac{r_1}{\rho_1}\left(-k_1\frac{\rho_1}{r_1}\varepsilon_1-2\varepsilon_1+\tilde{\kappa}_1\sin\alpha+\tilde{\kappa}_2\alpha+\Delta_\alpha+z_2\right)-\varepsilon_2\frac{r_2}{\rho_2}\left[k_2\frac{\rho_2}{r_2}\varepsilon_2-\tilde{\kappa}_3\alpha-\tilde{\kappa}_4\omega_z+\tilde{\kappa}_5\left(\dot{\omega}_{z,d}-\frac{\dot{\rho}_2}{\rho_2}z_2\right)+\frac{\rho_2^3r_1\eta^2}{4\rho_1r_2}\varepsilon_2+\varepsilon_2+\frac{J_z}{M_z^{\delta_z}}\Delta_{\omega_z}\right]+\sum_{i=1}^{5}\tilde{\kappa}_i\dot{\hat{\kappa}}_i \tag{6-42}$$

将自适应律(6-31)～(6-35)代入式(6-42)，得到

$$\dot{L}=-k_1\varepsilon_1^2-k_2\varepsilon_2^2+\frac{r_1}{\rho_1}(-2\varepsilon_1^2+\Delta_\alpha\varepsilon_1+z_2\varepsilon_1)-\frac{r_1\rho_2^2\eta^2\varepsilon_2^2}{4\rho_1}+\frac{r_2}{\rho_2}\left(-\varepsilon_2^2-\frac{J_z}{M_z^{\delta_z}}\Delta_{\omega_z}\varepsilon_2\right)-\sum_{i=1}^{5}\sigma_i\tilde{\kappa}_i\hat{\kappa}_i \tag{6-43}$$

结合

$$-\varepsilon_1^2+\Delta_\alpha\varepsilon_1=-\left(\varepsilon_1-\frac{\Delta_\alpha}{2}\right)^2+\frac{\Delta_\alpha^2}{4}$$

$$-\varepsilon_1^2+z_2\varepsilon_1=-\left(\varepsilon_1-\frac{z_2}{2}\right)^2+\frac{z_2^2}{4}$$

$$-\varepsilon_2^2-\frac{J_z}{M_z^{\delta_z}}\Delta_{\omega_z}\varepsilon_2=-\left(\varepsilon_2+\frac{J_z\Delta_{\omega_z}}{2M_z^{\delta_z}}\right)^2+\left(\frac{J_z\Delta_{\omega_z}}{2M_z^{\delta_z}}\right)^2$$

式(6-43)进一步表示为

$$\begin{aligned}\dot{L}=&-k_1\varepsilon_1^2-k_2\varepsilon_2^2+\frac{r_1}{\rho_1}\left[-\left(\varepsilon_1-\frac{\Delta_\alpha}{2}\right)^2+\frac{\Delta_\alpha^2}{4}-\left(\varepsilon_1-\frac{z_2}{2}\right)^2+\frac{z_2^2}{4}\right]-\\&\frac{r_1\rho_2^2\eta^2\varepsilon_2^2}{4\rho_1}+\frac{r_2}{\rho_2}\left[-\left(\varepsilon_2+\frac{J_z\Delta_{\omega_z}}{2M_z^{\delta_z}}\right)^2+\left(\frac{J_z\Delta_{\omega_z}}{2M_z^{\delta_z}}\right)^2\right]-\sum_{i=1}^{5}\sigma_i\tilde{\kappa}_i\hat{\kappa}_i\\\leqslant&-k_1\varepsilon_1^2-k_2\varepsilon_2^2-\frac{r_1\rho_2^2\eta^2\varepsilon_2^2}{4\rho_1}+\frac{r_1z_2^2}{4\rho_1}+\frac{r_2}{\rho_2}\left(\frac{J_z\Delta_{\omega_z}}{2M_z^{\delta_z}}\right)^2+\frac{r_1\Delta_\alpha^2}{4\rho_1}-\sum_{i=1}^{5}\sigma_i\tilde{\kappa}_i\hat{\kappa}_i\end{aligned} \tag{6-44}$$

又有

$$\tilde{\kappa}_1\hat{\kappa}_1=\frac{1}{2}\left[\hat{\kappa}_1^2+\tilde{\kappa}_1^2-\left(\frac{P}{m_dV_d}\right)^2\right]$$

$$\tilde{\kappa}_2\hat{\kappa}_2=\frac{1}{2}\left[\hat{\kappa}_2^2+\tilde{\kappa}_2^2-\left(\frac{C_y^\alpha}{m_dV_d}\right)^2\right]$$

$$\tilde{\kappa}_3\hat{\kappa}_3=\frac{1}{2}\left[\hat{\kappa}_3^2+\tilde{\kappa}_3^2-\left(\frac{M_z^\alpha}{M_z^{\delta_z}}\right)^2\right]$$

$$\tilde{\kappa}_4\hat{\kappa}_4=\frac{1}{2}\left[\hat{\kappa}_4^2+\tilde{\kappa}_4^2-\left(\frac{M_z^{\omega_z}}{M_z^{\delta_z}}\right)^2\right]$$

$$\tilde{\kappa}_5\hat{\kappa}_5=\frac{1}{2}\left[\hat{\kappa}_5^2+\tilde{\kappa}_5^2-\left(\frac{J_z}{M_z^{\delta_z}}\right)^2\right]$$

则(6-44)进一步表示为

$$\begin{aligned}\dot{L}\leqslant&-k_1\varepsilon_1^2-k_2\varepsilon_2^2-\frac{r_1\rho_2^2\eta^2\varepsilon_2^2}{4\rho_1}+\frac{r_1z_2^2}{4\rho_1}+\frac{r_2}{\rho_2}\left(\frac{J_z\Delta_{\omega_z}}{2M_z^{\delta_z}}\right)^2+\frac{r_1\Delta_\alpha^2}{4\rho_1}-\\&\frac{1}{2}\sum_{i=1}^5\sigma_i\tilde{\kappa}_i^2-\frac{1}{2}\sum_{i=1}^5\sigma_i\hat{\kappa}_i^2+\frac{\sigma_1}{2}\left(\frac{P}{m_dV_d}\right)^2+\frac{\sigma_2}{2}\left(\frac{C_y^\alpha}{m_dV_d}\right)^2+\\&\frac{\sigma_3}{2}\left(\frac{M_z^\alpha}{M_z^{\delta_z}}\right)^2+\frac{\sigma_4}{2}\left(\frac{M_z^{\omega_z}}{M_z^{\delta_z}}\right)^2+\frac{\sigma_5}{2}\left(\frac{J_z}{M_z^{\delta_z}}\right)^2\\\leqslant&-k_1\varepsilon_1^2-k_2\varepsilon_2^2-\frac{1}{2}\sum_{i=1}^5\sigma_i\tilde{\kappa}_i^2-\frac{r_1\rho_2^2\eta^2\varepsilon_2^2}{4\rho_1}+\frac{r_1z_2^2}{4\rho_1}+\frac{r_2}{\rho_2}\left(\frac{J_z\Delta_{\omega_z}}{2M_z^{\delta_z}}\right)^2+\frac{r_1\Delta_\alpha^2}{4\rho_1}+\\&\frac{\sigma_1}{2}\left(\frac{P}{m_dV_d}\right)^2+\frac{\sigma_2}{2}\left(\frac{C_y^\alpha}{m_dV_d}\right)^2+\frac{\sigma_3}{2}\left(\frac{M_z^\alpha}{M_z^{\delta_z}}\right)^2+\frac{\sigma_4}{2}\left(\frac{M_z^{\omega_z}}{M_z^{\delta_z}}\right)^2+\frac{\sigma_5}{2}\left(\frac{J_z}{M_z^{\delta_z}}\right)^2\end{aligned}\tag{6-45}$$

通过6.1节的分析得到

$$z_2\leqslant\rho_2^2\eta^2\varepsilon_2^2\tag{6-46}$$

其中，$\eta=\max\limits_{\varepsilon_2}\left\{\frac{\mathrm{d}S_2}{\mathrm{d}\varepsilon_2}\right\}>0$，将式(6-46)代入式(6-45)，得到

$$\begin{aligned}\dot{L}\leqslant&-k_1\varepsilon_1^2-k_2\varepsilon_2^2-\frac{1}{2}\sum_{i=1}^5\sigma_i\tilde{\kappa}_i^2+\frac{r_2}{\rho_2}\left(\frac{J_z\Delta_{\omega_z}}{2M_z^{\delta_z}}\right)^2+\frac{r_1\Delta_\alpha^2}{4\rho_1}+\frac{\sigma_1}{2}\left(\frac{P}{m_dV_d}\right)^2+\\&\frac{\sigma_2}{2}\left(\frac{C_y^\alpha}{m_dV_d}\right)^2+\frac{\sigma_3}{2}\left(\frac{M_z^\alpha}{M_z^{\delta_z}}\right)^2+\frac{\sigma_4}{2}\left(\frac{M_z^{\omega_z}}{M_z^{\delta_z}}\right)^2+\frac{\sigma_5}{2}\left(\frac{J_z}{M_z^{\delta_z}}\right)^2\end{aligned}\tag{6-47}$$

由性能函数的定义可知 $\rho_1>\rho_{1\infty}>0$，$\rho_2>\rho_{2\infty}>0$，由传递函数的性质可知 $r_1=\frac{\mathrm{d}T_1}{\mathrm{d}(z_1/\rho_1)}>0$，$r_2=\frac{\mathrm{d}T_2}{\mathrm{d}(z_2/\rho_2)}>0$ 且均有界，J_z，$M_z^{\delta_z}$，M_z^α，$M_z^{\omega_2}$，m_d，V_d，C_y^α 均为未知常数，Δ_{ω_z} 和 Δ_α 为有界干扰，因此易得 $\frac{r_2}{\rho_2}\left(\frac{J_z\Delta_{\omega_z}}{2M_z^{\delta_z}}\right)^2$，$\frac{r_1\Delta_\alpha^2}{4\rho_1}$，$\frac{\sigma_1}{2}\left(\frac{P}{m_dV_d}\right)^2$，$\frac{\sigma_2}{2}\left(\frac{C_y^\alpha}{m_dV_d}\right)^2$，$\frac{\sigma_3}{2}\left(\frac{M_z^\alpha}{M_z^{\delta_z}}\right)^2$，$\frac{\sigma_4}{2}\left(\frac{M_z^{\omega_z}}{M_z^{\delta_z}}\right)^2$，$\frac{\sigma_5}{2}\left(\frac{J_z}{M_z^{\delta_z}}\right)^2$ 均有界，假设上述有界项的和的上界为 B，则式(6-47)最终表示为

$$\dot{L} \leqslant -k_1\varepsilon_1^2 - k_2\varepsilon_2^2 - \frac{1}{2}\sum_{i=1}^{5}\sigma_i\tilde{\kappa}_i^2 + B \leqslant -k_0L + B \tag{6-48}$$

式中：$k_0=\min\{2k_1,2k_2,\sigma_1,\sigma_2,\sigma_3,\sigma_4,\sigma_5\}$。

由 Lyapunov 稳定性定理可得 $L,\varepsilon_1,\varepsilon_2,\tilde{\kappa}_i(i=1,\cdots,5)$均有界，进而易得到 $\hat{\kappa}_i(i=1,\cdots,5)$有界，结合误差转化函数和性能函数的性质可得 z_1,z_2 有界且满足预设的瞬态和稳态性能的要求，由 $z_1=\alpha-\alpha_d$ 及 α_d 的有界性可知 α 有界，虚拟控制律(6-29)中每一项都是连续有界的，因此虚拟控制量 $\omega_{z,d}$ 及其导数 $\dot{\omega}_{z,d}$ 有界，结合 $z_2=\omega_z-\omega_{z,d}$ 可知 ω_z 有界，实际控制律(6-30)中每一项都是连续有界的，因此控制量 δ_z 有界。综上，可得系统中所有信号有界，且跟踪误差 z_1,z_2 满足预设性能的要求。

模型参数与 6.2 节相同，干扰设定为 $\Delta_\alpha=0.01\sin t,\Delta_{\omega_z}=0.01\cos t$；控制器参数为 $k_1=2,k_2=4$；性能函数 ρ_1 和 ρ_2 的参数为 $\rho_{10}=\rho_{20}=1,l_1=l_2=1,\rho_{1\infty}=1\times10^{-3},\rho_{2\infty}=1\times10^{-3}$；误差转化函数的参数设定为 $\iota_{\mathrm{up},1}=6,\iota_{\mathrm{down},1}=6,\iota_{\mathrm{up},2}=6,\iota_{\mathrm{down},2}=6,\lambda_1=\lambda_2=1;\sigma_1=\sigma_2=\sigma_3=\sigma_4=\sigma_5=0.1$。

图 6-7 所示为攻角对攻角指令的跟踪情况。图 6-8 所示为俯仰角速度对俯仰角速度指令的跟踪情况，从仿真结果可以看出，实际信号在很短的时间内便跟上了期望信号，并实现了稳定跟踪。图 6-9 和图 6-10 所示为攻角和俯仰角速度跟踪误差随时间变化的情况，图中的虚线表示预先设定的跟踪误差的上下界，仿真结果表明，攻角和俯仰角速度跟踪误差未超出预先设定的区域，攻角跟踪误差的最大超调量为 0.5°左右，俯仰角速度跟踪误差的最大超调量为 0，稳态误差均控制在 1×10^{-3} 之内，满足预先设定的瞬态和稳态性能要求。图 6-11 所示为导弹过载对过载指令的跟踪情况，跟踪效果良好。图 6-12 所示为部分自适应参数随时间变化的情况，这里代表性地给出了参数 $\hat{\kappa}_3$、$\hat{\kappa}_4$ 和 $\hat{\kappa}_5$ 的变化情况，仿真结果显示，自适应参数是收敛的，且收敛速度快，逼近效果良好。图 6-13 所示为俯仰舵偏角随时间变化的情况，控制信号连续有界，满足控制要求。

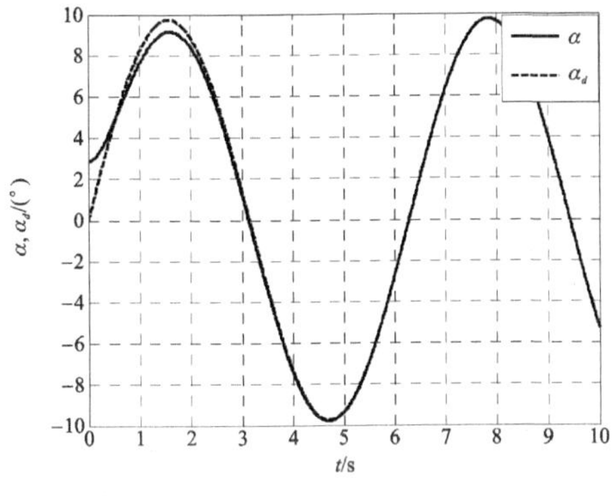

图 6-7　攻角对攻角指令的跟踪情况

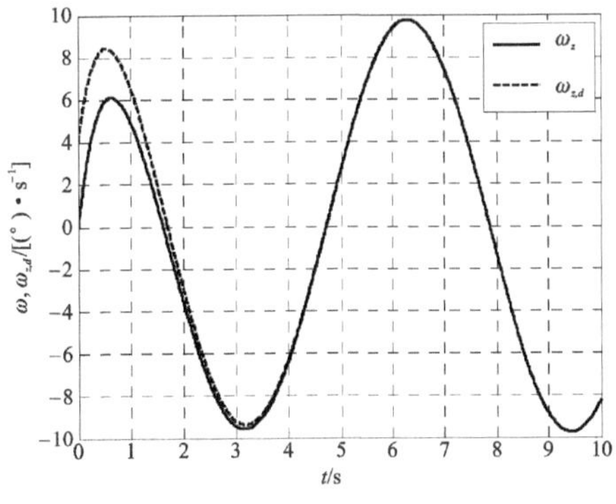

图 6-8　俯仰角速度对俯仰角速度指令的跟踪情况

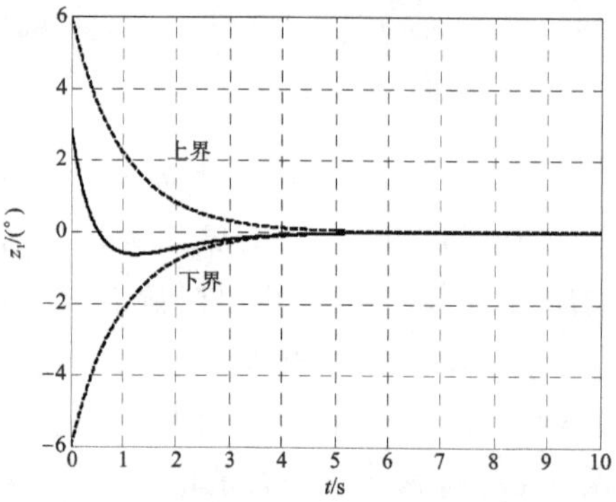

图 6－9　攻角跟踪误差随时间变化的情况

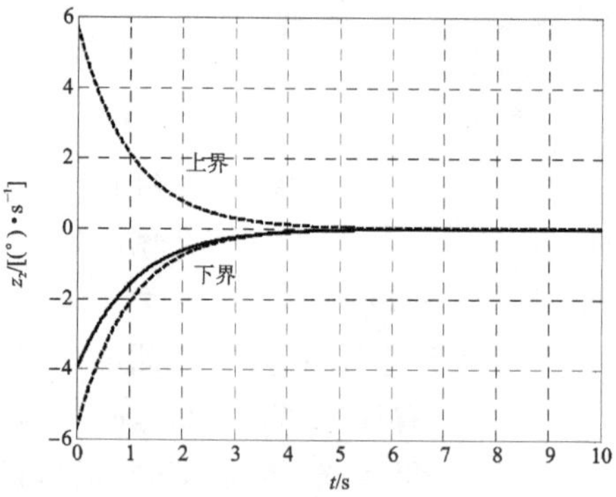

图 6－10　俯仰角速度跟踪误差随时间变化的情况

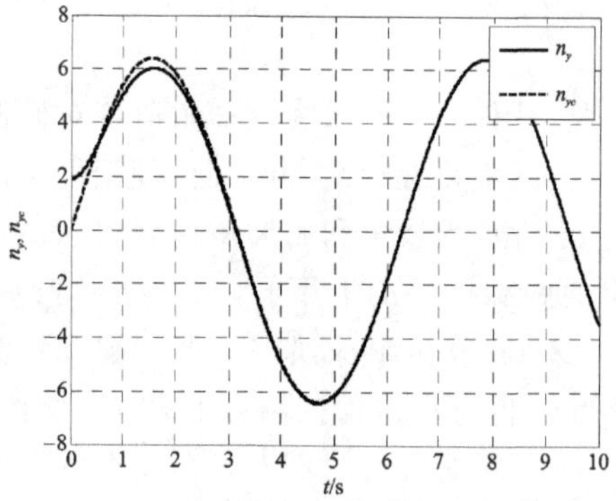

图 6－11　导弹过载对过载指令的跟踪情况

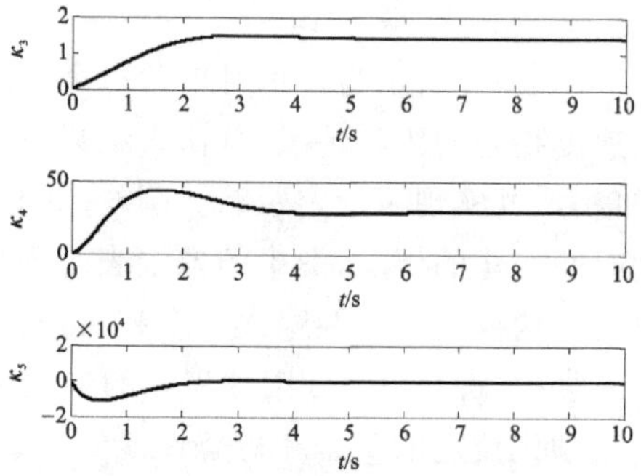

图 6－12　自适应参数随时间变化的情况

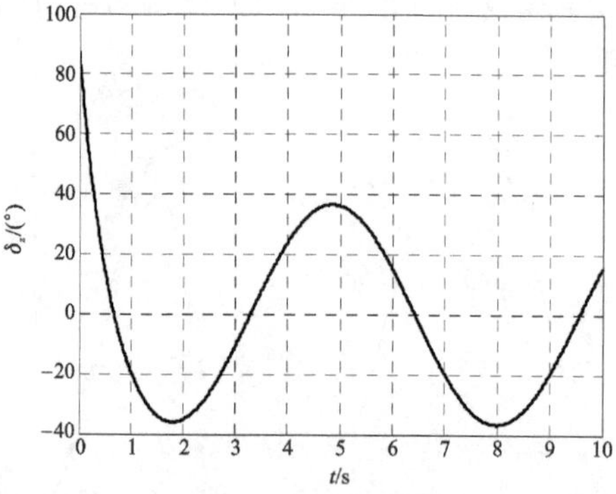

图 6－13　俯仰舵偏角随时间变化的情况

6.4　输入和状态同时受限的预设性能过载控制器设计

首先证明当控制输入受限时，系统的状态量(即攻角和姿态角速度)也是受限的，攻角的定义域为$\left[-\dfrac{\pi}{2},\dfrac{\pi}{2}\right]$，因此攻角的有界性是明显的，针对含有有界干扰的模型(6-2)中的第 2 个子系统，选取如下形式的正定函数：

$$H_2=\frac{1}{2}\omega_z^2 \tag{6-49}$$

式(6-49)两边对时间求导，得到

$$\begin{aligned}\dot{H}_2&=\frac{M_z^{\omega_z}}{J_z}\omega_z^2+\frac{M_z^\alpha}{J_z}\alpha\omega_z+\frac{M_z^{\delta_z}}{J_z}\delta_z\omega_z+\omega_z\Delta_{\omega_z}\\&=\frac{M_z^{\omega_z}}{J_z}\left[\omega_z^2+\left(\frac{M_z^\alpha}{M_z^{\omega_z}}\alpha+\frac{M_z^{\delta_z}}{M_z^{\omega_z}}\delta_z+\frac{J_z}{M_z^{\omega_z}}\Delta_{\omega_z}\right)\omega_z\right]\\&=\frac{M_z^{\omega_z}}{J_z}\left[\omega_z-\frac{1}{2}\left(\frac{M_z^\alpha}{M_z^{\omega_z}}\alpha+\frac{M_z^{\delta_z}}{M_z^{\omega_z}}\delta_z+\frac{J_z}{M_z^{\omega_z}}\Delta_{\omega_z}\right)\right]^2-\\&\quad\frac{M_z^{\omega_z}}{4J_z}\left(\frac{M_z^\alpha}{M_z^{\omega_z}}\alpha+\frac{M_z^{\delta_z}}{M_z^{\omega_z}}\delta_z+\frac{J_z}{M_z^{\omega_z}}\Delta_{\omega_z}\right)^2\end{aligned} \tag{6-50}$$

式中：$M_z^{\omega_z}<0$，$J_z>0$，δ_z 为受限的控制输入；Δ_{ω_z} 为有界干扰；攻角 α 有界，因此 $\dfrac{M_z^\alpha}{M_z^{\omega_z}}\alpha+\dfrac{M_z^{\delta_z}}{M_z^{\omega_z}}\delta_z+\dfrac{J_z}{M_z^{\omega_z}}\Delta_{\omega_z}$ 有界，结合式(6-50)易得 ω_z 有界。

针对模型(6-2)中的第 1 个子系统，选取如下形式的正定函数：

$$H_1=\frac{1}{2}\alpha^2 \tag{6-51}$$

式(6-51)两边对时间求导，得到

$$\begin{aligned}\dot{H}_1&=\alpha\dot{\alpha}\\&=-\frac{1}{m_dV_d}(P\alpha\sin\alpha+C_y^\alpha\alpha^2)+(\Delta_\alpha+\omega_z)\alpha\end{aligned} \tag{6-52}$$

式中：$m_d>0$，$V_d>0$，$P>0$，$C_y^\alpha>0$，Δ_α 为有界干扰，ω_z 有界。因此，式(6-52)进一步表示为

$$\begin{aligned}\dot{H}_1&\leqslant-\frac{C_y^\alpha}{m_dV_d}\left[\alpha^2-\frac{m_dV_d}{C_y^\alpha}(\Delta_\alpha+\omega_z)\alpha\right]\\&=-\frac{C_y^\alpha}{m_dV_d}\left[\alpha-\frac{m_dV_d}{2C_y^\alpha}(\Delta_\alpha+\omega_z)\right]^2+\frac{m_dV_d}{4C_y^\alpha}(\Delta_\alpha+\omega_z)^2\end{aligned}$$

显然，α 将被限制在其定义域内的一个小区域内。综上，系统状态量是受限的，这里采用饱和函数来表示状态和输入受限，具体形式为

$$\delta_z = \mathrm{sat}(\delta_z^0, \delta_z^L, \delta_z^U)$$

$$\omega_{z,d} = \mathrm{sat}(\omega_{z,d}^0, \omega_{z,d}^L, \omega_{z,d}^U)$$

$$\alpha = \mathrm{sat}(\alpha^0, \alpha^L, \alpha^U)$$

式中：δ_z^0 为非受限的控制输入；$\omega_{z,d}^0$ 为非受限的虚拟控制量；α^0 为非受限的攻角指令。饱和函数 sat(·)的定义为

$$\mathrm{sat}(x^0) = \begin{cases} x^L, & x^0 < x^L \\ x^0, & x^L \leqslant x^0 \leqslant x^U \\ x^U, & x^0 > x^U \end{cases}$$

对于模型(6-2)中的第 1 个子系统：

$$\dot{\alpha} = \omega_z - \frac{1}{m_d V_d}(P\sin\alpha + C_y^\alpha \alpha) + \Delta_\alpha \tag{6-53}$$

令跟踪误差为 $z_1 = \alpha - \alpha_d$，$z_2 = \omega_z - \omega_{z,d}$，$\alpha_d$ 为攻角指令，$\omega_{z,d}$ 为受限的虚拟控制量，则式(6-53)整理为

$$\dot{z}_1 = \omega_{z,d}^0 - \frac{1}{m_d V_d}(P\sin\alpha + C_y^\alpha \alpha) + \Delta_\alpha - \dot{\alpha}_d + z_2 + (\omega_{z,d} - \omega_{z,d}^0) \tag{6-54}$$

定义修正误差为 $\tilde{\alpha} = z_1 - \chi_\alpha$，$\chi_\alpha$ 由下面的辅助系统产生：

$$\dot{\chi}_\alpha = -c_1 \chi_\alpha + (\omega_{z,d} - \omega_{z,d}^0) + \chi_{\omega_z} \tag{6-55}$$

式中：c_1 为设计正常数；χ_{ω_z} 将在下一个子系统的设计过程中进行介绍。

式(6-54)减去式(6-55)，得到修正误差的动态方程为

$$\dot{\tilde{\alpha}} = \omega_{z,d}^0 - \frac{1}{m_d V_d}(P\sin\alpha + C_y^\alpha \alpha) + \Delta_\alpha - \dot{\alpha}_d + c_1 \chi_\alpha + z_2 - \chi_{\omega_z} \tag{6-56}$$

定义 $\tilde{\omega}_z = z_2 - \chi_{\omega_z}$，则式(6-56)进一步表示为

$$\dot{\tilde{\alpha}} = \omega_{z,d}^0 - \frac{1}{m_d V_d}(P\sin\alpha + C_y^\alpha \alpha) + \Delta_\alpha - \dot{\alpha}_d + c_1 \chi_\alpha + \tilde{\omega}_z \tag{6-57}$$

对于模型(6-2)中的第 2 个子系统：

$$\dot{\omega}_z = \frac{1}{J_z}(M_z^\alpha \alpha + M_z^{\omega_z} \omega_z + M_z^{\delta_z} \delta_z) + \Delta_{\omega_z} \tag{6-58}$$

结合 $z_2 = \omega_z - \omega_{z,d}$，则误差 z_2 的动态方程为

$$\dot{z}_2 = \frac{M_z^{\delta_z}}{J_z}\delta_z^0 + \frac{M_z^{\delta_z}}{J_z}(\delta_z - \delta_z^0) + \frac{1}{J_z}(M_z^\alpha \alpha + M_z^{\omega_z}\omega_z) + \Delta_{\omega_z} - \dot{\omega}_{z,d} \tag{6-59}$$

修正后的误差为 $\tilde{\omega}_z = z_2 - \chi_{\omega_z}$，$\chi_{\omega_z}$ 由下面的系统产生：

$$\dot{\chi}_{\omega_z} = -c_2 \chi_{\omega_z} + \frac{M_z^{\delta_z}}{J_z}(\delta_z - \delta_z^0) \tag{6-60}$$

式中：c_2 为设计正常数。

式(6-59)减去式(6-60)，得到修正后的动态方程为

$$\dot{\tilde{\omega}}_z=\frac{M_z^{\delta_z}}{J_z}\delta_z^0+\frac{1}{J_z}(M_z^{\alpha}\alpha+M_z^{\omega_z}\omega_z)+\Delta_{\omega_z}-\dot{\omega}_{z,d}+c_2\chi_{\omega_z} \tag{6-61}$$

通过上述过程，消除了受限的影响，将受限系统转化为非受限系统；另外，由于虚拟控制量导数 $\dot{\omega}_{z,d}$ 是难以计算的，这里用命令滤波器对其进行逼近，命令滤波器的表达形式为

$$\begin{cases}\dot{o}_1=\omega_n o_2\\ \dot{o}_2=-2\zeta\omega_n o_2-\omega_n(o_1-\omega_{z,d})\end{cases} \tag{6-62}$$

式中：$\omega_{z,c}=o_1$ 和 $\dot{\omega}_{z,c}=\omega_n o_2$ 为命令滤波器的输出，分别跟踪信号 $\omega_{z,d}$ 和 $\dot{\omega}_{z,d}$，$\omega_n>0$，$\zeta\in(0,1]$为命令滤波器参数，文献[45]指出，通过选取 ω_n 大于控制器参数，便可实现 $\omega_{z,c}$ 和 $\dot{\omega}_{z,c}$ 对 $\omega_{z,d}$ 和 $\dot{\omega}_{z,d}$ 的稳定跟踪，且跟踪误差是一致有界的。以上过程可以通过图 6-14 进行辅助说明，此时，得到非受限系统为

$$\begin{cases}\dot{\tilde{\alpha}}=\omega_{z,d}^0-\dfrac{1}{m_d V_d}(P\sin\alpha+C_y^{\alpha}\alpha)+\Delta_{\alpha}-\dot{\alpha}_d+k_1\chi_{\alpha}+\tilde{\omega}_z\\ \dot{\tilde{\omega}}_z=\dfrac{M_z^{\delta_z}}{J_z}\delta_z^0+\dfrac{1}{J_z}(M_z^{\alpha}\alpha+M_z^{\omega_z}\omega_z)+\Delta_{\omega_z}-\dot{\omega}_{z,d}+k_2\chi_{\omega_z}\end{cases} \tag{6-63}$$

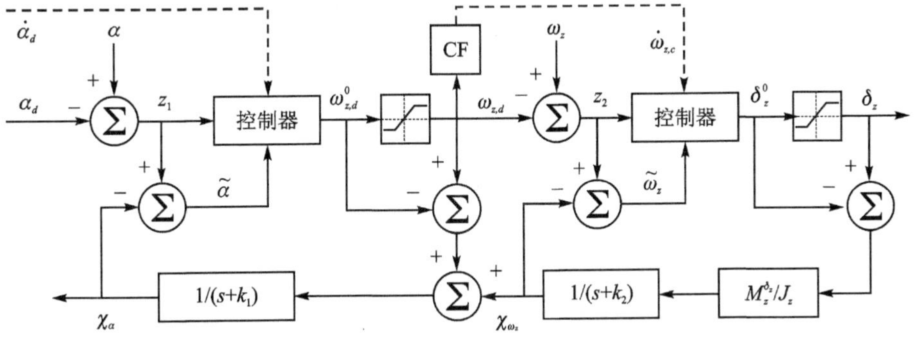

图 6-14　过载控制原理框图

利用 6.2 节设计的误差转化函数 T_1 和 T_2 分别对模型(6-63)中的子系统进行误差转化，得到新的误差模型为

$$\begin{cases}\dot{\varepsilon}_1=\dfrac{r_1}{\rho_1}\left[\omega_{z,d}^0-\dfrac{1}{m_d V_d}(P\sin\alpha+C_y^{\alpha}\alpha)+\Delta_{\alpha}-\dot{\alpha}_d+c_1\chi_{\alpha}+\tilde{\omega}_z\right]+\dfrac{r_1\dot{\rho}_1}{\rho_1^2}\tilde{\alpha}\\ \dot{\varepsilon}_2=\dfrac{r_2}{J_z\rho_2}(M_z^{\alpha}\alpha+M_z^{\omega_z}\omega_z+M_z^{\delta_z}\delta_z^0)+\dfrac{r_2}{\rho_2}\Delta_{\omega_z}-\dfrac{r_2}{\rho_2}\dot{\omega}_{z,d}+\dfrac{c_2 r_2}{\rho_2}\chi_{\omega_z}+\dfrac{r_2\dot{\rho}_2}{\rho_2^2}\tilde{\omega}_z\end{cases} \tag{6-64}$$

利用自适应参数对未知参数进行逼近，分别用 $\hat{\kappa}_1,\hat{\kappa}_2,\hat{\kappa}_3,\hat{\kappa}_4,\hat{\kappa}_5$ 逼近 $\dfrac{P}{m_d V_d}$，$\dfrac{C_y^\alpha}{m_d V_d},\dfrac{M_z^\alpha}{M_z^{\delta_z}},\dfrac{M_z^{\omega_z}}{M_z^{\delta_z}},\dfrac{J_z}{M_z^{\delta_z}}$。

选取非受限的虚拟控制量和实际控制量为

$$\omega_{z,d}^0=-k_1\frac{\rho_1}{r_1}\varepsilon_1-2\varepsilon_1+\hat{\kappa}_1\sin\alpha+\hat{\kappa}_2\alpha+\dot{\alpha}_d-c_1\chi_\alpha-\frac{\dot{\rho}_1}{\rho_1}\tilde{\alpha} \tag{6-65}$$

$$\delta_z^0=k_2\frac{\rho_2}{r_2}\varepsilon_2+2\varepsilon_2-\hat{\kappa}_3\alpha-\hat{\kappa}_4\omega_z+\hat{\kappa}_5\left(\dot{\omega}_{z,c}-\frac{\dot{\rho}_2}{\rho_2}\tilde{\omega}_z\right)-c_2\chi_{\omega_z}+\frac{\rho_2^3 r_1\eta^2}{4\rho_1 r_2}\varepsilon_2 \tag{6-66}$$

式中：k_1,k_2 为设计正常数；$\eta=\max\limits_{\varepsilon_2}\left\{\dfrac{\mathrm{d}S_2}{\mathrm{d}\varepsilon_2}\right\}$。

选取自适应律为

$$\dot{\hat{\kappa}}_1=-\frac{r_1\varepsilon_1\sin\alpha}{\rho_1}-\sigma_1\hat{\kappa}_1 \tag{6-67}$$

$$\dot{\hat{\kappa}}_2=-\frac{r_1\varepsilon_1\alpha}{\rho_1}-\sigma_2\hat{\kappa}_2 \tag{6-68}$$

$$\dot{\hat{\kappa}}_3=-\frac{r_2\varepsilon_2\alpha}{\rho_2}-\sigma_3\hat{\kappa}_3 \tag{6-69}$$

$$\dot{\hat{\kappa}}_4=-\frac{r_2\varepsilon_2\omega_z}{\rho_2}-\sigma_4\hat{\kappa}_4 \tag{6-70}$$

$$\dot{\hat{\kappa}}_5=\frac{r_2\varepsilon_2\omega_z(\rho_2\dot{\omega}_{z,c}-\dot{\rho}_2\tilde{\omega}_z)}{\rho_2^2}-\sigma_5\hat{\kappa}_5 \tag{6-71}$$

式中：$\sigma_1,\sigma_2,\sigma_3,\sigma_4,\sigma_5$ 为设计正常数。

Lyapunov 函数的选取与 6.3 节相同：

$$L=\frac{1}{2}\varepsilon_1^2+\frac{1}{2}\left|\frac{J_z}{M_z^{\delta_z}}\right|\varepsilon_2^2+\sum_{i=1}^5\tilde{\kappa}_i \tag{6-72}$$

式(6-72)两边对时间求导，得到

$$\begin{aligned}\dot{L}=&\varepsilon_1\frac{r_1}{\rho_1}\left(\omega_{z,d}^0-\frac{P}{m_d V_d}\sin\alpha-\frac{C_y^\alpha}{m_d V_d}\alpha+\Delta_\alpha-\dot{\alpha}_d+\tilde{\omega}_z+\right.\\&\left.c_1\chi_\alpha+\frac{\dot{\rho}_1}{\rho_1}\tilde{\alpha}\right)-\varepsilon_2\frac{r_2}{\rho_2}\left[\frac{M_z^\alpha}{M_z^{\delta_z}}\alpha+\frac{M_z^{\omega_z}}{M_z^{\delta_z}}\omega_z+\delta_z^0+\frac{J_z}{M_z^{\delta_z}}\Delta_{\omega_z}-\right.\\&\left.\frac{J_z}{M_z^{\delta_z}}\left(\dot{\omega}_{z,d}-\frac{\dot{\rho}_2}{\rho_2}\tilde{\omega}_z\right)+c_2\chi_{\omega_z}\right]+\sum_{i=1}^5\tilde{\kappa}_i\dot{\hat{\kappa}}_i\end{aligned} \tag{6-73}$$

将式(6-65)～(6-71)代入式(6-73)，得到

$$\dot{L}=-k_1\varepsilon_1^2-k_2\varepsilon_2^2+\frac{r_1}{\rho_1}[-2\varepsilon_1^2+\Delta_\alpha\varepsilon_1+\tilde{\omega}_z\varepsilon_1]-\frac{r_1\rho_2^2\eta^2\varepsilon_2^2}{4\rho_1}+$$

$$\frac{r_2}{\rho_2}\left[-2\varepsilon_2^2-\frac{J_z}{M_z^{\delta_z}}\Delta_{\omega_z}\varepsilon_2+\frac{J_z}{M_z^{\delta_z}}(\dot{\omega}_{z,d}-\dot{\omega}_{z,c})\varepsilon_2\right]-\sum_{i=1}^{5}\sigma_i\tilde{\kappa}_i\hat{\kappa}_i \tag{6-74}$$

又有

$$-\varepsilon_1^2+\Delta_\alpha\varepsilon_1=-\left(\varepsilon_1-\frac{\Delta_\alpha}{2}\right)^2+\frac{\Delta_\alpha^2}{4}$$

$$-\varepsilon_1^2+\tilde{\omega}_z\varepsilon_1=-\left(\varepsilon_1-\frac{\tilde{\omega}_z}{2}\right)^2+\frac{\tilde{\omega}_z^2}{4}$$

$$-\varepsilon_2^2-\frac{J_z}{M_z^{\delta_z}}\Delta_{\omega_z}\varepsilon_2=-\left(\varepsilon_2+\frac{J_z\Delta_{\omega_z}}{2M_z^{\delta_z}}\right)^2+\left(\frac{J_z\Delta_{\omega_z}}{2M_z^{\delta_z}}\right)^2$$

$$-\varepsilon_2^2+\frac{J_z}{M_z^{\delta_z}}(\dot{\omega}_{z,d}-\dot{\omega}_{z,c})\varepsilon_2=-\left[\varepsilon_2-\frac{J_z(\dot{\omega}_{z,d}-\dot{\omega}_{z,c})}{2M_z^{\delta_z}}\right]^2+\left[\frac{J_z(\dot{\omega}_{z,d}-\dot{\omega}_{z,c})}{2M_z^{\delta_z}}\right]^2$$

$$\tilde{\kappa}_i\hat{\kappa}_i=\frac{1}{2}(\hat{\kappa}_i^2+\tilde{\kappa}_i^2-\kappa_i^{*2}),\quad i=1,\cdots,5$$

式中：$\kappa_1^*=\dfrac{P}{m_dV_d}$，$\kappa_2^*=\dfrac{C_y^\alpha}{m_dV_d}$，$\kappa_3^*=\dfrac{M_z^\alpha}{M_z^{\delta_z}}$，$\kappa_4^*=\dfrac{M_z^{\omega_z}}{M_z^{\delta_z}}$，$\kappa_5^*=\dfrac{J_z}{M_z^{\delta_z}}$，则式(6－74)进一步表示为

$$\dot{L}\leqslant-k_1\varepsilon_1^2-k_2\varepsilon_2^2-\frac{1}{2}\sum_{i=1}^{5}\sigma_i\tilde{\kappa}_i^2-\frac{r_1\rho_2^2\eta^2\varepsilon_2^2}{4\rho_1}+\frac{r_1\tilde{\omega}_z^2}{4\rho_1}+\frac{r_2}{\rho_2}\left(\frac{J_z\Delta_{\omega_z}}{2M_z^{\delta_z}}\right)^2+$$

$$\frac{r_2}{\rho_2}\left[\frac{J_z(\dot{\omega}_{z,d}-\dot{\omega}_{z,c})}{2M_z^{\delta_z}}\right]^2+\frac{r_1\Delta_\alpha^2}{4\rho_1}+\frac{\sigma_1}{2}\left(\frac{P}{m_dV_d}\right)^2+\frac{\sigma_2}{2}\left(\frac{C_y^\alpha}{m_dV_d}\right)^2+$$

$$\frac{\sigma_3}{2}\left(\frac{M_z^\alpha}{M_z^{\delta_z}}\right)^2+\frac{\sigma_4}{2}\left(\frac{M_z^{\omega_z}}{M_z^{\delta_z}}\right)^2+\frac{\sigma_5}{2}\left(\frac{J_z}{M_z^{\delta_z}}\right)^2 \tag{6-75}$$

其中，$-\dfrac{r_1\rho_2^2\eta^2\varepsilon_2^2}{4\rho_1}+\dfrac{r_1\tilde{\omega}_z^2}{4\rho_1}\leqslant 0$ 可由式(6－8)得到，这里不再赘述。命令滤波器的跟踪误差 $\dot{\omega}_{z,d}-\dot{\omega}_{z,c}$ 是有界的，Δ_{ω_z} 和 Δ_α 是有界干扰，因此可得式(6－75)中后 8 项的和有界，其上界记为 $\bar{B}$，式(6－76)最终表示为

$$\dot{L}\leqslant-k_1\varepsilon_1^2-k_2\varepsilon_2^2-\frac{1}{2}\sum_{i=1}^{5}\sigma_i\tilde{\kappa}_i^2+\bar{B}\leqslant-k_0L+\bar{B}$$

式中：$k_0=\min\{2k_1,2k_2,\sigma_1,\sigma_2,\sigma_3,\sigma_4,\sigma_5\}$。

由 Lyapunov 稳定性定理可得 $L,\varepsilon_1,\varepsilon_2,\tilde{\kappa}_i(i=1,\cdots,5)$ 有界，进而得 $\hat{\kappa}_i(i=1,\cdots,5)$ 有界，结合误差转化函数和性能函数的性质可得 $\tilde{\alpha},\tilde{\omega}_z$ 有界且满足预设的瞬态和稳态性能的要求，由 $z_1=\alpha-\alpha_d$ 及 α 和 α_d 的有界性可知 z_1 有界，又 $\tilde{\alpha}=z_1-\chi_\alpha$，由 $\tilde{\alpha}$

和 z_1 有界可得到 χ_α 有界，虚拟控制量(6－65)中每一项都是有界的，因此 $\omega_{z,d}^0$ 是有界的；ω_z，$\omega_{z,d}$ 受到饱和函数的限制，因此 ω_z，$\omega_{z,d}$ 及 $\dot{\omega}_{z,d}$ 有界，结合 $z_2=\omega_z-\omega_{z,d}$ 可知 z_2 有界，由 $\tilde{\omega}_z=z_2-\chi_{\omega_z}$ 及 $\tilde{\omega}_z$ 和 z_2 的有界性得到 χ_{ω_z} 有界；另外，由命令滤波器的性质可知 $\dot{\omega}_{z,d}-\dot{\omega}_{z,c}$ 有界，因此 $\dot{\omega}_{z,c}$ 有界，控制律(6－66)中每一项都是有界的，因此 δ_z^0 是有界的。综上可得，闭环系统中所有信号有界，且重构误差 $\tilde{\alpha}$，$\tilde{\omega}_z$ 满足预设性能的要求。

模型参数与 6.3 节相同，受限参数选取为 $\delta_z^L=-60°$，$\delta_z^U=60°$，$\omega_{z,d}^L=-9°/\mathrm{s}$，$\omega_{z,d}^U=9°/\mathrm{s}$，$\alpha^L=-10°$，$\alpha^U=10°$。控制器参数为 $k_1=2$，$k_2=2$；性能函数 ρ_1 和 ρ_2 的参数为 $\rho_{10}=\rho_{20}=1$，$l_1=l_2=1$，$\rho_{1\infty}=1\times10^{-3}$，$\rho_{2\infty}=1\times10^{-3}$；误差转化函数的参数设定为 $\iota_{\mathrm{up},1}=4$，$\iota_{\mathrm{down},1}=4$，$\iota_{\mathrm{up},2}=6$，$\iota_{\mathrm{down},2}=6$，$\lambda_1=\lambda_2=1$；$\sigma_1=\sigma_2=\sigma_3=\sigma_4=\sigma_5=0.1$。

图 6－15 和图 6－16 所示分别为攻角对攻角指令和俯仰角速度对俯仰角速度指令的跟踪情况，从仿真结果可以看出，在输入受限和状态同时受限的情况下，实际信号在很短的时间内便跟上了期望信号，并基本实现了稳定跟踪。

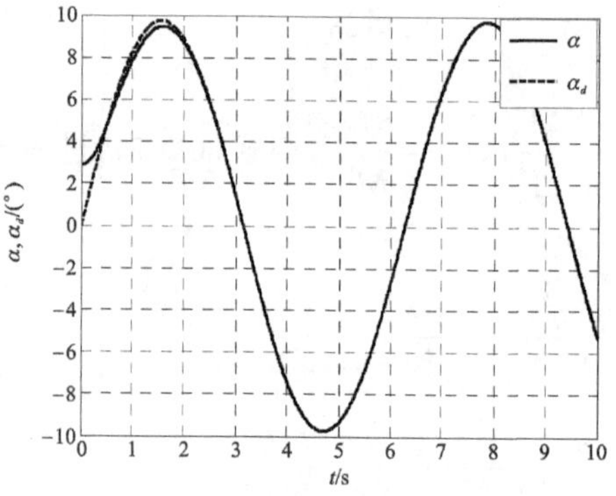

图 6－15　攻角对攻角指令的跟踪情况

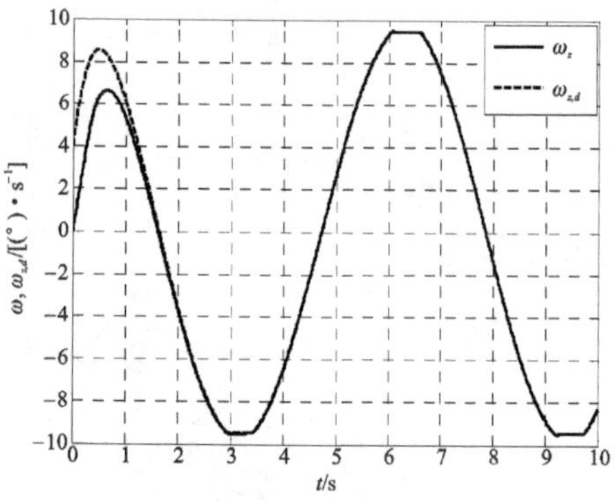

图 6－16　俯仰角速度对俯仰角速度指令的跟踪情况

图 6－17 所示为攻角重构误差 e_1(为了表述方便，这里用 e_1 代替重构误差 $\tilde{\alpha}$，见上图)及跟踪误差 z_1(见下图)随时间变化的情况。图 6－18 为俯仰角速度重构误差 e_2(同理，用 e_2 代替重构误差 $\tilde{\omega}_z$，见上图)及跟踪误差 z_2(见下图)随时间变化的情况，图中的虚线表示预先设定的跟踪误差的上下界，仿真结果表明，攻角和俯仰角速度重构误差未超出预先设定的区域，攻角重构误差的最大超调量为 0.2°左右，俯仰角速度跟踪误差的最大超调量为 0，稳态误差均控制在 1×10^{-3} 之内，满足预先设定的稳态和瞬态性能要求；攻角和俯仰角速度跟踪误差收敛速度快，稳态误差小。

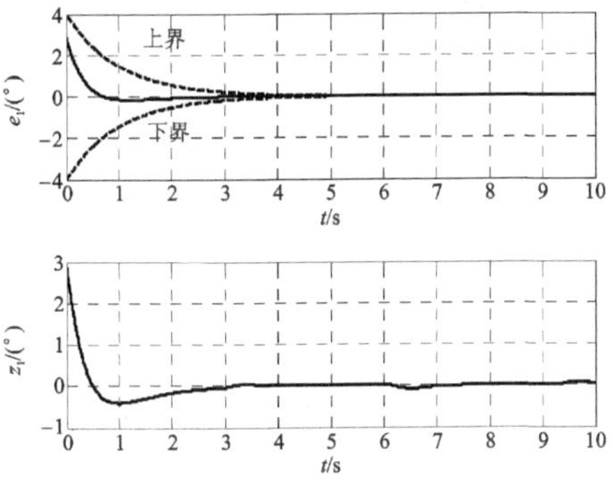

图 6-17　攻角重构误差及跟踪误差

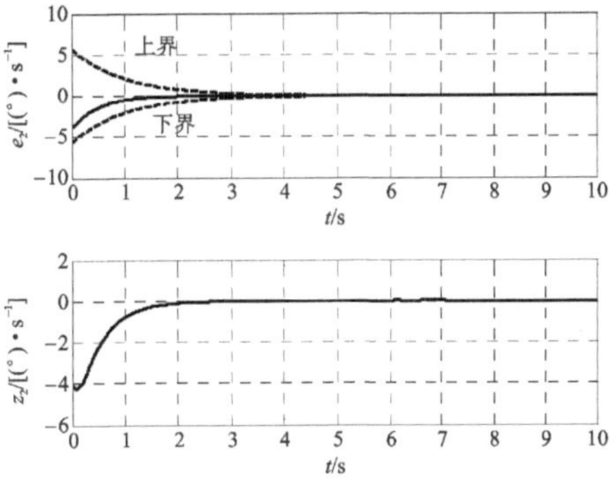

图 6-18　俯仰角速度重构误差及跟踪误差

图 6-19 所示为导弹过载对过载指令的跟踪情况，跟踪效果良好。图 6-20 所示为部分自适应参数随时间变化情况，这里代表性的给出了参数 $\hat{\kappa}_3$、$\hat{\kappa}_4$ 和 $\hat{\kappa}_5$ 的变化情况，仿真结果显示，自适应参数是收敛的，且收敛速度快，逼近效果良好。

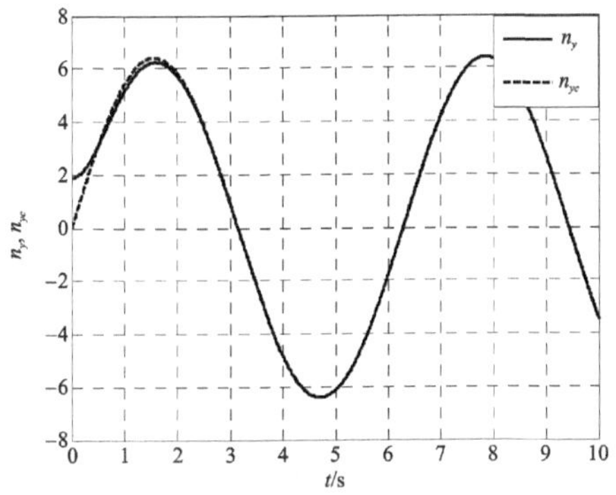

图 6-19　导弹过载对过载指令的跟踪情况

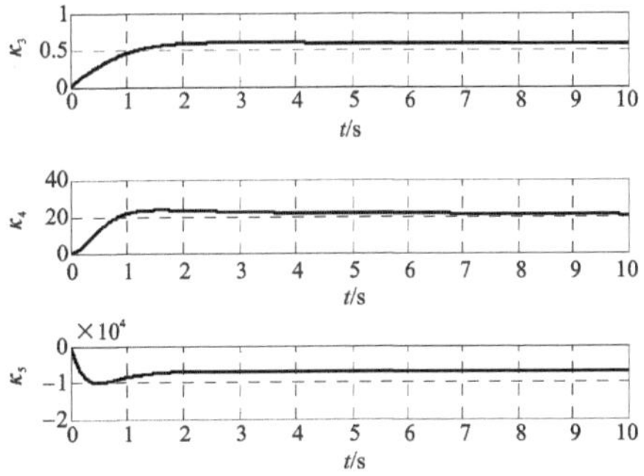

图 6-20　自适应参数随时间变化的情况

图 6-21 所示为俯仰舵偏角随时间变化的情况，控制信号连续有界，虽然在某些

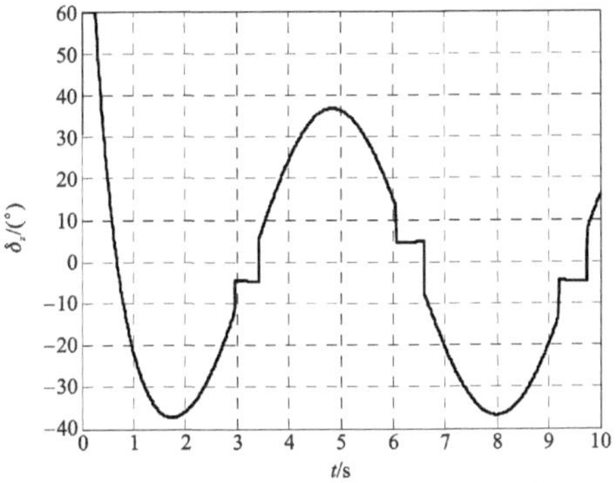

图 6-21　俯仰舵偏角随时间变化的情况

时刻出现了跳变的情况(主要是由于状态受限引起),但并不影响控制效果,满足控制要求。

6.5 本章小结

本章在建立导弹过载控制模型的基础上,分别对确定模型,具有扰动和参数未知的模型以及输入和状态同时受限的模型分别进行了预设性能控制器的设计;利用第2章提出的控制框架完成了对确定模型的预设性能控制;利用第3章的自适应预设性能控制器设计方法和第5章中对非匹配扰动项的处理方法,完成了对具有扰动和参数未知模型的预设性能控制;对于输入和状态同时受限的模型,则通过构造一种新的辅助模型,将受限系统转化为非受限系统,然后针对非受限系统完成预设性能控制器的设计。稳定性分析和仿真研究均验证了设计方法的有效性。

第7章 总结与展望

7.1 主要研究工作

本书在充分分析严格反馈非线性系统预设性能研究现状的前提下，针对现有预设性能控制中存在的问题，以几类具有严格反馈形式的不确定系统为对象进行了预设性能控制器设计，并应用于导弹的过载控制系统中，主要研究工作包括：

(1) 介绍预设性能控制的基本思路，包括性能函数和误差变换两个基本环节，并针对现有误差变换方案存在的问题，提出了一种新的误差变换方案；放宽对初始误差已知的限制；设计一种新的误差变换函数，并对其合理性进行了证明；基于新的误差变换方案和误差变换函数，结合反演设计思想，提出了一种新的控制框架，为从真正意义上解决具有严格反馈形式的非线性系统的预设性能控制提供了一条新的途径，通过严格的稳定性分析证明了方法的正确性；最后，提出预设性能在严格反馈系统中的反向传递性定理，并对其进行了证明。

(2) 针对控制增益为未知常数的不确定严格反馈非线性系统，提出了一种自适应预设性能控制器的设计方法，控制器的设计是在新的控制框架下进行的，对于系统中的未知参数利用自适应律进行逼近，为了避免在增益参数估计过程中导致系统奇异情况的出现，设计了一种新型的 Lyapunov 函数，将未知增益加入到 Lyapunov 函数的设计过程中，利用自适应律对未知参数的组合进行估计，并进行稳定性分析，最后通过仿真分析对设计方法的有效性进行了验证。

(3) 针对控制增益为未知函数的不确定严格反馈非线性系统，提出了一种自适应神经网络预设性能控制器的设计方法，系统中的未知函数利用径向基函数(RBF)神经网络进行逼近，为了避免可能出现的“不可控现象”，提出了一种新的积分型 Lyapunov 函数设计方法，利用径向基函数神经网络(RBFNN)对系统中的未知函数进行逼近；根据控制器对神经网络的依赖性不同，又将其设计过程分为直接自适应控制和间接自适应控制两种情况，并通过稳定性分析和数字仿真对方法的有效性进行了验证。

(4) 针对一类控制方向未知且含有非匹配干扰项的不确定系统，基于 Nussbaum 增益法提出了一种新的预设性能自适应反演控制器的设计方法。首先，在新的控制框架基础上提出一种子系统独立化设计思想，有效解决了设计的复杂性问题。其次，通过 Nussbaum 增益法解决了控制方向未知的问题。然后，综合应用 Lyapunov 稳定性理论、自适应技术、RBF 神经网络、跟踪-微分器和鲁棒设计技巧完成了控制器及自适应律的设计，并对系统中的未知项通过 RBF 神经网络进行逼近；针对虚拟控制量微分的计算复杂性问题，采用二阶跟踪-微分器对其进行估计；对于系统中的非匹配干扰项，在反演的控制框架下，通过引入鲁棒项消除其影响，并通过稳定性分析证明了控制目标的完成。最后，通过仿真验证了设计方法的有效性。

(5) 将预设性能的概念引入导弹过载控制模型中，按照由简单到复杂的研究思路，首先对确定对象进行研究，然后进一步考虑扰动和参数不确定性系统，再考虑输入和状态同时受限的系统。针对确定对象，首先对攻角子系统和俯仰角速度子系统进行误差变换，得到新的误差模型，再针对变换后的误差模型进行反演控制器设计；针对具有扰动和参数不确定性的系统，先利用自适应技术对未知参数进行逼近，再通过引入鲁棒项消除扰动的影响；针对输入和状态同时受限的系统，先通过构造辅助模型将受限系统转化为非受限系统，再综合应用自适应技术和鲁棒设计技巧完成控制器的设计。最后完成稳定性证明和仿真验证。

7.2 下一步的研究工作

现阶段针对系统控制性能问题的相关研究并不是很多，本书系统解决了具有严格反馈非线性系统的预设性能控制问题，后续还有很多研究工作有待进一步开展，包括：

(1) 将模型进一步推广到多输入-多输出的情况，以及更具一般形式的非线性系统，例如非仿射系统、时变非线性系统等。

(2) 将应用对象进一步拓宽，充分利用预设性能控制的优势解决军事、工业、航空航天等众多领域的难点控制问题，体现其工程价值。

参考文献

[1] 冯纯伯，张侃健. 非线性系统的鲁棒控制[M]. 北京：科学出版社，2004.

[2] MARCONI L，ISIDORI A. Robust global stabilization of a class of uncertain feedforward nonlinear systems [J]. Systems & control letters，2000，41 (4)：281-290.

[3] 黄琳，秦化淑，郑应平. 复杂控制系统理论：构想与前景[J]. 自动化学报，1993，19 (2)：129-137.

[4] BROCKETT R W. Feedback invariants for nonlinear systems [J]. Automatic，1979，15 (2)：1114-1120.

[5] SU R. On the linear equivalents of nonlinear systems [J]. Systems & Control Letters，1982，2 (1)：48-52.

[6] KRENER A J，ISIDORI A. Linearization by output injection and nonlinear observers [J]. Systems & Control Letters，1983，3 (1)：47-52.

[7] BOOTHBY W M. Some comments on global linearization of nonlinear systems [J]. Systems & Control Letters，1984，4 (3)：143-147.

[8] DAYAWANSA W，BOOTHBY W，ELLIOTT D. Global state and feedback equivalence of nonlinear systems [J]. Systems & Control Letters，1985，6 (4)：229-234.

[9] ISIDORI A，RUBERTI A. On the synthesis of linear input-output responses for nonlinear systems [J]. Systems & Control Letters，1984，4 (1)：17-22.

[10] MARINO R. On the largest feedback linearizable subsystem [J]. Systems & Control Letters，1986，6 (5)：345-351.

[11] ISIDORI A. The matching of a prescribed linear input-output behavior in a nonlinear system [J]. IEEE Transactions on Automatic Control，1985，30 (3)：258-265.

[12] NARENDRA K S，ANNASWAMY A M. Stable adaptive systems [M]. New York：Courier Dover Publications，2012.

[13] ÅSTR M K J，WITTENMARK B. Adaptive control [M]. New York：Courier Dover Publications，2013.

[14] GOODWIN G C，SIN K S. Adaptive filtering prediction and control [M]. New York：Courier Dover Publications，2013.

[15] SASTRY S S，ISIDORI A. Adaptive control of linearizable systems [J]. IEEE Transactions on Automatic Control，1989，34 (11)：1123-1131.

[16] TEEL A，KADIYALA R，KOKOTOVIC P，et al. Indirect techniques for adaptive input-output linearization of non-linear systems [J]. International Journal of control，1991，53 (1)：193-222.

[17] NAM K，ARAPOSTHATHIS A. A model reference adaptive control scheme for pure-feedback nonlinear systems [J]. IEEE Transactions on Automatic Control，1988，33 (9)：

803-811.

[18] TAYLOR D G, KOKOTOVIC P V, MARINO R, et al. Adaptive regulation of nonlinear systems with unmodeled dynamics [J]. IEEE Transactions on Automatic Control, 1989, 34 (4): 405-412.

[19] KANELLAKOPOULOS I, KOKOTOVIC P, MARINO R. Robustness of adaptive nonlinear control under an extended matching condition[C]. Proceedings of the IFAC Symposium on Nonlinear Control Systems Design, 1989: 245-250.

[20] POMET J B, PRALY L. Adaptive nonlinear regulation: Estimation from the Lyapunov equation [J]. IEEE Transactions on Automatic Control, 1992, 37 (6): 729-740.

[21] GE S S, WANG C. Adaptive neural control of uncertain MIMO nonlinear systems [J]. IEEE Transactions on Neural Networks, 2004, 15 (3): 674-692.

[22] KRSTIĆ M, KOKOTOVIĆ P V. Control Lyapunov functions for adaptive nonlinear stabilization [J]. Systems & Control Letters, 1995, 26 (1): 17-23.

[23] MAKOUDI M, RADOUANE L. A robust model reference adaptive control for non-minimum phase systems with unknown or time-varying delay [J]. Automatica, 2000, 36 (7): 1057-1065.

[24] MIRKIN B M, GUTMAN P-O. Output feedback model reference adaptive control for multi-input - multi-output plants with state delay [J]. Systems & Control Letters, 2005, 54 (10): 961-972.

[25] YAO B, TOMIZUKA M. Adaptive robust control of MIMO nonlinear systems in semi-strict feedback forms [J]. Automatica, 2001, 37 (9): 1305-1321.

[26] YU W-S, SUN C J. Fuzzy model based adaptive control for a class of nonlinear systems [J]. IEEE Transactions on Fuzzy Systems, 2001, 9 (3): 413-425.

[27] YE X. Global adaptive control of nonlinearly parametrized systems [J]. IEEE Transactions on Automatic Control, 2003, 48 (1): 169-173.

[28] GE S S. Adaptive control of robots having both dynamical parameter uncertainties and unknown input scalings [J]. Mechatronics, 1996, 6 (5): 557-569.

[29] DO K D, JIANG Z P, PAN J. Simultaneous tracking and stabilization of mobile robots: an adaptive approach [J]. IEEE Transactions on Automatic Control, 2004, 49 (7): 1147-1152.

[30] HUNG N, TUAN H, NARIKIYO T, et al. Adaptive control for nonlinearly parameterized uncertainties in robot manipulators [J]. IEEE Transactions on Control Systems Technology, 2008, 16 (3): 458-468.

[31] LUO W, CHU Y-C, LING K-V. Inverse optimal adaptive control for attitude tracking of spacecraft [J]. IEEE Transactions on Automatic Control, 2005, 50 (11): 1639-1654.

[32] TANG X, TAO G, JOSHI S M. Adaptive actuator failure compensation for nonlinear MIMO systems with an aircraft control application [J]. Automatica, 2007, 43 (11): 1869-1883.

[33] ISIDORI A, SCHWARTZ B, TARN T. Semiglobal L2 performance bounds for disturbance attenuation in nonlinear systems [J]. IEEE Transactions on Automatic Control, 1999, 44 (8): 1535-1545.

[34] HASHIMOTO Y. Robust output tracking of nonlinear systems with mismatched uncertainties [J]. International Journal of Control, 1999, 72 (5): 411-417.

[35] JIANG Z P. Robust exponential regulation of nonholonomic systems with uncertainties [J]. Automatica, 2000, 36 (2): 189-209.

[36] CHEN P, QIN H, HUANG J. Local stabilization of a class of nonlinear systems by dynamic output feedback [J]. Automatica, 2001, 37 (7): 969-981.

[37] WANG Z, GE S, LEE T. Robust motion/force control of uncertain holonomic/nonholonomic mechanical systems [J]. IEEE/ASME Transactions on Mechatronics, 2004, 9 (1): 118-123.

[38] QU Z, JIN Y. Robust control of nonlinear systems in the presence of unknown exogenous dynamics [J]. IEEE Transactions on Automatic Control, 2003, 48 (2): 336-343.

[39] KANELLAKOPOULOS I, KOKOTOVIC P V, MORSE A S. Systematic design of adaptive controllers for feedback linearizable systems [J]. IEEE Transactions on Automatic Control, 1991, 36 (11): 1241-1253.

[40] MADANI T, BENALLEGUE A. Control of a quadrotor mini-helicopter via full state backstepping technique[C]. Proceedings of the Decision and Control, 2006: 1515-1520.

[41] STOTSKY A, HEDRICK J, YIP P. The use of sliding modes to simplify the backstepping control method [J]. Applied Mathematics and Computer Science, 1998, 8: 123-133.

[42] YIP P P, HEDRICK J K, SWAROOP D. The use of linear filtering to simplify integrator backstepping control of nonlinear systems[C]. Proceedings of the Variable Structure Systems, 1996: 211-215.

[43] SHARMA M, CALISE A. Adaptive backstepping control for a class of nonlinear systems via multilayered neural networks[C]. Proceedings of the American Control Conference, 2002: 2683-2688.

[44] SHIN D-H, KIM Y. Reconfigurable flight control system design using adaptive neural networks [J]. IEEE Transactions on Control Systems Technology, 2004, 12 (1): 87-100.

[45] FARRELL J A, POLYCARPOU M, SHARMA M, et al. Command filtered backstepping [J]. IEEE Transactions on Automatic Control, 2009, 54 (6): 1391-1395.

[46] NARENDRA K S, PARTHASARATHY K. Identification and control of dynamical systems using neural networks [J]. IEEE Transactions on Neural Networks, 1990, 1 (1): 4-27.

[47] JIN L, NIKIFORUK P, GUPTA M. Direct adaptive output tracking control using multilayered neural networks[C]. Proceedings of the IEEE Proceedings D (Control Theory and Applications), 1993: 393-398.

[48] CHEN F C, LIU C C. Adaptively controlling nonlinear continuous-time systems using multilayer neural networks [J]. IEEE Transactions on Automatic Control, 1994, 39 (6): 1306-1310.

[49] POLYCARPOU M M, IOANNOU P A. Identification and control of nonlinear systems using neural network models: Design and stability analysis [M]. Pennsylvania Citeseer, 1991.

[50] SANNER R M, SLOTINE J J. Gaussian networks for direct adaptive control [J]. IEEE Transactions on Neural Networks, 1992, 3 (6): 837-863.

[51] YEŞILDIREK A，LEWIS F L. Feedback linearization using neural networks [J]. Automatica，1995，31 (11)：1659-1664.
[52] SPOONER J T，PASSINO K M. Stable adaptive control using fuzzy systems and neural networks [J]. IEEE Transactions on Fuzzy Systems，1996，4 (3)：339-359.
[53] SHUZHI S G，LEE T H，HARRIS C J. Adaptive neural network control of robotic manipulators [M]. Singapore：World Scientific Publishing，1998.
[54] FABRI S，KADIRKAMANATHAN V. Dynamic structure neural networks for stable adaptive control of nonlinear systems [J]. IEEE Transactions on Neural Networks，1996，7 (5)：1151-1167.
[55] ZHANG T，GE S，HANG C. Stable adaptive control for a class of nonlinear systems using a modified Lyapunov function [J]. IEEE Transactions on Automatic Control，2000，45 (1)：129-132.
[56] BECHLIOULIS C P，ROVITHAKIS G A. Prescribed performance adaptive control of SISO feedback linearizable systems with disturbances[C]. Proceedings of the Control and Automation，2008：1035-1040.
[57] MILLER D E，DAVISON E J. An adaptive controller which provides an arbitrarily good transient and steady-state response [J]. IEEE Transactions on Automatic Control，1991，36 (1)：68-81.
[58] RYAN E P，SANGWIN C J，TOWNSEND P. Controlled functional differential equations：approximate and exact asymptotic tracking with prescribed transient performance [J]. ESAIM：Control，Optimisation & Calculus of Variations，2009，15 (4)：745-762.
[59] BECHLIOULIS C P，ROVITHAKIS G A. Robust adaptive control of feedback linearizable MIMO nonlinear systems with prescribed performance [J]. IEEE Transactions on Automatic Control，2008，53 (9)：2090-2099.
[60] BECHLIOULIS C P，ROVITHAKIS G A. Prescribed performance adaptive control for multi-input multi-output affine in the control nonlinear systems [J]. IEEE Transactions on Automatic Control，2010，55 (5)：1220-1226.
[61] BECHLIOULIS C P，ROVITHAKIS G A. Robust partial-state feedback prescribed performance control of cascade systems with unknown nonlinearities [J]. IEEE Transactions on Automatic Control，2011，56 (9)：2224-2230.
[62] KOSTARIGKA A K，ROVITHAKIS G A. Adaptive dynamic output feedback neural network control of uncertain MIMO nonlinear systems with prescribed performance [J]. IEEE Transactions on Neural Networks and Learning Systems，2012，23 (1)：138-149.
[63] BECHLIOULIS C P，ROVITHAKIS G A. A priori guaranteed evolution within the neural network approximation set and robustness expansion via prescribed performance control [J]. IEEE Transactions on Neural Networks and Learning Systems，2012，23 (4)：669-675.
[64] NA J. Adaptive prescribed performance control of nonlinear systems with unknown dead zone [J]. International Journal of Adaptive Control and Signal Processing，2013，27 (5)：426-446.
[65] BECHLIOULIS C P，ROVITHAKIS G A. Adaptive control with guaranteed transient and

steady state tracking error bounds for strict feedback systems [J]. Automatica, 2009, 45 (2): 532-538.

[66] BECHLIOULIS C, DOULGERI Z, ROVITHAKIS G. Robot force/position tracking with guaranteed prescribed performance [C]. Proceedings of the Robotics and Automation, 2009: 3688-3693.

[67] DOULGERI Z, KARAYIANNIDIS Y, ZOIDI O. Prescribed performance control for robot joint trajectory tracking under parametric and model uncertainties[C]. Proceedings of the Control and Automation, 2009: 1313-1318.

[68] BECHLIOULIS C, DOULGERI Z, ROVITHAKIS G. Model free force/position robot control with prescribed performance[C]. Proceedings of the Control & Automation (MED), 2010: 377-382.

[69] DOULGERI Z, KARAYIANNIDIS Y. PID type robot joint position regulation with prescribed performance guaranties[C]. Proceedings of the Robotics and Automation (ICRA), 2010: 4137-4142.

[70] BECHLIOULIS C P, DOULGERI Z, ROVITHAKIS G A. Neuro-adaptive force/position control with prescribed performance and guaranteed contact maintenance [J]. IEEE Transactions on Neural Networks, 2010, 21 (12): 1857-1868.

[71] GAI W, WANG H, ZHANG J, et al. Adaptive neural network dynamic inversion with prescribed performance for aircraft flight control [J]. Journal of Applied Mathematics, 2013, (452653): 1-12.

[72] WANG D, HUANG J. Neural network-based adaptive dynamic surface control for a class of uncertain nonlinear systems in strict-feedback form [J]. IEEE Transactions on Neural Networks, 2005, 16 (1): 195-202.

[73] ZHANG T, GE S S, HANG C C. Adaptive neural network control for strict-feedback nonlinear systems using backstepping design [J]. Automatica, 2000, 36 (12): 1835-1846.

[74] POLYCARPOU M M. Stable adaptive neural control scheme for nonlinear systems [J]. IEEE Transactions on Automatic Control, 1996, 41 (3): 447-451.

[75] GE S S, WANG J. Robust adaptive neural control for a class of perturbed strict feedback nonlinear systems [J]. IEEE Transactions on Neural Networks, 2002, 13 (6): 1409-1419.

[76] GONG J, YAO B. Neural network adaptive robust control of nonlinear systems in semi-strict feedback form [J]. Automatica, 2001, 37 (8): 1149-1160.

[77] PAN Z, BASAR T. Adaptive controller design for tracking and disturbance attenuation in parametric strict-feedback nonlinear systems [J]. IEEE Transactions on Automatic Control, 1998, 43 (8): 1066-1083.

[78] GE S S, LI G, LEE T H. Adaptive NN control for a class of strict-feedback discrete-time nonlinear systems [J]. Automatica, 2003, 39 (5): 807-819.

[79] YANG Y, ZHOU C. Adaptive fuzzy H∞ stabilization for strict-feedback canonical nonlinear systems via backstepping and small-gain approach [J]. IEEE Transactions on Fuzzy Systems, 2005, 13 (1): 104-114.

[80] WANG M, CHEN B, DAI S L. Direct adaptive fuzzy tracking control for a class of perturbed strict-feedback nonlinear systems [J]. Fuzzy sets and systems, 2007, 158 (24): 2655-2670.

[81] TONG S, LI Y. Observer-based fuzzy adaptive control for strict-feedback nonlinear systems [J]. Fuzzy Sets and Systems, 2009, 160 (12): 1749-1764.

[82] HUO B, LI Y, TONG S. Fuzzy adaptive fault-tolerant output feedback control of multi-input and multi-output non-linear systems in strict-feedback form [J]. IET Control Theory & Applications, 2012, 6 (17): 2704-2715.

[83] CHEN W, JIAO L, LI J, et al. Adaptive NN backstepping output-feedback control for stochastic nonlinear strict-feedback systems with time-varying delays [J]. IEEE Transactions on Systems, Man, and Cybernetics, Part B: Cybernetics, 2010, 40 (3): 939-950.

[84] WANG M, CHEN B, LIU X, et al. Adaptive fuzzy tracking control for a class of perturbed strict-feedback nonlinear time-delay systems [J]. Fuzzy Sets and Systems, 2008, 159 (8): 949-967.

[85] YOO S J, PARK J B, CHOI Y H. Adaptive dynamic surface control for stabilization of parametric strict-feedback nonlinear systems with unknown time delays [J]. IEEE Transactions on Automatic Control, 2007, 52 (12): 2360-2365.

[86] PARK J H, MOON C J, KIM S H, et al. Globally stable adaptive fuzzy control for strict-feedback nonlinear systems[C]. Proceedings of the 2006 IEEE International Conference on Industrial Technology, 2006: 1127-1131.

[87] NUSSBAUM R D. Some remarks on a conjecture in parameter adaptive control [J]. Systems & Control Letters, 1983, 3 (5): 243-246.

[88] MUDGETT D R, MORSE A S. Adaptive stabilization of linear systems with unknown high-frequency gains[C]. Proceedings of the Decision and Control, 1984: 666-668.

[89] MARTENSSON B. The order of any stabilizing regulator is sufficient a priori information for adaptive stabilization [J]. Systems & Control Letters, 1985, 6 (2): 87-91.

[90] LOZANO R, BROGLIATO B. Adaptive control of a simple nonlinear system without a priori information on the plant parameters [J]. IEEE Transactions on Automatic Control, 1992, 37 (1): 30-37.

[91] KALOUST J, QU Z. Continuous robust control design for nonlinear uncertain systems without a priori knowledge of control direction [J]. IEEE Transactions on Automatic Control, 1995, 40 (2): 276-282.

[92] YE X D, Asymptotic regulation of time-varying uncertain nonlinear systems with unknown control directions[J]. Automatic, 1999, 35(5): 929-935.

[93] GE S S, HONG F, LEE T H. Adaptive neural control of nonlinear time-delay systems with unknown virtual control coefficients [J]. IEEE Transactions on Systems, Man, and Cybernetics, Part B: Cybernetics, 2004, 34 (1): 499-516.

[94] JIANG Z P, MAREELS I, HILL D J, et al. A unifying framework for global regulation via nonlinear output feedback: from ISS to iISS [J]. IEEE Transactions on Automatic Control, 2004, 49 (4): 549-562.

[95] MONOPOLI R. Adaptive control for systems with hard saturation[C]. Proceedings of the Decision and Control including the 14th Symposium on Adaptive Processes, 1975: 841-843.

[96] WANG H, SUN J. Modified model reference adaptive control with saturated inputs[C]. Proceedings of the Decision and Control, 1992: 3255-3256.

[97] FENG G, ZHANG C, PALANISWAMI M. Stability analysis of input constrained continuous time indirect adaptive control [J]. Systems & Control Letters, 1991, 17 (3): 209-215.

[98] ZHANG C. Discrete-time saturation constrained adaptive pole assignment control [J]. IEEE Transactions on Automatic Control, 1993, 38 (8): 1250-1254.

[99] Park J, Sandberg I W. Universal approximation using radial basis function networks[J]. Neural Computation, 1991, 3(2): 246-257.

[100] 韩京清,王伟. 非线性跟踪-微分器[J]. 系统科学与数学, 1994, 14(2): 177-183.

[101] 韩京清. 非线性 PID 控制器[J]. 自动化学报, 1994, 20(4): 487-490.

[102] 陈景良. 现代分析数学概要[M]. 北京:清华大学出版社, 1987.

[103] JACKSON P B. Overview of missile flight control systems[J]. Johns Hopkins APL Technical Digest, 2010, 29(1): 9-24.

[104] 于进勇, 顾文锦, 张友安. 非最小相位导弹过载系统自适应模糊滑模控制[J]. 吉林大学学报(工学版), 2004, 34(3): 412-417.

[105] 张友安, 杨华东, 顾文锦. 空空导弹控制系统鲁棒动态逆设计[J]. 系统工程与电子技术, 2004, 26(8): 1084-1089.